墨脱兰科植物多样性

Biodiversity of Orchids in Motuo, Xizang, China

主　编　金效华　胡宏芬　翟俊文

副主编　王喜龙　林东亮　王治平

河南科学技术出版社

·郑州·

图书在版编目 (CIP) 数据

墨脱兰科植物多样性 / 金效华，胡宏芬，翟俊文主编 .-- 郑州：河南科学技术出版社，2025.6.--ISBN 978-7-5725-2045-7

I. S682.31

中国国家版本馆 CIP 数据核字第 2025Q255R0 号

出版发行：河南科学技术出版社

地址：郑州市郑东新区祥盛街27号　邮编：450016

电话：（0371）65737028　65788613

网址：www.hnstp.cn

邮箱：hnstpnys@126.com

出 版 人：乔　辉

策划编辑：马艳茹　杨秀芳

责任编辑：杨秀芳

责任校对：刘逸群

整体设计：张　伟

责任印制：徐海东

印　　刷：河南瑞之光印刷股份有限公司

经　　销：全国新华书店

开　　本：889 mm × 1 194 mm　1/16　印张：34.75　字数：1140千字

版　　次：2025年6月第1版　2025年6月第1次印刷

定　　价：538.00元

前言

兰科是被子植物最大的科之一，约750属30 000种，占被子植物种类的8%~10%。兰科植物许多物种具有重要的观赏、药用、生态等价值，如蝴蝶兰属、石斛属、天麻属等，所有的野生兰科植物被列入《濒危野生动植物种国际贸易公约》附录Ⅰ和Ⅱ中，是生物多样性保护的旗舰类群之一。

我国国土面积大，具有从热带到北极圈的各种气候带和植被类型，生态环境多种多样，生物多样性非常丰富。经过胡先骕、唐进、汪发瓒、胡秀英、陈心启、吉占和、郎楷永、林占标、程式君等分类学家筚路蓝缕的艰辛努力，我国兰科植物多样性研究取得许多突出成果，先后出版了《中国植物志》第17~19卷、*Flora of China* 第25卷等。我国兰科植物多样性、地理分布等基础数据的获得，为兰科植物资源保护、开发利用等奠定了基础。

目前，我国记载的兰科植物包括5个亚科约170个属1 980种，是世界兰科植物多样性最丰富的国家之一。但另一方面，由于资金、交通、气候、地质等因素，我国许多地区的生物多样性研究空白较多，其中藏东南地区的墨脱生物多样性研究明显不足。

自2005年以来，研究团队先后60余次进入墨脱，开展墨脱植物多样性调查研究工作，在墨脱地区发现了大量新类群，包括西藏小囊兰、西藏槌柱兰、墨脱蝴蝶兰、墨脱柱兰、米林舌唇兰、林芝舌唇兰等20个墨脱兰科新种，并发现了大量新纪录属和物种。目前，墨脱记录的兰科植物包括4个亚科109个属530余种，是中国兰科植物多样性最丰富的县之一。本书介绍墨脱兰科植物107个属511个钟（包含变种、亚种），另外还有一些兰科植物种类有待鉴定和研究，包括天麻属、舌唇兰属、石豆兰属等，在本书即将出版之际，来自墨脱的兰科植物2个新种在 *Kew Bulletin* 接受发表。另外，由于各种原因，林芝盆距兰、南迦巴瓦虎头兰等物种还没有收录在本书中。

为保护墨脱的丰富而独特的生物多样性，在西藏林业和草原局（ZL202203601和ZL202303601）、林芝市科学技术局（2023-QYCX-02）、墨脱县林业和草原局和墨脱生物多样性西藏自治区野外科学观测研究站的大力支持下，我们编写了《墨脱兰科植物多样性》一书，一方面宣传墨脱的生物多样性和生物多样性之美，另一方面为墨脱兰科植物保护提供科技支撑。

金效华

2025年5月

目录

一、西藏墨脱自然概况

1. 墨脱的地理概况

墨脱县位于西藏自治区东南部、林芝市南部，北纬 27°34'~29°56'，东经 93°46'~96°05'，与波密、察隅、米林接壤，全县总面积 3.145 万 km^2，林地面积约 2.543 万 km^2。

墨脱县整体位于喜马拉雅山脉东端南麓，雅鲁藏布江大拐弯下游，地势总体呈北高南低，北部、东部、西部多高山，雅鲁藏布江自北向南穿过全境。墨脱县最高峰为南迦巴瓦峰，海拔 7 787 m；最低处为雅鲁藏布江出口处巴昔卡，海拔 154 m；雅鲁藏布江大拐弯是世界上最深最长的大峡谷之一。

格当乡

2. 墨脱植被

墨脱县具有北半球最为完整的山地气候类型和垂直植被类型，包括热带、亚热带、温带及寒带并存的典型立体气候带，有“一天经四季、十里不同天”之特色。墨脱县主要的植被类型包括：

（1）以龙脑香科、肉豆蔻科、多种榕树、四数木等植物为代表的热带雨林（海拔 100~600 m）。

（2）以千果榄仁、马蛋果、小果紫薇、阿丁枫、麻楝和樟科植物等为代表的热带季风常绿阔叶林（600~1 000 m）；次生林的代表性物种为野桐、芭蕉属植物等。

希让河谷 580 m

果果塘 700 m

果果塘 800 m

背崩 900 m

希让森林 1 000 m

（3）以壳斗科、樟科、山茶科、豆科、木兰科植物为代表的常绿阔叶林（海拔 1 000~2 400 m），其中壳斗科植物是主要的建群种，部分地区有以乔松为主的针叶林。

（4）以壳斗科栎属高山栎类植物为主的硬叶常绿阔叶林（海拔 2 000~4 000 m）。

（5）以松科、杜鹃花科、槭树科、杨柳科、桦木科植物等为代表的针阔混交林（2 400~3 000 m），部分地区形成斑块状的落叶阔叶林。

（6）以云杉属、冷杉属、铁杉属为主的常绿针叶林（海拔 3 000~3 700 m），林下分布花楸属、杜鹃花属等植物。

西贡 1 500 m

西贡 1 700 m

希让森林 1700 m

希让森林 1800 m

西贡 1 800 m

希让森林 2 000 m

德尔贡 2 000 m

西贡 3 000 m

德尔贡 3 300 m

汗密 3 400 m

嘎隆拉 3 500 m

（7）以柳属、白珠属、柏属、杜鹃花属、多种竹子等为主的高山灌丛（海拔 3 500~4 200 m）。

（8）以菊科、禾本科、莎草科、伞形科、蔷薇科为主的高山草甸等（海拔 3 700~4 700 m）。

3. 墨脱维管植物多样性

墨脱县植物多样性极其丰富，有“世界动植物博物馆”“世界生物基因库”的美誉。据不完全统计，以墨脱为中心的喜马拉雅东端的林芝地区有维管植物 255 科 1 600 属 9 000 种，杜鹃花属、柳属、报春花属等为物种最多的属。

墨脱县目前已记载的维管植物约 240 科 4 200 种，其中国家重点保护野生植物 144 种。墨脱县没有墨脱县特有科或者特有属，但墨脱县的特有物种比较多，约 160 种。目前研究认为，喜马拉雅东端的植物区系成分起源古老，热带成分来源于早新生代的热带植物区系成分，温带成分来源中生代的北温带成分和热带成分分化。

兰科是墨脱的第一大科，野生兰科植物约 530 种，包括了兰科植物的 4 个亚科 109 个属。

希让森林 1 500 m

二、西藏墨脱兰科植物介绍

（一）坛花兰属 *Acanthephippium* Blume

1. 锥囊坛花兰 *Acanthephippium striatum* Lindl.

国家重点保护级别 无

IUCN 红色名录 濒危（EN）

形态特征 地生植物。植株高 50 cm，丛生。假鳞茎长卵形，长 6.0～10.0 cm，宽 1.0～3.0 cm，基部较粗，顶生 1～2 枚叶。叶片椭圆形，长 20.0～30.0 cm，宽 7.0～14.5 cm。花葶 1～2 个，稍弯垂，长 10.0～13.0 cm，具花 4～6 朵；花白色带紫红色脉纹。中萼片椭圆形，长 20.0～25.0 mm，宽 10.0～13.0 mm；侧萼片较大，比中萼片大，长 26.0～35.0 mm，宽 15.0～20.0 mm，萼囊向末端延伸而呈距状的狭圆锥形。花瓣藏于萼筒内，近长圆形，与中萼片等长但较窄；唇瓣长 20.0～25.0 mm，3 裂，具关节；侧裂片镰状三角形，稍向后弯；中裂片短小，向下弯，基部两侧各具 1 个红色斑块，边缘稍波状。

花果期 花期 4～6 月。

生境 海拔 400～1 350 m 的沟谷、溪边或密林下阴湿处。

锥囊坛花兰 *Acanthephippium striatum* 生境与植株（金效华）

锥囊坛花兰 *Acanthephippium striatum* 花序（金效华）

（二）指甲兰属 *Aerides* Lour.

2. 香花指甲兰 *Aerides odorata* Lour.

国家重点保护级别 二级

IUCN 红色名录 濒危（EN）

形态特征 附生植物。茎粗壮。叶宽带状，长 15.0 ~20.0 cm，宽 2.5 ~ 4.6 cm，先端两侧具不等的 2 裂，基部具关节。花序下垂，与叶近等长，密生数朵花；花白色带粉红色。花苞片宽卵形。中萼片椭圆形，长 10.0 mm，宽 8.0 mm；侧萼片基部贴生在蕊柱足上，宽卵形，长 12.0 mm，宽 9.0 mm。花瓣近椭圆形，比中萼片稍小，基部收狭；唇瓣 3 裂；侧裂片直立，较大，倒卵状楔形，长 15.0 mm，宽 10.0 mm，上缘具不整齐的齿；中裂片狭长圆形，长 12.0 mm，宽 3.0 mm，先端 2 裂；距狭角状，长 10.0 mm，向前弯曲。蕊柱长 5.0 mm。

花果期 花期 5 月。

生境 海拔 800 ~1 700 m 的林中树上。

香花指甲兰 *Aerides odorata* 生境与植株（金效华）

香花指甲兰 *Aerides odorata* 花序（金效华）

（三）禾叶兰属 *Agrostophyllum* Blume

3. 短柄禾叶兰 *Agrostophyllum brevipes* King & Pantl.

国家重点保护级别 无

IUCN 红色名录 无

形态特征 附生植物。根状茎狭长，具多节，叶多枚，2 列。叶片线状长圆形，膜质，基部具线状鞘。花序顶生，长 4.0～6.0 cm，近头状，花密集；花白色。萼片与花瓣离生。花瓣较狭小，长 3.0～4.0 mm；蕊柱短，无明显的蕊柱足；花药俯倾；花粉团 8 个，蜡质，柱头穴大，近圆形；蕊喙明显，近三角形。

花果期 花期 7 月，果期 7 月。

生境 海拔约 1 500 m 的林中。

短柄禾叶兰 *Agrostophyllum brevipes* 生境与植株（Aung）

短柄禾叶兰 *Agrostophyllum brevipes* 花序（Aung）

4. 禾叶兰 *Agrostophyllum callosum* Rchb. f.

国家重点保护级别 无

IUCN 红色名录 近危（NT）

形态特征 附生植物。植株高 30.0 ~ 60.0 cm，茎丛生，不分枝，上部略压扁，叶多枚，2 列。叶片禾叶状，长 8.0 ~ 13.0 cm，宽 0.4 ~ 0.8 cm，先端具两侧不等的 2 圆裂，基部具鞘。花序顶生，近头状；花密集，淡红色或白色带紫红色晕。花苞片近长圆形，舟状，长 0.5 ~ 2.0 cm。中萼片近圆形，长约 4.0 mm；侧萼片宽卵状圆形，长 4.0 mm，宽 5.0 mm，基部围抱唇瓣。花瓣近菱状宽椭圆形，长 2.5mm，宽 3.0mm；唇瓣近宽长圆形，长约 3.5 mm；中部略缢缩，基部凹陷呈浅囊状。

花果期 花期 7 ~ 8 月，果期 7 ~ 8 月。

生境 海拔 900 ~ 2 400 m 的密林中树上。

禾叶兰 *Agrostophyllum callosum* 生境与植株（金效华）

禾叶兰 *Agrostophyllum callosum* 花序（金效华）

5. 扁茎禾叶兰 *Agrostophyllum planicaule* (Wall. ex Lindl.) Rchb. f.

国家重点保护级别 无

IUCN 红色名录 近危（NT）

形态特征 附生植物。植株高 20.0~40.0 cm，茎丛生，压扁状，叶 3~4 枚，近顶部互生，2 列。叶片卵状长圆形，长 7.0~19.0 cm，宽 1.5~2.3 cm，先端具两侧不等的 2 圆裂。花序顶生，头状；花密集，白色。萼片相似，卵状长圆形，长 2.5 mm，宽 1.5 mm。花瓣线状长圆形，长 2.0 mm，宽 1.2 mm；唇瓣卵形，长 2.5 mm，中部缢缩，上部边缘内卷，草黄色，下部扩大，肾形，白色，边缘稍啮蚀状。

花果期 花期 9 月。

生境 海拔 200~1 300 m 林中树上或林下岩石上。

扁茎禾叶兰 *Agrostophyllum planicaule* 生境与植株（金效华）

扁茎禾叶兰 *Agrostophyllum planicaule* 花序（金效华）

（四）金线兰属 *Anoectochilus* Blume

6. 短唇金线兰 *Anoectochilus brevilabris* Lindl.

国家重点保护级别　二级

IUCN 红色名录　无

形态特征　地生植物。根状茎肉质。茎肉质，具 4~8 枚叶。叶螺旋状排列，卵形至近圆形，先端短锐尖，长 3.0~4.5 cm，宽 2.0~2.5 cm，正面暗紫色至黑紫色，具金红色带有绢丝光泽的网脉，背面淡紫红色。花序顶生，总状花序，长 2.0~4.0 cm，具 8~10 朵小花；花白色；花序梗密被短柔毛，具 2~3 枚鞘苞片。子房连花梗长 10.0~16.0 mm，直径 2.0 mm；萼片背面被柔毛，中萼片卵形，先端渐尖，凹陷呈舟状，长 4.5~5.0 mm；侧萼片张开，偏斜的近长圆形或长圆状椭圆形，长 6.0 mm，先端稍尖。花瓣近镰刀状，与中萼片等长；唇瓣 Y 形，白色，长 4.0~8.0 mm，基部具圆锥状距，前部扩大并 2 裂，裂片近钝三角形；距与子房平行，末端 2 浅裂，内侧在靠近距口处具 2 枚肉质的胼胝体。蕊柱长 3.0~5.0 mm，前面两侧各具 1 枚宽片状的附属物；花药帽卵形，渐尖，红棕色，长 3.0 mm，宽 4.0 mm；花粉块 2 个，斜棒状，黄色，长 4.0 mm；柱头 2 个，离生，位于蕊喙基部两侧。

花果期　花期 6~7 月。

生境　海拔 1 300~1 500 m 的常绿阔叶林潮湿山坡。

短唇金线兰 *Anoectochilus brevilabris* 生境与植株（金效华）

短唇金线兰 *Anoectochilus brevilabris* 花序（金效华）

7. 墨脱金线兰 *Anoectochilus medogensis* H. Z. Tian & Yue Jin

国家重点保护级别 二级

IUCN 红色名录 极危（CR）

形态特征 地生植物。植株高 15.0～22.0 cm，根状茎伸长。茎直立，圆柱形，具 3～5 枚叶。叶卵圆形至椭圆形，长 3.0～6.0 cm，宽 3.0～4.0 cm，具细尖，正面近黑色，叶脉细，白色至金黄色，背面黄褐色。花序顶生，长 15.0 cm，被短柔毛，具 3～12 朵花。花苞片长 0.6 cm，红褐色至绿色；子房扭转，梭形，连花梗长 1.5 cm。中萼片卵圆形，长 7.0 mm，宽 4.5 mm；侧萼片斜椭圆形，先端尖，长 12.0 mm，宽 4.0 mm。花瓣斜裂，绿白色，先端长渐尖，中部最宽，长 2.5 mm，宽 5.0 mm，与背萼片相连形成头状花序；唇瓣白色，呈“Y”形，长 15.0 mm，2 裂，裂片锐角发散，全缘，两侧各具数条 8～12 mm 长的毛状花丝，近下唇的基部绿色；距圆锥形，长 4.5 mm，顶端浅裂，与子房平行。蕊柱长约 5.0 mm，前面有 2 个宽的半圆形片；柱头 2 裂，凸出。花药帽卵圆形，棕黄色，长 3～4 mm；花粉块 2 个，斜棒状，黄色，长 3.5 mm。

花果期 花期 7～8 月。

生境 海拔 1 500～1 700 m 的湿润阔叶林中。

墨脱金线兰 *Anoectochilus medogensis* 生境与植株（金效华）

墨脱金线兰 *Anoectochilus medogensis* 花序（金效华）

8. 金线兰 *Anoectochilus roxburghii* (Wall.) Lindl.

国家重点保护级别 二级

IUCN 红色名录 濒危（EN）

形态特征 地生植物。植株高 8.0 ~ 18.0 cm。茎直立，具 3 ~ 4 枚叶。叶片卵圆形，长 1.3 ~ 3.5 cm，宽 0.8 ~ 3.0 cm，正面暗紫色，具金红色带光泽的网脉，背面淡紫红色，叶柄基部扩大成抱茎的鞘。花序顶生，长 3.0 ~ 5.0 cm，被毛，具 2 ~ 6 朵花；花白色。中萼片卵形，长 6.0 mm，宽 2.5 ~ 3.0 mm，凹陷呈舟状；侧萼片张开，偏斜的近长圆形，长 7.0 ~ 8.0 mm，宽 2.5 ~ 3.0 mm。花瓣近镰刀状，与中萼片等长并黏合成兜状；唇瓣长约 12.0 mm，呈"Y"形，基部具圆锥状距，上举指向唇瓣，末端 2 浅裂，内侧在近距口处具 2 枚肉质胼胝体，中部收狭成爪，两侧各具 6 ~ 8 条长流苏状细裂条，前部扩大，2 裂，裂片近长圆形，全缘。

花果期 花期 9 ~ 11 月。

生境 海拔 50 ~ 1 900 m 的常绿阔叶林下或沟谷阴湿处。

金线兰 *Anoectochilus roxburghii* 生境与植株（金效华）

金线兰 *Anoectochilus roxburghii* 花（金效华）

（五）筒瓣兰属 *Anthogonium* Lindl.

9. 筒瓣兰 *Anthogonium gracile* Lindl.

国家重点保护级别 无

IUCN 红色名录 无危（LC）

形态特征 地生植物。植株高达 55.0 cm，具假鳞茎。假鳞茎单生或聚生，顶生 2 枚叶。叶狭披针形，长 7.0 ~ 45.0 cm，宽 1.0 ~ 2.0 cm，基部收狭成短柄。花葶常高出叶层，不分枝或偶见分枝，疏生多枚花；花下倾，花紫红色或白色带紫红色。花苞片卵状披针形，长约 4.0 mm。萼片下半部合生成狭筒状，上半部分离，中萼片长圆状披针形，长约 16.0 mm，宽 2.0 mm，凹陷；侧萼片镰状匙形，长 16.0 mm，宽 4.5 mm。花瓣狭长圆状匙形，长 16.0 mm，宽 2.0 mm；唇瓣长约 16.0 mm，3 裂；侧裂片卵状三角形；中裂片近卵形，裂片近等大。

花果期 花期 8 ~ 10 月。

生境 海拔 1 000 ~ 2 300 m 的山坡草丛中或灌丛下。

筒瓣兰 *Anthogonium gracile* 生境与植株（金效华）

筒瓣兰 *Anthogonium gracile* 花序（金效华）

（六）无叶兰属 *Aphyllorchis* Blume

10. 高山无叶兰 *Aphyllorchis alpina* King & Pantl.

国家重点保护级别 无

IUCN 红色名录 易危（VU）

形态特征 菌类寄生植物。植株高 75～100 cm，无叶，具直立的根状茎。茎直立，下部具多枚鞘，上部具数枚鳞片状不育苞片；鞘抱茎，膜质，长 1～4 cm。总状花序长 19～22 cm，疏生 10～20 朵花；花苞片反折，线形至线状披针形，长 2.5～3 cm，宽 3～4 mm，明显超过花梗和子房；花黄绿色，平展。萼片卵状披针形，稍舟状，长 1.8～2.3 cm，宽 6～7 mm，先端长渐尖或近尾状。花瓣长 1.4～1.7 cm，宽 5～7 mm；唇瓣近卵形，长 1.4～1.7 cm，接近中部上方缢缩形成上下唇；下唇基部有爪，爪具翅并贴生于蕊柱基部两侧而形成小囊，整个下唇两侧有直立的侧裂片；上唇卵形，先端急尖，边缘常内卷。蕊柱长 1～1.3 cm，向前弯曲。蒴果椭圆形，长约 3 cm，宽 1 cm。

花果期 花期 7 月，果期 9 月。

生境 海拔 2 100～2 600 m 的河边林下。

高山无叶兰 *Aphyllorchis alpina* 花序（金效华）

（七）蜘蛛兰属 *Arachnis* Blume

11. 窄唇蜘蛛兰 *Arachnis labrosa* (Lindl. & Paxton) Rchb. f.

国家重点保护级别 无

IUCN 红色名录 无危（LC）

形态特征 附生植物。茎伸长，长达 50.0 cm，直径 0.7~1.0 cm，较坚硬，具多个节和多枚 2 列互生的叶。叶带状，长 15.0~30.0 cm，宽 1.6~2.5 cm，先端两侧具不等的 2 裂，基部具抱茎的鞘，叶鞘套叠。花序斜出，长达 1.0 m，具分枝，疏生数朵花。花淡黄色带红棕色斑点。花苞片宽卵形，长 5.0~8.0 mm。萼片和花瓣倒披针形。萼片长 18.0 mm，宽 3.0 mm。花瓣比萼片稍小。唇瓣长 10.0 mm，3 裂；侧裂片小，直立，近三角形，宽 2.0 mm；中裂片舌形，背面具 1 个圆锥形肉突，基部中央凹陷，而其两侧各具 1 个指向后方的乳突；距位于唇瓣中裂片的中部，圆锥形，长 4.0 ~ 5.0 mm，向后弯曲。蕊柱长 6.0 mm。

花果期 花期 8~9 月。

生境 海拔 800~1 200 m 的山地林缘树干上或山谷悬岩上。

窄唇蜘蛛兰 *Arachnis labrosa* 生境与植株（金效华）

窄唇蜘蛛兰 *Arachnis labrosa* 花（金效华）

（八）竹叶兰属 *Arundina* Blume

12. 竹叶兰 *Arundina graminifolia* (D. Don) Hochr.

国家重点保护级别　无

IUCN 红色名录　无危（LC）

形态特征　地生植物。植株高可达 1.0 m。茎直立，丛生，具多枚 2 列互生的叶。叶片线状披针形，长 8.0 ~20.0 cm，宽 1.0 ~2.0 cm，基部具圆筒状抱茎的鞘。花序顶生，具多花。花开展，粉红色、白色或杂色。花苞片宽卵状三角形，长 3.0 ~5.0 mm。萼片狭椭圆形，长 25.0 ~40.0 mm，宽 7.0 ~9.0 mm。花瓣椭圆形，与萼片等长，宽 13.0 ~15.0 mm。唇瓣长圆状卵形，长 25.0 ~40.0 mm，宽 12.0 ~24.0 mm，3 裂；侧裂片内弯；中裂片近方形，先端 2 浅裂，唇盘上有 3 条褶片。

花果期　花期 9 ~11 月，果期 9 ~11 月。

生境　海拔 400 ~2 800 m 的草坡、溪谷旁、灌丛下或林中。

竹叶兰 *Arundina graminifolia* 生境与植株（金效华）

竹叶兰 *Arundina graminifolia* 花序（金效华）

（九）苞叶兰属 *Brachycorythis* Lindl.

13. 藏南苞叶兰 *Brachycorythis obcordata* (Lindl. ex Wall.) Summerh.

国家重点保护级别 无

IUCN 红色名录 无

形态特征 地生植物。植株高 5.0~22.0 cm。块茎球形至圆柱形，长约 1.0 cm，直径约 0.5 cm。叶片长圆状披针形，渐尖至钝圆，长 2.4~5.0 cm，直径 1.0~1.6 cm，基部具鞘；鞘管状，长约 1.0 cm。顶生总状花序，密生少数至多朵花；花序轴被短柔毛，长达 8.0 cm；苞片长卵形至披针形，长 0.7~2.3 cm，宽 0.3~0.4 cm。花紫色或淡粉色，长约 1.0 cm。中萼片直立，卵状披针形，长 4~6 mm，宽约 1.5 mm；侧萼片卵状披针形，渐尖，镰刀形，长 5~6 mm，宽约 1.3 mm，花瓣卵状披针形，稍镰刀形，长 3.5~4.5 mm，宽约 1.6 mm，唇瓣先端 3 裂，前伸，宽三棱形至宽倒心形，长 6~9 mm，宽约 6.0 mm；距圆锥形，钝圆，白色或绿色，长 3 mm。蕊柱长 1.5~2.0 mm。

花果期 花期 6~8 月，果期 6~8 月。

生境 海拔 1 300~1 700 m 的潮湿林下。

藏南苞叶兰 *Brachycorythis obcordata* 生境与植株（*Tirtha*）

（十）石豆兰属 *Bulbophyllum* Thouars

14. 赤唇石豆兰 *Bulbophyllum affine* Lindl.

国家重点保护级别 无

IUCN 红色名录 无危（LC）

形态特征 附生植物。根状茎粗4.0~5.0 mm，根从节和节间生出，多数；假鳞茎彼此相距4.0~8.0 cm，近圆柱形，长3.0~4.0 cm，直径0.5~0.8 cm，顶生1枚叶。叶片长圆形，长6.0~26.0 cm，宽1.0~4.0 cm。花葶从根状茎和假鳞茎基部发出，长4.0~8.0 cm；花序直立柄短，具1朵花；花淡黄色带深紫色条纹。中萼片披针形，长17.0~20.0 mm，宽4.0~5.0 mm；侧萼片镰状披针形，与中萼片等长，基部稍歪斜、较宽且贴生于蕊柱足而形成宽钝的萼囊。花瓣披针形，比萼片小，长10.0~14.0 mm；唇瓣披针形，比花瓣短，稍下弯，基部具凹槽，其两侧边缘深紫色，与蕊柱足末端连接而形成活动关节。蕊柱长5.0 mm，蕊柱齿不明显。

花果期 花期5~7月。

生境 海拔100~1 600 m的林中树干上或沟谷岩石上。

赤唇石豆兰 *Bulbophyllum affine* 生境与植株（金效华）

赤唇石豆兰 *Bulbophyllum affine* 花序（金效华）

15. 大叶卷瓣兰 *Bulbophyllum amplifolium* (Rolfe) M. S. Balakr. & Chowdhuri

国家重点保护级别 无

IUCN 红色名录 无危（LC）

形态特征 附生植物。根状茎匍匐，直径 6.0~10.0 mm。假鳞茎彼此相距 10.0 cm，卵状长圆柱形，长 5.0~8.0 cm，直径 1.5 cm，顶生 1 枚叶。叶片椭圆形，长 10.0~21.0 cm，宽 8.5 cm，基部近圆形，具长 4.0~7.0 cm 的柄。花葶从假鳞茎基部发出，1~2 个，长 15.0~30.0 cm；伞形花序，具 4~8 朵花；花淡黄褐色。花苞片披针形，长 8.0~13.0 mm。中萼片近圆形，长、宽约 10.0 mm，边缘近先端处稍具细齿，先端具 1 条弯曲的刚毛，刚毛长 8.0 mm，先端膨大呈棒状，密被细乳突；侧萼片披针形，长 45.0~55.0 mm，基部贴生在蕊柱足上，基部上方扭转而两侧萼片的上下侧边缘除在先端分离外彼此黏合。花瓣卵状三角形，长 4.0 mm，基部宽 3.0 mm，边缘篦齿状，先端具与中萼片相同的刚毛；唇瓣卵状长圆形，长 6.0 mm，向外下弯。蕊柱长 3.0 mm；蕊柱齿镰状，大而宽扁，高出药帽之上，长 5.0 mm。

花果期 花期 10~11 月。

生境 海拔 1 700~2 000 m 的常绿阔叶林林缘岩石上。

大叶卷瓣兰 *Bulbophyllum amplifolium* 生境与植株（金效华）

大叶卷瓣兰 *Bulbophyllum amplifolium* 花序（金效华）

16. 柄叶石豆兰 *Bulbophyllum apodum* Hook. f.

国家重点保护级别 无

IUCN 红色名录 无危（LC）

形态特征 附生植物。根状茎匍匐，直径 5.0 mm，根成束从根状茎的节上发出，无假鳞茎，叶自根状茎的节上发出，彼此相距 7.0～11.0 cm。叶片长圆形，长 8.0～15.0 cm，宽 3.0 cm，先端稍凹入，基部具长 4.0～5.0 cm 的柄。花葶从叶柄基部发出，长 22.0 cm；花序长为花葶的 2/5，密生许多小花；花黄白色。花苞片狭披针形，长 3.5 mm。中萼片长圆形，长 5.0 mm，宽 2.0 mm；侧萼片镰状披针形，长 6.0 mm，宽 2.0 mm。花瓣椭圆形，长 3.0 mm，宽 1.1 mm；唇瓣披针形，从中部向外下弯，长 4.0 mm，宽 2.0 mm，后半部两侧对折。蕊柱长 1.5 mm；蕊柱足基部具 1 枚隆起的胼胝体；蕊柱齿短，三角形。

花果期 花期 8～9 月。

生境 海拔 1 000 m 的山地阔叶林中树干上。

柄叶石豆兰 *Bulbophyllum apodum* 生境与植株（金效华）

柄叶石豆兰 *Bulbophyllum apodum* 花（金效华）

17. 基花石豆兰 *Bulbophyllum basiflorum* M. K. Li, J. P. Deng & Y. Luo

国家重点保护级别 无

IUCN 红色名录 数据缺乏（DD）

形态特征 附生植物。根状茎匍匐或直立，直径 0.15 cm。假鳞茎彼此相距 2.0~5.0 cm，长卵圆形至圆柱形，长 3.0~4.0 cm，直径约 0.15 cm，具 1 枚顶生叶。叶片长圆形，长约 1.5 cm，宽 0.5~0.7 cm，基部收缩成叶柄，先端锐尖。花葶从根状茎和假鳞茎基部发出，长 4~10 mm，不足假鳞茎的一半；花梗具 3 个管状鞘；总状花序具 1 或 2 朵花。花黄白色；花苞片卵圆状三角形，长 4.0~5.0 mm，宽 3.0~4.0 mm，长于花梗和子房，先端锐尖。中萼片稍内卷，狭披针形，具 3 条脉，长 5.0~7.0 mm，宽 1.4~1.5 mm，先端渐尖；侧萼片狭披针形，具 3 条脉，长 7.0~9.0 mm，宽 1.3~1.4 mm，基部贴生，顶端渐尖。花瓣卵圆形，具 3 条脉，长 1.5~2.0 mm，宽 1.0~1.2 mm，顶端锐尖；唇瓣略微内翻，舌形，白色，长 2.0~2.5 mm，肉质，两脊始于基部，顶端钝圆。

花果期 花期 5~6 月，果期 7~10 月。

生境 海拔 730~1 600 m 的林中树上。

基花石豆兰 *Bulbophyllum basiflorum* 生境与植株（金效华）

18. 黄花大苞兰 *Bulbophyllum bifurcatoflorens* (Fukuy.) J. J. Verm

国家重点保护级别 无

IUCN 红色名录 无危（LC）

形态特征 附生植物。根状茎匍匐，直径 1.5 mm。假鳞茎疏生，长卵形，长 1 cm，直径 0.3 ~ 0.4 cm，顶生 1 枚叶。叶片长圆形，长 5 cm，宽 0.7 cm，先端稍凹入。花葶侧生于假鳞茎基部，长 3 cm；花序具 1 ~ 3 朵花；花淡黄色。花苞片卵形，长 10 mm。萼片相似，卵状披针形，长 7 ~ 8 mm，宽 3 mm，近先端两侧边缘多少内卷。花瓣狭卵状披针形，长 5 mm，宽 2.5 mm，中部以上收窄为圆柱状，下半部边缘具流苏；唇瓣深黄色，卵形，与花瓣等长，宽 2.5 mm，中部以上骤然变狭，基部具 1 枚肉质状横生的胼胝体，下半部边缘具缺刻。蕊柱短，长 1 mm；蕊柱足不明显，蕊喙马蹄形。

花果期 花期 9 ~ 10 月。

生境 海拔 700 ~ 1700 m 的林中树上。

黄花大苞兰 *Bulbophyllum bifurcatoflorens* 生境与植株（金效华）

黄花大苞兰 *Bulbophyllum bifurcatoflorens* 花序（金效华）

19. 波密卷瓣兰 *Bulbophyllum bomiense* Z. H. Tsi

国家重点保护级别 无

IUCN 红色名录 濒危（EN）

形态特征 附生植物。根状茎匍匐，直径1.0mm。假鳞茎彼此相距1.0~2.0cm，卵状圆锥形，长7.0~10.0mm，直径5.0mm，顶生1枚叶。叶片长圆形，长17.0~35.0mm，宽5.0~7.0mm，先端稍凹入。花葶从假鳞茎基部发出，长2.0cm；伞形花序具2~4朵花；花深红色。花苞片卵状披针形，长3.0mm，呈镰状下弯。中萼片长圆形，长7.0mm，宽2.5mm，先端稍凹入，中部以上边缘密生细乳突，背面疏生疣状突起；侧萼片镰状披针形，长7.0mm，基部贴生在蕊柱足上，背面密生疣状突起，边缘在中部以上内卷，基部上方扭转而两侧萼片的上下侧边缘彼此黏合。花瓣近椭圆形，淡紫色带深紫色斑点，长4.0mm，宽2.5mm，边缘密生细乳突；唇瓣舌形，长3.0mm，基部上方稍向外下弯，基部具凹槽且与蕊柱足末端连接而形成活动关节，内面靠边缘各具1条纵向的褶片。蕊柱长1.2mm；蕊柱翅近平直；蕊柱齿尖齿状，长0.5mm。

花果期 花期7月。

生境 海拔约2 000 m的山地常绿阔叶林下岩石上。

波密卷瓣兰 *Bulbophyllum bomiense* 生境与植株（金效华）

波密卷瓣兰 *Bulbophyllum bomiense* 花序（金效华）

20. 短序石豆兰 *Bulbophyllum brevispicatum* Z. H. Tsi & S. C. Chen

国家重点保护级别 无

IUCN 红色名录 无危（LC）

形态特征 附生植物。假鳞茎在根状茎上疏生，彼此相距约 2 cm，近圆柱形，长 3～3.5 cm，基部直径 5～7 mm，顶生 1 枚叶。叶长圆形，长 17 cm，中部宽 2.8 cm。花葶从假鳞茎基部抽出，长约 2 cm；总状花序密生 6～7 朵花；花序柄被 3 枚鳞片状的鞘。花苞片披针形，比花梗连同子房长，长约 6 mm，先端渐尖；花紫红色。中萼片卵状椭圆形，凹，长 5 mm，宽 3 mm，背面密被乳突；侧萼片卵形，与中萼片近等大，下侧边缘彼此黏合，仅先端分开，先端锐尖，具 3 条脉，背面密被乳突。花瓣卵形，长 3 mm，宽 2 mm，先端圆形，具 1 条脉，边缘具不整齐细齿；唇瓣肉质，舌形，下弯，长约 3 mm，先端圆钝，基部两侧各具 1 枚下弯的短角状裂片，光滑无毛，唇盘中央具 1 条纵向凹槽。蕊柱长约 2 mm；蕊柱齿钻状，长约 1.5 mm；蕊柱足分离部分长 1.5 mm，其末端与唇瓣基部连接而形成活动关节；药帽尖塔状，密被乳突，前端边缘截形并且多少不整齐。

花果期 花期 1 月。

生境 海拔约 1 300 m 的沟谷林缘树干上。

短序石豆兰 *Bulbophyllum brevispicatum* 生境与植株（金效华）

短序石豆兰 *Bulbophyllum brevispicatum* 花序（金效华）

21. 白花大苞兰 *Bulbophyllum candidum* (Lindl.) Hook. f.
Sunipia candida (Lindl.) P. F. Hunt

国家重点保护级别 无

IUCN 红色名录 易危（VU）

形态特征 附生植物。根状茎直径 1.5 mm。假鳞茎彼此相距 1.5 ~2.0 cm，卵形，长 10 ~15 mm，直径 5 ~7 mm，顶生 1 枚叶。叶狭长圆形，长 3 ~6 cm，宽 0.4 ~0.7 cm。花葶从假鳞茎基部侧边发出，稍高出叶外；花序长 2 ~4 cm，具多数花；花绿白色。花苞片狭披针形，长 5 ~7 mm。中萼片卵状披针形，长 6 mm，宽 1.5 mm；侧萼片与中萼片等长，靠近唇瓣一侧边缘彼此黏合，仅先端稍分离。花瓣卵形，长 3 mm，宽 1.5 ~1.7 mm，边缘啮蚀状；唇瓣上半部黄色，下半部白色，披针形，长 5 ~6 mm，宽 1.6 ~2.0 mm，近中部向先端骤然收狭为圆柱状，中部以下边缘撕裂状，唇盘从基部至先端纵贯 1 条增厚的龙骨脊。蕊柱长 1 mm。

花果期 花期 7 ~8 月。

生境 海拔 1 900 ~2 500 m 的林中树上。

白花大苞兰 *Bulbophyllum candidum* 生境与植株（金效华）

白花大苞兰 *Bulbophyllum candidum* 花序（金效华）

22. 尖叶石豆兰 *Bulbophyllum cariniflorum* Rchb. f.

国家重点保护级别 无

IUCN 红色名录 近危（NT）

形态特征 附生植物。根状茎粗 3 mm，根成束从假鳞茎基部的根状茎节上发出。假鳞茎聚生，卵球形，直径 1.0～1.5 cm，顶生 2 枚叶。叶片长圆形，长 12.0～15.0 cm，宽 2.7～4.0 cm，基部收狭为长 5.0～10.0 mm 的柄。花葶从假鳞茎基部发出，比叶短，长 8.0mm；花序长为花葶的 1/3 左右，具多数密生的花；花黄色。花苞片狭披针形，长 3.0～4.0 mm。萼片相似，卵状长圆形，长 6.0 mm，宽 3.0 mm；中萼片凹，侧萼片的下侧边缘除先端外彼此黏合，先端呈兜状，基部 1/2 贴生于蕊柱足上。花瓣披针形，长 3.5 mm，宽 1.5 mm；唇瓣对折，向外下弯，舌状，长 3.0 mm。蕊柱长 2.0 mm，宽 1.3 mm；蕊柱齿三角形，长 1.0 mm，先端钻状。

花果期 花期 7 月。

生境 海拔 2 100～2 200 m 的山地杂木林下岩石上。

尖叶石豆兰 *Bulbophyllum cariniflorum* 生境与植株（李剑武）

尖叶石豆兰 *Bulbophyllum cariniflorum* 花序（李剑武）

23. 尾萼卷瓣兰 *Bulbophyllum caudatum* Lindl.

国家重点保护级别 无

IUCN 红色名录 濒危（EN）

形态特征 附生植物。根状茎粗 1.0 ~2.0 mm，具分枝，根成束生于假鳞茎基部的根状茎节上。假鳞茎彼此相距 2.0 ~8.0 cm，卵形，长 1.0 ~2.5 cm，直径 0.1 ~1.0 cm，顶生 1 枚叶。叶片卵状披针形，长 2.5 ~6.5 cm，宽 1.0 ~1.5 cm，基部具长 2.0 ~3.0 mm 的柄。花葶从假鳞茎基部发出，与假鳞茎约等长；伞形花序，具多数花；花白色。花苞片披针形，与子房近等长。中萼片卵状长圆形，长 5.0 mm，向前弯；侧萼片披针形，是中萼片长的 5 ~7 倍，先端延伸呈长尾状，彼此离生且平行。花瓣倒卵状长圆形；唇瓣长圆形，与花瓣约等长，基部具柄，后半部两侧直立，前半部边缘下弯。蕊柱翅向前伸展呈半圆形；蕊柱齿纤细。

花果期 花期 6 ~7 月。

生境 海拔 800 ~1 200 m 的常绿阔叶林中树干上。

尾萼卷瓣兰 *Bulbophyllum caudatum* 生境与植株（金效华）

24. 茎花石豆兰 *Bulbophyllum cauliflorum* Hook. f.

国家重点保护级别 无

IUCN 红色名录 无危（LC）

形态特征 附生植物。根状茎粗3.0~4.0mm。假鳞茎彼此相距4.0~12.0cm,圆柱形,斜立,长2.0~5.0cm,直径0.7~1.0cm,顶生1枚叶。叶片长圆形,长5.0~10.0cm,宽1.4~2.7cm,先端稍凹入,基部收狭为长0.5~1.5cm的柄。花葶从根状茎节上和假鳞茎基部发出，与假鳞茎约等长；花序伞状，具3~5朵花；花白色。花苞片卵状披针形，长4.0mm。萼片近相似，狭披针形,长7.0~10.0mm,宽1.5mm,先端呈尾状。花瓣披针形,长5.0~7.0mm,宽1.2mm；唇瓣披针形,长3.0~4.0mm,基部具凹槽，与蕊柱足末端连接而形成活动关节。蕊柱长0.6mm；蕊柱齿镰刀状，长1.0mm。

花果期 花期6~7月，果期11月。

生境 海拔800~1750m的山坡阔叶林中树干上或林下岩石上。

茎花石豆兰 *Bulbophyllum cauliflorum* 生境与植株（金效华）

茎花石豆兰 *Bulbophyllum cauliflorum* 花序（金效华）

25. 短耳石豆兰 *Bulbophyllum crassipes* Hook. f.

国家重点保护级别 无

IUCN 红色名录 无危（LC）

形态特征 根状茎粗壮，直径 3～4 mm。假鳞茎在根状茎上直立，彼此相距 2～30 cm，卵球形或圆锥形，长 3～4 cm，基部上方直径 1.5～2.5 cm，通常具 4～5 条棱，顶生 1 枚叶。叶肉质或厚革质，长圆形，长 12～17 cm，中部宽 2～3.5 cm。花葶从假鳞茎基部抽出，长 4～17 cm，向外弯弓状；总状花序长 2～7 cm，密生许多覆瓦状排列的花；花淡黄褐色。花苞片淡褐色，卵状披针形，长 5～7 mm，中部宽约 2 mm；中萼片长圆形，长 6 mm，中部宽 3 mm；侧萼片卵状披针形，比中萼片长，基部上方宽 3.5 mm，下侧边缘彼此靠合而上侧边缘内卷而形成兜状。花瓣斜三角形，长 2.5～3 mm，基部宽约 2 mm，向蕊柱足下延，先端急尖呈短尾状，边缘常疏生不整齐的细齿，具 1 条脉。唇瓣肉质，舌状，比花瓣长，边缘具细乳突，基部具凹槽，其外侧各具 1 枚小裂片；裂片近方形，长约 1 mm，向前伸，先端截形并且具小缺刻。蕊柱长约 2 mm；蕊柱齿三角形，与药帽近等高，长约 1 mm，先端锐尖。蕊柱足长 2 mm。

花果期 花期 4 月。

生境 海拔约 1 100 m 的山地常绿阔叶林中树干上。

短耳石豆兰 *Bulbophyllum crassipes* 生境与植株（金效华）

短耳石豆兰 *Bulbophyllum crassipes* 花序（金效华）

26. 短瓣兰 *Bulbophyllum crabro* (C. S. P. Parish & Rchb. f.) J. J. Verm., Schuit. & de Vogel

Monomeria barbata Lindl.

国家重点保护级别 无

IUCN 红色名录 近危（NT）

形态特征 附生植物。根状茎匍匐，直径 5 mm。假鳞茎彼此相距 6 cm，卵形，长 4 cm，直径 1.5 cm，顶生 1 枚叶。叶片长圆形，长 31~32 cm，宽 4 cm，基部收狭为长 9~10 cm 的柄。花葶侧生于假鳞茎基部，近等长于叶；花序长 5~10 cm，疏生数朵花；花黄色具淡红色晕。花苞片卵形，长 7 mm。中萼片直立，卵形，凹，长 15 mm，宽 5 mm；侧萼片较大，远离蕊柱而贴生于蕊柱足的中部以上，披针形，长 20 mm，宽 7 mm，上面密布粗硬毛。花瓣斜三角形，长 3 mm，宽 2.5 mm，基部向蕊柱足下延，边缘具流苏。唇瓣比萼片小，从中部向外下弯，与蕊柱足末端连接而形成 1 个活动关节，3 裂；侧裂片近半圆形，基部两端的后侧边缘各具 1 枚狭镰刀状的小裂片；中裂片较大；唇盘具 2 条膜状褶片。蕊柱长 6 mm；蕊柱翅在蕊柱中部向前扩大；蕊柱齿三角形。

花果期 花期 11 月至次年 1 月。

生境 海拔 800~2 000 m 的林中树上或林下岩石上。

短瓣兰 *Bulbophyllum crabro* 生境与植株（金效华）

短瓣兰 *Bulbophyllum crabro* 花序（金效华）

27. 大苞石豆兰 *Bulbophyllum cylindraceum* Lindl.

国家重点保护级别 无

IUCN 红色名录 近危（NT）

形态特征 附生植物。根状茎匍匐，直径 5.0~6.0 mm。假鳞茎小，顶生 1 枚叶。叶片椭圆状长圆形，长 15.0~25.0 cm，宽 2.0~4.0 cm。花葶从假鳞茎基部发出，近等长于叶；花序长 6.5 cm，密生多数覆瓦状排列的花，基部具 1 枚总苞片；总苞片佛焰苞状，长 2.5 cm，宽 0.7 cm；花褐绿色。花苞片卵形，长 4.0 mm。中萼片卵状三角形，长 5.0 mm，宽 2.2 mm，背面略被糠秕状鳞片；侧萼片斜卵形，与中萼片等长，宽 3.0 mm，下侧边缘除先端外彼此黏合，背面被糠秕状鳞片。花瓣长圆状披针形，长 2.0~4.4 mm，宽 1.5 mm；唇瓣舌形，基部具凹槽，从中部向外下弯，长 3.5 mm，宽 2.0 mm；唇盘具 3 条龙骨状突起，密被乳突。蕊柱长 0.6 mm；蕊柱齿狭镰刀状，长 1.0 mm。

花果期 花期 11 月。

生境 海拔 1400~1600 m 的山地林中树干上或林下岩石上。

大苞石豆兰 *Bulbophyllum cylindraceum* 生境与植株（金效华）

大苞石豆兰 *Bulbophyllum cylindraceum* 花序（金效华）

28. 直唇卷瓣兰 *Bulbophyllum delitescens* Hance

国家重点保护级别 无

IUCN 红色名录 易危（VU）

形态特征 附生植物。根状茎匍匐，直径 4.0 mm，具分枝。假鳞茎彼此相距 3.0~11.0 cm，卵形，长 1.7~3.5 cm，直径 0.5~1.0 cm，顶生 1 枚叶。叶片长圆形，长 16.0~25.0 cm，宽 3.5~6.0 cm，基部具长 2.0~3.0 cm 的柄。花葶从假鳞茎基部发出，不高出叶外，长 10.0~22.0 cm；伞形花序，具 2~4 朵花；花茄紫色。花苞片披针形，长 4.0~6.0 mm，先端具芒尖。中萼片卵形，舟状，长 10.0 mm，宽 3.0 mm，先端具凹缺，在凹缺中央具 1 条长 7.0 mm 的芒；侧萼片狭披针形，长 60.0 mm，宽 2.0 mm，基部贴生在蕊柱足上，基部上方扭转而两侧萼片的上下侧边缘彼此黏合。花瓣镰状披针形，长 5.0~7.0 mm，宽 1.5~2.0 mm，先端具凹缺，凹缺中央具 1 个短芒；唇瓣舌形，向外下弯，长 5.0 mm，基部具凹槽且与蕊柱足末端连接。蕊柱长 3.0 mm；蕊柱翅向前伸；蕊柱齿呈臂状，长 3.0 mm。

花果期 花期 4~11 月。

生境 海拔 800~1 000 m 的山谷溪边岩石上和林中树干上。

直唇卷瓣兰 *Bulbophyllum delitescens* 生境与植株（金效华）

直唇卷瓣兰 *Bulbophyllum delitescens* 花序（金效华）

29. 戟唇石豆兰 *Bulbophyllum depressum* King & Pantl.

国家重点保护级别 无

IUCN 红色名录 易危（VU）

形态特征 附生植物。根状茎匍匐，具分枝，直径 1.0 mm，根 2~3 条从假鳞茎基部发出。假鳞茎彼此相距 8.0~14.0 mm，偏鼓状卵球形，伏卧在根状茎上，长 4.0~8.0 mm，直径 2.5~4.0 mm，中部以上稍斜举，顶生 1 枚叶。叶片卵形，长 6.0~15.0 mm，宽 4.0~8.0 mm，基部具长 1.0~2.0 mm 的柄。花葶从假鳞茎基部发出，长 6.0 mm，顶生 1 朵花；花除基部和先端浅绿色外其余紫色。花苞片杯状，长不及 1.0 mm。中萼片披针形，长 3.0 mm，宽 0.7 mm；侧萼片镰状披针形，稍比中萼片长，宽 0.7 mm，基部贴生在蕊柱足上而形成萼囊。花瓣椭圆形，长 2.0 mm，宽 0.5 mm；唇瓣菱形，长 1.5 mm，3 裂；侧裂片半圆形，两侧裂片先端之间宽 1.0 mm；中裂片舌形，长 0.7 mm，唇盘在两侧裂片中央具 1 个胼胝体，其延伸至中裂片上。蕊柱长 1.0 mm；蕊柱齿不明显。

花果期 花期 6~11 月。

生境 海拔 400~600 m 的山地密林中树干上或山谷岩石上。

戟唇石豆兰 *Bulbophyllum depressum* 生境与植株（金效华）

戟唇石豆兰 *Bulbophyllum depressum* 花序（金效华）

30. 高茎卷瓣兰 *Bulbophyllum elatum* (Hook. f.) J. J. Sm.

国家重点保护级别 无

IUCN 红色名录 易危（VU）

形态特征 附生植物。假鳞茎聚生，圆柱形，长约 4 cm，中部粗约 6 mm，上端变窄，顶生 1 枚叶。叶革质，长圆形，长约 16 cm，宽 2.2 cm。花葶出自假鳞茎基部，直立，与叶约等长，伞形花序具多数花；花序柄粗约 2 mm，被 3～4 鞘；花苞片披针形，比花梗连同子房短；花暗黄色。中萼片卵形，长约 1.3 cm，宽 7 mm，先端急尖，边缘全缘，具 3 条脉；侧萼片狭披针形，约是中萼片长的 4 倍，基部扭转而上侧边缘除中部以上外，彼此黏合，背面具细乳突，先端渐尖。花瓣斜卵状三角形，长约 4 mm。唇瓣肉质，卵状披针形，向外下弯，先端急尖，基部具凹槽，边缘全缘。蕊柱粗短；蕊柱翅在蕊柱中部稍向前伸展。蕊柱足向前弯曲，其分离部分长约 5 mm。蕊柱齿纤细，稍钩状弯曲。

花果期 未知。

生境 海拔 2 400～2 500 m 的常绿阔叶林中树干上或沟谷岩石上。

高茎卷瓣兰 *Bulbophyllum elatum* 生境与植株（亚吉东）

高茎卷瓣兰 *Bulbophyllum elatum* 花序（亚吉东）

31. 匍茎卷瓣兰 *Bulbophyllum emarginatum* (Finet) J. J. Sm.

国家重点保护级别 无

IUCN 红色名录 无危（LC）

形态特征 附生植物。根状茎匍匐，直径 3.0 mm，节间长 2.0～5.0 cm。假鳞茎彼此相距 9.0～18.0 cm，狭卵形，长 2.0～4.0 cm，宽 0.5～1.0 cm，顶生 1 枚叶。叶片长圆形，长 4.0～10.0 cm，宽 1.5～3.5 cm。花葶从假鳞茎基部发出；伞状花序，具 2～4 朵花；花紫红色。花苞片披针形，长 8.0 mm。中萼片卵状长圆形，长 10.0 mm，宽 8.0 mm，先端微凹，边缘具睫毛；侧萼片镰状披针形，长 20.0～42.0 mm，向先端渐狭为尾状，背面具乳突，基部贴生在蕊柱足上，基部上方扭转而两侧萼片的上下侧边缘彼此黏合。花瓣近圆形，长、宽约 9.0 mm，边缘具睫毛；唇瓣卵形，长 8.0 mm，宽 4.0 mm，基部与蕊柱足末端连接而形成活动关节，唇盘上具细密的网状脉和 2 条从基部纵贯至先端的褶片。蕊柱长 3.0 mm；蕊柱齿细尖，长 0.2 mm。

花果期 花期 10 月。

生境 海拔 800～2 200 m 的林中树干上。

匍茎卷瓣兰 *Bulbophyllum emarginatum* 生境与植株（金效华）

匍茎卷瓣兰 *Bulbophyllum emarginatum* 花序（金效华）

32. 墨脱石豆兰 *Bulbophyllum eublepharum* Rchb. f.

国家重点保护级别 无

IUCN 红色名录 近危（NT）

形态特征 附生植物。假鳞茎聚生，圆柱状，长 4.0～6.5 cm，直径 0.7～1.0 cm，顶生 1 枚叶。叶片长圆形，长 13.0～21.0 cm，宽 3.5～4.0 cm，基部收狭为长 1.0～2.0 cm 的柄。花葶从假鳞茎基部发出，远高出叶外，长达 55.0 cm；花序长为花葶的 1/6，疏生多数花；花绿色。花苞片狭披针形，长 5.0～8.0 mm。萼片近相似，卵状披针形，长 15.0 mm，中萼片比侧萼片稍短。花瓣宽椭圆形，长约为中萼片的 1/2，边缘具睫毛；唇瓣长圆状披针形，先端具凹缺，基部具凹槽，边缘具腺状睫毛。蕊柱短；蕊柱翅基部扩大；蕊柱齿钻状。

花果期 花期 9～10 月，果期 11 月。

生境 海拔 2 000～2 100 m 的林中树干上。

墨脱石豆兰 *Bulbophyllum eublepharum* 生境与植株（金效华）

墨脱石豆兰 *Bulbophyllum eublepharum* 花序（金效华）

33. 尖角卷瓣兰 *Bulbophyllum forrestii* Seidenf.

国家重点保护级别 无

IUCN 红色名录 无危（LC）

形态特征 附生植物。根状茎匍匐，直径 4.0 mm。假鳞茎彼此相距 1.0～2.0 cm，卵形，长 2.0～3.0 cm，直径 1.0～2.0 cm，顶生 1 枚叶。叶片长圆形，长 15.0～25.0 cm，宽 1.3～2.8 cm。花葶从假鳞茎基部发出，长 15.0 cm；伞形花序，具 10 余朵花；花杏黄色。花苞片狭披针形，长 10.0 mm。中萼片卵形，长 7.0～10.0 mm，宽 4.0 mm；侧萼片披针形，长 15.0～25.0 mm，基部贴生在蕊柱足上，基部上方扭转而两侧萼片的上下侧边缘彼此黏合，背面有小疣状突起。花瓣卵状三角形，长 2.0～3.0 mm，宽 1.5～2.0 mm，边缘具不整齐的细齿；唇瓣披针形，长 5.0 mm，从中部向外下弯，中部以上强烈收狭，基部与蕊柱足末端连接而形成活动关节，两侧边缘下弯并略具小疣状突起。蕊柱短；蕊柱齿短钻状，长 0.5 mm。

花果期 花期 5～6 月。

生境 海拔 1 800～2 000 m 的林中树干上。

尖角卷瓣兰 *Bulbophyllum forrestii* 生境与植株（金效华）

尖角卷瓣兰 *Bulbophyllum forrestii* 花序（金效华）

34. 甘布尔石豆兰 *Bulbophyllum gamblei* (Hook. f.) Hook. f.

国家重点保护级别 无

IUCN 红色名录 无

形态特征 附生。假鳞茎相距 2.5 ~3.5 cm, 圆锥形， 高约 1 cm, 顶生 1 枚叶。花梗连子房长 3 ~ 4 mm；花淡黄绿色。中萼片披针形， 长 4 mm, 宽 1.2 ~2 mm；侧萼片披针形，长 5 mm，宽 1.7 ~2 mm。花瓣卵形，长 2 ~7 mm， 宽 0.7 ~2 mm。唇瓣近心形， 中央有凹槽， 长 2 ~ 4 mm，宽 0.5 ~ 1 mm。

花果期 花期 7 ~ 8 月。

生境 海拔 1 800 ~2 800 m 的林中树上或林下岩石上。

甘布尔石豆兰 *Bulbophyllum gamblei* 生境与植株（金效华）

甘布尔石豆兰 *Bulbophyllum gamblei* 花序（金效华）

35. 格当石豆兰 *Bulbophyllum gedangense* Y. Luo, J. P. Deng & Jian W. Li

国家重点保护级别 无

IUCN 红色名录 数据缺乏（DD）

形态特征 附生植物。根状茎细长，常分枝，直径 0.3～0.5 mm。假鳞茎小，聚集在根状茎上，圆锥形，深紫红色，长 9.0～15.0 mm，直径 4.0～6.0 mm，顶生 1 枚叶。叶片狭长圆形到倒卵状披针形，长 5.5～7.0 cm，宽 0.5～0.7 cm。花葶从假鳞茎基部长出，丝状，长 7.0～12.0 cm，长于叶；花序梗直径约 0.5 mm；总状花序缩短，呈伞形花序状，具 3～8 朵花。花黄绿色，略带紫色，无毛。花梗和子房长 4.5～6.0 mm。中萼片卵形，5 脉，长 3.0～3.5 mm，宽 3.5～4.5 mm，边缘全缘，先端钝；侧生萼片斜三角形，长 4.0～5.0 mm，宽 2.5～3.5 mm，上下边缘彼此合生。花瓣卵形，3 脉，长 2.5～3.0 mm，宽 3.0～4.0 mm，边缘全缘，先端钝；唇瓣长圆状披针形，长 1.8～2.0 mm，宽 1～1.3 mm。

花果期 花期 8～12 月，果期 8～12 月。

生境 海拔约 1 700 m 的林中树上或林下岩石上。

格当石豆兰 *Bulbophyllum gedangense* 生境与植株（金效华）

格当石豆兰 *Bulbophyllum gedangense* 花序（李剑武）

36. 短齿石豆兰 *Bulbophyllum griffithii* (Lindl.) Rchb. f.

国家重点保护级别 无

IUCN 红色名录 近危（NT）

形态特征 附生植物。根状茎匍匐，直径 1.5 mm。假鳞茎聚生，卵形，长 1.5 ~ 1.7 mm，直径 7.0 ~ 9.0 mm，顶生 1 枚叶。叶片披针形，长 5.0 ~ 7.0 cm，宽 1.6 ~ 1.9 cm，基部具短柄。花葶从假鳞茎基部发出，长 2.5 ~ 4.0 cm，顶生 1 朵花；花黄色密布紫红色斑点。花苞片筒状，长 2.0~3.0 mm。中萼片卵形，长 10.0~12.0 mm，宽 6.0~7.0 mm；侧萼片宽三角形，长 9.0 ~ 11.0 mm，宽 7.0~9.0 mm。花瓣长椭圆形，长 8.0~9.0 mm，宽 4.0 ~ 5.0 mm，先端带短尖；唇瓣舌形，正面暗红色，背面疏布紫红色斑点，长 6.0 ~ 7.0 mm，宽 4.0 ~ 4.5 mm，先端边缘较厚而下弯，从基部至中部具 1 条沟槽。蕊柱长 2.0 ~ 3.0 mm；蕊柱翅向前隆起呈半圆形。

花果期 花期 5 月。

生境 海拔 1 000 ~ 1 700 m 的林中树干上。

短齿石豆兰 *Bulbophyllum griffithii* 生境与植株（金效华）

短齿石豆兰 *Bulbophyllum griffithii* 叶（金效华）

37. 钻齿卷瓣兰 *Bulbophyllum guttulatum* (Hook. f.) Balakr.

国家重点保护级别 无

IUCN 红色名录 无危（LC）

形态特征 附生植物。根状茎匍匐，直径 3.0 mm。假鳞茎聚生，彼此相距约 1.0 cm，卵状圆锥形，长 2.0～2.5 cm，直径 0.7～1.0 cm，顶生 1 枚叶。叶片椭圆状长圆形，长 8.0～15.0 cm，宽 3.0 cm。花葶从假鳞茎基部发出，长 10.0～15.0 cm；伞形花序，具 2～3 朵花；花黄色带红色斑点。中萼片宽卵形，长 8.0～10.0 mm，宽 6.0～7.0 mm，先端具短尖；侧萼片斜卵状披针形，长 10.0～11.0 mm，宽 6.0 mm，基部上方扭转而下侧边缘仅在基部彼此黏合。花瓣宽卵状三角形，长 4.5 mm，宽 4.0 mm；唇瓣拱形，长 5.0 mm，宽 3.4 mm，基部扩大并与蕊柱足末端连接形成活动关节，唇盘具 3 条稍粗的龙骨脊。蕊柱长 3.0 mm；蕊柱翅宽，向前扩展呈直角三角形；蕊柱齿丝状，长 2.8 mm。

花果期 花期 8 月。

生境 海拔 800～1 800 m 的林中树干上。

钻齿卷瓣兰 *Bulbophyllum guttulatum* 生境与植株（金效华）

钻齿卷瓣兰 *Bulbophyllum guttulatum* 花序（李剑武）

38. 角萼卷瓣兰 *Bulbophyllum helenae* (Kuntze) J. J. Sm.

国家重点保护级别 无

IUCN 红色名录 易危（VU）

形态特征 附生植物。根状茎粗 6.0~7.0 mm。假鳞茎彼此相距 3.0~6.0 cm，长卵形，长 3.0~6.0 cm，直径 1.1~1.5 cm，基部具网格状的纤维膜，顶生 1 枚叶。叶片长圆形，长 27.0~30.0 cm，宽 2.8~4.0 cm。花葶 1~2 个从假鳞茎基部发出，长 14.0~18.0 cm；伞形花序，具 6~10 朵花；花黄绿色带红色斑点。花苞片披针形，长 6.0 mm。中萼片卵形，长 6.0 mm，宽 3.2 mm，边缘具细齿；侧萼片披针形，长 32.0 mm，宽 3.0 mm，基部在背面具细乳突，基部上方扭转而两侧萼片的上下侧边缘彼此黏合而形成角状。花瓣卵状三角形，长 3.0 cm，宽 3.0 mm，先端具芒状细尖，边缘具流苏；唇瓣近卵状披针形，长 3.0 mm，宽 0.7 mm，基部具凹槽。蕊柱长 2.0 mm；蕊柱翅向前扩展；蕊柱齿钻状，长 0.5 mm。

花果期 花期 8 月。

生境 海拔 600~1 800 m 的林中树干上。

角萼卷瓣兰 *Bulbophyllum helenae* 花（金效华）

角萼卷瓣兰 *Bulbophyllum helenae* 花序（金效华）

39. 落叶石豆兰 *Bulbophyllum hirtum* (J. E. Sm.) Lindl.

国家重点保护级别 无

IUCN 红色名录 近危（NT）

形态特征 附生植物。根状茎匍匐，直径 3.0～4.0 mm。假鳞茎在根状茎上靠近，彼此相距 5.0～10.0 mm，卵状圆锥形，长 1.5～3.0 cm，直径 1.0 cm，顶生 2 枚叶；花期无叶或有时具叶。叶片椭圆形，长 12.0 cm，宽 2.5～3.0 cm。花葶从假鳞茎基部发出，长 15.0 cm；花序长 5.0 cm，下垂，被柔毛，密生多数花；花白色。中萼片披针形，长 4.5 mm，宽 2.0 mm，先端稍钩转，背面密被短柔毛；侧萼片披针形，比中萼片稍大，先端钩转，背面密生短柔毛。花瓣倒卵形，长 2.0 mm，宽 1.5 mm，边缘具流苏；唇瓣两侧对折，向外下弯呈半球状，边缘具睫毛，先端稍凹缺，基部与蕊柱足末端连接而形成活动关节。蕊柱长 1.5 mm；蕊柱齿钻状，与花药近等高。

花果期 花期 7～11 月。

生境 海拔 700～1 800 m 的林中树干上。

落叶石豆兰 *Bulbophyllum hirtum* 生境与植株（金效华）

落叶石豆兰 *Bulbophyllum hirtum* 花序（金效华）

40. 少花大苞兰 *Bulbophyllum interpositum* J. J.Verm., Schuit. & de Vogel *Sunipia intermedia* (King & Pantl.) P. F. Hunt

国家重点保护级别 无

IUCN 红色名录 易危（VU）

形态特征 根状茎粗约 1.5 cm。假鳞茎在根状茎上彼此相距约 3 cm，卵状圆锥形，长 5~10 mm，顶生 1 枚叶。叶革质，狭长圆形，长 3~4 cm，宽 4~5 mm。花葶侧生于假鳞茎基部，直立，1~2 个为一束，长 2~3 cm；总状花序，具 2~3 朵花；花序轴长 7~10 mm；花淡绿色。中萼片披针形，长 4.5~5 mm，基部上方宽 1.2 mm，先端渐尖，具 3 条脉，仅中脉较明显；侧萼片与中萼片同形，等长，具 3 条不明显的脉，靠近唇瓣一侧边缘彼此黏合成卵状椭圆形的“合萼”。花瓣肉质，线状披针形，长 3.5~4 mm，下部宽约 0.5 mm，先端稍钝，基部两侧边缘具睫毛，两面密被小疣状突起；唇瓣贴生于蕊柱基部，相近于花瓣，长 3.5 mm，下部宽约 0.9 mm，先端近锐尖，基部两侧边缘疏生细齿，边缘从中部向先端内卷呈筒状，两面密被小疣状突起。蕊柱长约 1.5 mm，具长约 0.4 mm 的蕊柱足；两对花粉团的黏盘柄共同具 1 个黏盘。

花果期 花期 8 月。

生境 海拔约 2 000 m 的山地常绿阔叶林中树干上。

少花大苞兰 *Bulbophyllum interpositum* 生境与植株（金效华）

少花大苞兰 *Bulbophyllum interpositum* 花序（金效华）

41. 卷苞石豆兰 *Bulbophyllum khasyanum* Griff.

国家重点保护级别 无

IUCN 红色名录 近危（NT）

形态特征 附生植物。植株聚生。根状茎粗 5.0 ~ 6.0 mm。假鳞茎小，顶生 1 枚叶。叶椭圆状长圆形，长 15.0 ~ 25.0 cm，宽 2.0 ~ 4.0 cm，基部收狭为长 4.0 ~ 7.0 cm 的柄。花葶从假鳞茎基部发出，近等长于叶；花序下垂，圆筒状，长 5.0 cm，密生许多覆瓦状排列的花；花淡紫褐色；花序基部具数枚总苞片，总苞片鳞片状，长 8.0 mm，宽 2.5 mm，向先端渐尖呈芒状；花苞片披针形，长 7.0 mm，比花梗连子房长，先端渐尖呈芒状并向外卷曲。中萼片卵状三角形，长 5.0 mm，宽 2.0 mm，背面略被秕糠状鳞片；侧萼片斜卵形，与中萼片近等长，宽 3.0 mm，下侧边缘除先端外彼此黏合，背面被秕糠状鳞片。花瓣披针形，长 4.0 mm，宽 1.5 mm；唇瓣舌形，基部具凹槽，从中部向下弯，长 3.5 mm，宽 2.0 mm；唇盘具 3 条龙骨状突起，密被乳突。蕊柱长 0.6 mm；蕊柱齿镰刀状。

花果期 花期 11 月。

生境 海拔 1 600 ~ 2 300 m 的林中树上。

卷苞石豆兰 *Bulbophyllum khasyanum* 生境与植株（金效华）

卷苞石豆兰 *Bulbophyllum khasyanum* 生境与植株（金效华）

42. 顶裂兰 *Bulbophyllum kingii* Hook. f.

国家重点保护级别 无

IUCN 红色名录 无

形态特征 附生草本。根状茎粗壮，匍匐，直径 5~7 mm。假鳞茎在根状茎上彼此相距约 2 cm，卵形或圆锥形，长 2.5~3.5 cm，直径 2.5 cm，顶生 1 枚叶。叶厚革质，长卵圆形，连同叶柄长 15~31 cm，宽 3.5~4.0 cm，先端钝并且稍微凹陷，基部收狭为长 7~10 cm 的叶柄。花葶从假鳞茎基部抽出，长 15~38 cm；总状花序长 5~12 cm，具数朵花。花梗和子房长 1.8~2.2 cm；花黄绿色，萼片及花瓣均具紫色斑点，质地稍厚。中萼片卵状披针形，长 1.1~1.3 cm，中部宽约 0.5 cm，先端渐尖，具 6 条脉；侧萼片卵状披针形，与中萼片等长，中部宽约 0.5 cm，先端急尖，并稍弯曲呈镰刀状。花瓣三角状披针形，长 0.6~0.7 cm，中部宽约 1 mm，先端锐尖，边缘具流苏；唇瓣肉质，3 裂，舌形，长约 0.7 cm，宽约 0.3 cm；中裂片较大，先端钝，在基部裂开，从中部向外下弯，先端钝；侧裂片极小，膜质，呈明显的锯齿状。蕊柱长约 4 mm；蕊柱足长 5~6 mm；蕊柱翅在蕊柱中部向前扩大；蕊柱齿圆形。

花果期 花期 11~12 月，果期 10 月。

生境 海拔 1 300~2 200 m 的林中大树上。

顶裂兰 *Bulbophyllum kingii* 花序（金效华）

43. 短莛石豆兰 *Bulbophyllum leopardinum* (Wall.) Lindl.

国家重点保护级别　无

IUCN 红色名录　易危（VU）

形态特征　附生植物。假鳞茎梨形，斜伏在根状茎上，长 2.0~3.0 cm，顶生 1 枚叶。叶片长圆形，长 5.0~13.0 cm，宽 1.8~2.4 cm，先端稍凹入，基部收狭为长 1.0 cm 的柄。花葶从假鳞茎基部发出，与假鳞茎约等长；花序具 1~3 朵花；花淡黄色带紫色斑点。花苞片佛焰苞状。中萼片卵状披针形，长 20.0 mm；侧萼片较宽，基部贴生在蕊柱足上，萼囊宽钝。花瓣近卵形，比萼片短，宽 8.0 mm；唇瓣披针形，比花瓣短，向外下弯，基部具凹槽，其两侧边缘稍具齿。蕊柱短；蕊柱足较长，长 20.0 mm；蕊柱齿牙齿状。

花果期　花期 9~11 月。

生境　海拔 1 700 m 的林中树干上或林下岩石上。

短莛石豆兰 *Bulbophyllum leopardinum* 生境与植株（李剑武）

短莛石豆兰 *Bulbophyllum leopardinum* 花序（李剑武）

44. 齿瓣石豆兰 *Bulbophyllum levinei* Schltr.

国家重点保护级别 无

IUCN 红色名录 无危（LC）

形态特征 附生植物。根状茎匍匐生长。假鳞茎聚生，近圆柱形，长 5.0～10.0 mm，直径 2.0～4.0 mm，顶生 1 枚叶。叶片长圆形，长 3.0～4.0 cm，宽 0.5～0.7 cm，基部具短柄，边缘稍波状。花葶从假鳞茎基部发出，高出叶外；伞形花序，具 2～6 朵花；花白色带紫色。花苞片狭披针形，长 2.0～3.5 mm。中萼片卵状披针形，长 4.0～5.0 mm，宽 1.5～2.0 mm，边缘具细齿；侧萼片斜卵状披针形，长 5.0～5.5 mm，与中萼片近等宽，先端呈尾状，基部贴生在蕊柱足上而形成兜状萼囊。花瓣靠合于萼片，卵状披针形，长 3.5 mm，宽 1.5 mm，边缘具细齿；唇瓣披针形，中部以下具凹槽，向外下弯，长 2.0～2.5 mm，基部与蕊柱足末端连接形成不动关节。蕊柱长 1.2 mm；蕊柱齿丝状，长 0.5 mm。

花果期 花期 5～8 月。

生境 海拔 800～1 500 m 的林中树干上或沟谷岩石上。

齿瓣石豆兰 *Bulbophyllum levinei* 生境与植株（金效华）

齿瓣石豆兰 *Bulbophyllum levinei* 花序（金效华）

45. 凌氏石豆兰 *Bulbophyllum lingii* M. Z. Huang, G. S. Yang & J. M. Yin

国家重点保护级别 无

IUCN 红色名录 数据缺乏（DD）

形态特征 附生植物。根状茎匍匐生长，直径约 1 mm。假鳞茎密集，卵球形，扁平，顶生 1 枚叶。叶卵形到椭圆形，长 4～8 mm，宽 2～3 mm，革质。花序长 25～30 mm，生于假鳞茎基部，具 1 朵花；花梗丝状，10～15 mm；花苞片杯状，1.8～2.0 mm，先端锐尖。萼片和花瓣呈淡黄色，叶脉呈深黄色至橙色；唇瓣暗红色。花梗和子房长 15～18 mm。中萼片椭圆形，长 4～4.5 mm，宽 2～2.5 mm；侧萼片椭圆形，长 5～6 mm，宽 3～3.5 mm。花瓣长圆形，长 1～1.2 mm，宽 0.5～0.6 mm；唇瓣顶部膨大，中间收缩，扁平时锯齿状；侧裂片三角形，长 1.5～2.2 mm，宽 0.8～1.2 mm；唇瓣具 2 条褶片。

花果期 花期 3～7 月。

生境 海拔 800～1 400 m 的林中树上。

凌氏石豆兰 *Bulbophyllum lingii* 生境与植株（李孟凯）

凌氏石豆兰 *Bulbophyllum lingii* 花序（李孟凯）

46. 林芝石豆兰 *Bulbophyllum linzhiense* Liang Ma & S. P. Chen

国家重点保护级别 无

IUCN 红色名录 极危（CR）

形态特征 附生植物。根状茎匍匐生长，直径 2.0~4.0 mm。假鳞茎卵球形，长 8.0~9.0 mm，直径 6.0~7.0 mm，顶生 1 枚叶。叶长圆形，长 2.2~4.8 cm，宽 0.3~0.7 cm，革质，先端钝。花序生于假鳞茎基部，长 1.0~1.5 cm；总状花序缩短，伞形状，具 2~4 朵花。花梗和子房长 3.0~3.2 mm。萼片和花瓣黄绿色，唇瓣橙红色。萼片近等长，长 4.0~4.2 mm，宽 2.0~2.2 mm；中萼片卵状披针形；侧萼片披针形，向先端收缩，先端渐尖。花瓣椭圆形，长 2.0~2.4 mm，宽 0.8~1.0 mm，先端锐尖；唇瓣稍舌状，肉质，长 2.0 mm，宽 1.1 mm。蕊柱黄白色；蕊柱足橙红色，长约 1.2 mm。

花果期 花期 9~10 月。

生境 海拔约 2 040 m 的林中树上。

林芝石豆兰 *Bulbophyllum linzhiense* 生境与植株（亚吉东）

林芝石豆兰 *Bulbophyllum linzhiense* 花序（亚吉东）

47. 勐仑石豆兰 *Bulbophyllum menglunense* Z. H. Tsi & Y. Z. Ma

国家重点保护级别 无

IUCN 红色名录 濒危（EN）

形态特征 附生植物。植株矮小，根状茎匍匐，直径 1.0 mm，根从假鳞茎基部的根状茎节上发出。假鳞茎彼此相距 1.0 cm，卵形，长 5.0 ~7.0 mm，直径 3.0 ~ 4.0 mm，基部略伏卧在根状茎上，顶生 1 枚叶。叶片卵形，长 8.0 ~13.0 mm，宽 5.0 ~ 6.0 mm，基部具短柄。花葶从假鳞茎基部或根状茎的节上发出，长 5.0 ~7.0 mm，顶生 1 朵花；花黄白色或有时紫红色。花苞片杯状，长 1.0 mm。中萼片卵形，长 2.0 mm，宽 0.8 mm，近先端两侧边缘稍向内卷。侧萼片斜卵状披针形，长 2.2 mm，宽 1.1 mm，中部以下两侧边缘略向内卷。花瓣椭圆形，长 1.0 mm，宽 0.7 mm；唇瓣半圆柱状，稍向外下弯，长 1.5 mm，宽 0.3 mm，基部与蕊柱足连接成关节，在中部以下两侧边缘被腺毛。蕊柱长 1.0 mm；蕊柱齿短，不明显。

花果期 花期 3 月。

生境 海拔约 800 m 的林中树干上。

勐仑石豆兰 *Bulbophyllum menglunense* 生境与植株（金效华）

48. 拟角萼卷瓣兰 *Bulbophyllum nodosum* (Rolfe) J. J. Sm.

国家重点保护级别 无

IUCN 红色名录 无

形态特征 附生植物。植株高 15～30 cm。根状茎粗壮，直径 6～10 mm。假鳞茎相距 2～6 cm，直径 4～6.5 cm，长 2～2.5 cm，卵圆形、长圆形，顶生 1 枚叶。叶长 13～23 cm，宽 2～4 cm，长圆形。伞形花序，具 6～8 朵花。花略开放，有难闻的气味，绿黄色。花梗连子房长 11～14 mm。中萼片长 8～10 mm，宽 4～5 mm，卵状长圆形；侧萼片披针形，长 30～35 mm，宽 4～5 mm，上下边缘合生，基部分离，离生部分沿边缘具侵蚀小齿。花瓣长 3～3.5 mm，宽 2.5～2.8 mm，宽三角状卵形；唇瓣长 3～3.5 mm，宽 1.2～1.5 mm，卵状长圆形。

花果期 花期 8～9 月。

生境 海拔 700～1 300 m 的林中树上。

拟角萼卷瓣兰 *Bulbophyllum nodosum* 生境与植株（金效华）

拟角萼卷瓣兰 *Bulbophyllum nodosum* 植株（金效华）

拟角萼卷瓣兰 *Bulbophyllum nodosum* 花序（金效华）

49. 怒江石豆兰 *Bulbophyllum nujiangense* X. H. Jin

国家重点保护级别　无

IUCN 红色名录　濒危（EN）

形态特征　附生植物。假鳞茎几无，叶片在根状茎上彼此相距 0.5 ~ 1.5 cm。叶片长圆状椭圆形，长 12.0 ~ 20.0 cm，宽 2.0 ~ 3.5 cm，基部具长 10.0 ~ 13.0 cm 的柄。花葶从根状茎节上发出，直立，长约 25.0 cm，基部具 2 ~ 3 枚筒状鞘；花序基部具 1 枚长约 1.8 cm 的佛焰苞状鞘；花序长约 8.0 cm，下垂，稍疏被多数花；花深紫色。花苞片椭圆形，长约 6.0 mm。中萼片卵状三角形，长约 4.5 mm，宽约 3.5 mm；侧萼片斜卵形，长约 4.5 mm，宽约 3.0 mm，基部下侧边缘稍黏合。花瓣长圆形，长约 2.0 mm，宽约 1.2 mm，先端具短尖；唇瓣卵状舌形，长约 3.0 mm，宽约 2.5 mm，正面密被乳突，背面具凹槽。蕊柱长约 0.6 mm，每侧蕊喙具 2 齿，上侧的齿较长。

花果期　花期 11 月至次年 2 月。

生境　海拔 1 300 ~ 1 500 m 的河边密林中树上。

怒江石豆兰 *Bulbophyllum nujiangense* 生境与植株（金效华）

怒江石豆兰 *Bulbophyllum nujiangense* 花序（金效华）

50. 密花石豆兰 *Bulbophyllum odoratissimum* (J. E. Sm.) Lindl.

国家重点保护级别 无

IUCN 红色名录 无危（LC）

形态特征 附生植物。根状茎粗 2.0~4.0 mm，具分枝。假鳞茎彼此相距 4.0~8.0 cm。假鳞茎近圆柱形，长 2.5~5.0 cm，直径 0.3~0.6 cm，顶生 1 枚叶。叶片长圆形，长 4.0~13.0 cm，宽 0.8~2.6 cm。花葶 1~2 个从假鳞茎基部发出，与叶近等长；花序呈伞状，密生 10 余朵花；花黄白色。花苞片卵状或披针形，长 7.0~10.0 mm。萼片从基部上方向先端骤然收狭而两侧边缘内卷呈筒状，中萼片卵形，长 3.0~7.0 mm，宽 1.5 mm；侧萼片比中萼片长，长 4.0~14.0 mm，宽 2.0 mm。花瓣近卵形，长 1.0~2.0 mm，宽 1.0~1.5 mm；唇瓣舌形，稍向外下弯，基部具短爪并与蕊柱足末端连接，边缘具细乳突，上面具 2 条密生细乳突的龙骨脊。蕊柱长 1.0 mm；蕊柱齿短，三角形，长 0.2 mm。

花果期 花期 4~8 月。

生境 海拔 500~2 300 m 的林中树干上或林下岩石上。

密花石豆兰 *Bulbophyllum odoratissimum* 生境与植株（金效华）

密花石豆兰 *Bulbophyllum odoratissimum* 花序（金效华）

51. 美丽石豆兰 *Bulbophyllum ornatissimum* (Rchb. f.) J. J. Sm.

国家重点保护级别 无

IUCN 红色名录 无

形态特征 附生植物。植株高约 10 cm。假鳞茎圆锥形，密集着生，顶生 1 枚叶。叶长 15 cm。总状花序长约 7 cm，具 3~6 朵花；花淡黄色。花梗连子房长 5~7 mm。中萼片离生，卵形，长 3~5 mm，宽 1.5~2 mm。中萼片线形；侧萼片在基部合生，长 11~12 mm，宽 0.25~0.5 mm。花瓣宽卵形，边缘有齿，长 2~3 mm，宽 1~2 mm；唇瓣肉质，长圆形，边缘全缘，长 1.5~1.6 mm，宽 0.4~0.5 mm。

花果期 花期 6 月，果期 10 月。

生境 海拔 1 500 ~2 500 m 的林中树上。

美丽石豆兰 *Bulbophyllum ornatissimum* 花序（Andre Schuiteman）

52. 五脉石豆兰 *Bulbophyllum pentaneurum* Seidenf.

国家重点保护级别 无

IUCN 红色名录 无

形态特征 附生植物。根状茎匍匐，纤细。假鳞茎长椭圆形，压扁，彼此紧靠成串珠状，长 6~8 mm，直径约 2 mm，顶生 1 枚叶。叶纸质，长椭圆形，长 6~7 mm，宽约 3 mm。花葶从假鳞茎基部侧旁抽出，直立，长 17~20 mm，顶生 1 朵花，基部具 1 枚膜质鞘；花苞片杯状，长约 2 mm，先端锐尖。花梗和子房长 8~10 mm；花橙黄色，具较显著的橙红色脉，质地薄。中萼片长圆形，长 7~12 mm，中部宽约 2.5 mm，先端渐尖，具 5 条脉；侧萼片长圆形，长 8~14 mm，中部宽约 3 mm，先端短钝尖，具 5 条脉。花瓣狭长椭圆形，长 1.5~1.8 mm，宽约 1 mm，先端渐尖，具 1 条脉，边缘全缘；唇瓣橙红色，卵状三角形，肉质，长 2.3~2.6 mm；唇盘中部最宽处约 1.3 mm，基部具“V”形凹槽，光滑，与蕊柱足连接形成活动关节。蕊柱橙红色，直径短，长约 1.2 mm；蕊柱齿线形，长约 1 mm；蕊柱足长约 1.5 mm；药帽卵形，中间微隆并具疣状突起；花粉团 2 个。

花果期 花期 4 月。

生境 海拔约 1 700 m 的林中树上。

五脉石豆兰 *Bulbophyllum pentaneurum* 生境与植株（亚吉东）

五脉石豆兰 *Bulbophyllum pentaneurum* 花序（亚吉东）

53. 毛瓣卷瓣兰 *Bulbophyllum pilopetalum* M. K. Li, J. P. Deng & Y. Luo

国家重点保护级别 无

IUCN 红色名录 数据缺乏（DD）

形态特征 附生植物。植株高约 5 cm。根状茎直径约 0.7 mm。假鳞茎相距 1.2～2 cm，近球形或卵球形，直径 5～7 mm，高 3～5 mm，顶生 1 枚叶。叶片长圆形到卵状披针形，长 1～4 cm，宽 0.7～0.8 cm，坚硬。花葶稍短于假鳞茎，近伞形花序具 1 朵或 2 朵花；花梗和子房长约 5 mm；花橙色。中萼片卵形三角形，长 3.5～4 mm，宽约 2 mm，边缘全缘；侧萼片长圆形，长 7～8 mm，宽 2～3 mm，近基部向内扭曲。花瓣长圆形，长 1.5～2 mm，宽约 1 mm，边缘密被白色具缘长毛，先端圆形；唇瓣长圆状披针形，长约 2 mm，宽约 1.1 mm，基部具槽。蕊柱白色，长约 1.5 mm；花药帽近球形，橙色，先端流苏状。

花果期 花期 5 月。

生境 海拔约 2 100 m 的潮湿常绿阔叶林中。

毛瓣卷瓣兰 *Bulbophyllum pilopetalum* 生境与植株（林东亮）

毛瓣卷瓣兰 *Bulbophyllum pilopetalum* 植株（叶超）

54. 版纳石豆兰 *Bulbophyllum protractum* Hook. f.

国家重点保护级别 无

IUCN 红色名录 濒危（EN）

形态特征 附生植物。根状茎匍匐，具分枝。假鳞茎彼此相距 3.0～3.5 cm，稍圆锥形，长 2.5～3.2 cm，顶生 1 枚叶。叶片长圆状披针形，长 7～10 cm，宽 1.5～3.2 cm，基部具短柄。花葶从根状茎的节上和假鳞茎基部发出；伞形花序，具 4～6 朵花；花白色，先端橘黄色，唇瓣橘黄色。花苞片披针形，长为花瓣和子房的 1/2。萼片近相似，披针形，长 3.0～4.5 mm，中萼片稍比侧萼片短。花瓣狭长圆状披针形，长 2.5 mm；唇瓣卵状披针形，长 1.3～1.5 mm，中部以下向下弯，基部与蕊柱足末端连接成关节。蕊柱短，蕊柱齿纤细。

花果期 花期 7～9 月。

生境 海拔 800～1 000 m 的林中树上或林下岩石上。

版纳石豆兰 *Bulbophyllum protractum* 生境与植株（李剑武）

55. 曲萼石豆兰 *Bulbophyllum pteroglossum* Schltr.

国家重点保护级别 无

IUCN 红色名录 易危（VU）

形态特征 附生植物。根状茎粗 5 mm。假鳞茎在根状茎上彼此相距 6～8 cm，圆柱形，长 3～4 cm，直径 0.5 cm，顶生 1 枚叶。叶片长圆形，长 18～25 cm，宽 3.4～5.5 cm。花葶从根状茎上发出，上举或下垂，长 5～8 cm，顶生 1 朵花；花淡黄色带红色斑点。花苞片卵形，比子房短。中萼片椭圆形，长 12～15 mm，宽 7 mm；侧萼片斜卵状三角形，长 7 mm，宽 7 mm，中部以上缢缩而弯曲状钩转，基部贴生于蕊柱足而形成宽钝的萼囊。花瓣长圆状披针形，长 8 mm，宽 3 mm；唇瓣下半部近方形，基部与蕊柱足末端连接而形成活动关节，中部 3 裂；侧裂片直立，翼瓣状，两侧裂片先端之间宽 6 mm；中裂片紫红色，三角形。蕊柱短；蕊柱足向上弯曲，长 10 mm；蕊柱齿不明显。

花果期 花期 11 月。

生境 海拔约 1 400 m 的林中树上。

曲萼石豆兰 *Bulbophyllum pteroglossum* 生境与植株（金效华）

曲萼石豆兰 *Bulbophyllum pteroglossum* 花（金效华）

56. 长序大苞兰 *Bulbophyllum purpureofuscum* (Lindl.) P. F. Hunt

国家重点保护级别 无

IUCN 红色名录 数据缺乏（DD）

形态特征 附生植物。根状茎匍匐，直径 3~4 mm。假鳞茎彼此相距 1.0~3.5 cm，卵状圆锥形，长 2.0~3.5 cm，直径 1.0~1.5 cm，顶生 1 枚叶。叶片椭圆形，长 9~16 cm，宽 2.0~3.1 cm，基部具长 1.5~4.0 cm 的柄。花葶从假鳞茎基部发出，长 21~40 cm；花序长 5.5 cm，疏生 4~8 朵花；花白色，具紫色脉，唇瓣紫色。花苞片长 1.9~2.5 cm。中萼片披针形，长 12~24 mm，宽 3~5 mm；侧萼片与中萼片相似，长 14~26 mm，宽 6~8 mm，下侧边缘彼此靠合；唇瓣披针形，长 1.5~2.0 mm，宽 0.3~0.7 mm，正面具 2 条褶片。蕊柱长 2~3 mm。

花果期 花期 10~12 月。

生境 海拔 800~1 800 m 的林中树上。

长序大苞兰 *Bulbophyllum purpureofuscum* 生境与植株（金效华）

长序大苞兰 *Bulbophyllum purpureofuscum* 花序（金效华）

57. 滇西大苞兰 *Bulbophyllum raskotii* J. J.Verm., Schuit. & de Vogel
（尼泊尔大苞兰 *Sunipia nepalensis* B. B. Raskoti & R. Ale）

国家重点保护级别 无

IUCN 红色名录 濒危（EN）

形态特征 附生植物。假鳞茎卵球状、圆锥状，长 1~1.5 cm，直径 0.8~1.3 cm。叶长圆形，长 3~5 cm，宽 0.7~1.2 cm，革质。花序长 1.5~2 cm。花开展，直径约 1.5 cm；花序梗连子房长 2~2.5 cm，花绿色带紫色条纹或淡黄色。萼片卵状披针形，浅绿黄色，5 脉，脉紫色。中萼片直立并向先端下弯，长 6.2~6.5 mm，宽 1.9~2 mm；侧萼片倾斜，长 7.6~8 mm，宽 2.9~3 mm。花瓣长 3 mm，宽 2.9 mm，宽卵形，绿黄色；唇瓣圆形，长 6~7 mm，宽 5~6 mm，先端尾状，基部胼胝体。

花果期 花期 6~7 月。

生境 海拔约 2 750 m 的常绿阔叶林中，附生于岩壁或树干苔藓丛中。

滇西大苞兰 *Bulbophyllum raskotii* 生境与植株（金效华）

滇西大苞兰 *Bulbophyllum raskotii* 花序（金效华）

58. 反瓣卷瓣兰 *Bulbophyllum reflexipetalum* J. D. Ya, Y. J. Guo & C. Liu

国家重点保护级别 无

IUCN 红色名录 数据缺乏（DD）

形态特征 附生植物。植株高约 20 cm。根状茎匍匐生根，直径 3~4 mm。假鳞茎相距 1~2 cm，卵形或卵圆形、圆锥形，长 10~16 mm，宽 8~15 mm，顶生 1 枚叶。叶片长圆形，长 50~65 mm，宽 15~20 mm。花葶长 13~20 cm，具 3~4 朵花。花序梗连子房长 10~15 mm。花黄绿色，萼片和花瓣具深棕色斑点；唇瓣黄绿色，正面有深棕色斑点或斑块。中萼片卵形，长约 8 mm，宽 5 mm；侧萼片镰刀状披针形，长约 10 mm，宽 5 mm。花瓣反折，宽卵形、三角形，长约 3 mm，宽约 2.5 mm，具 1 脉；唇瓣三角形舌状，长约 4 mm，宽约 3 mm，基部近心形。蕊柱长约 3.25 mm。

花果期 花期 2~3 月。

生境 海拔 1 300~1 400 m 的林中树上。

反瓣卷瓣兰 *Bulbophyllum reflexipetalum* 花序（金效华）

59. 球花石豆兰 *Bulbophyllum repens* Griff.

国家重点保护级别 无

IUCN 红色名录 无危（LC）

形态特征 附生植物。根鳞茎小，近卵形，彼此靠近，长 5 mm，直径 7 mm，顶生 1 枚叶。叶片倒卵状披针形，长 11～12 cm，宽 0.7～1.7 cm，基部具长 1～2 cm 的柄。花葶从假鳞茎基部发出；花序短，球状，长 4～20 mm，密生多数花；花淡紫红色。花苞片卵状三角形，长 1 mm。中萼片卵形，长 3.5 mm，宽 2 mm；侧萼片相似于中萼片，偏斜卵形，下侧边缘彼此黏合。花瓣近圆形，长 2.2 mm，宽 1.2 mm，边缘稍啮蚀状；唇瓣舌形，基部具凹槽，并与蕊柱足末端连接而形成活动关节，正面稍具乳头状突起。蕊柱短，蕊喙近镰状。

花果期 花期 3～5月。

生境 海拔 500～1 200 m 的林中树上或林下岩石上。

球花石豆兰 *Bulbophyllum repens* 植株（金效华）

60. 伏生石豆兰 *Bulbophyllum reptans* (Lindl.) Lindl.

国家重点保护级别 无

IUCN 红色名录 无危（LC）

形态特征 附生植物。具分枝，根状茎粗 2.0~3.5 mm。假鳞茎彼此相距 5~9 cm，卵形，长 1~2 cm，直径 0.5~1.0 cm，顶生 1 枚叶。叶片狭长圆形，长 7~8 cm，宽 0.7~1.0 cm，先端稍凹入，基部具长 1~2 cm 的柄。花葶从假鳞茎基部发出，近等长于叶；花序长为花葶的 1/2，疏生 3~6 朵花；花淡黄绿色带紫红色条纹。花苞片卵状披针形，长 2 mm。萼片披针形，长 7~10 mm，宽 2.0~2.2 mm，背面具龙骨状突起，侧萼片比中萼片稍长，下侧边缘彼此黏合。花瓣卵状椭圆形，长 3~4 mm，宽 1.5~2.0 mm；唇瓣稍比花瓣长，后半部两侧对折，从中部向外下弯。蕊柱长 0.8 mm；蕊柱齿丝状，长 0.8 mm。

花果期 花期 1~10 月。

生境 海拔 1 000~2 800 m 的林中树上或林下岩石上。

伏生石豆兰 *Bulbophyllum reptans* 生境与植株（金效华）

61. 藓叶卷瓣兰 *Bulbophyllum retusiusculum* Rchb. f.

国家重点保护级别 无

IUCN 红色名录 无危（LC）

形态特征 附生植物。根状茎粗 2 mm。假鳞茎彼此相距 1~3 cm，卵状圆锥形，大小变化较大，长 5~25 mm，直径 4~13 mm，顶生 1 枚叶。叶片长圆形，长 1.6~8.0 cm，宽 0.4~1.8 cm。花葶出自假鳞茎基部的根状茎节上，高出叶外，长 14 cm；伞形花序，具多数花；花红色或黄色，中萼片、花瓣和唇瓣具红色条纹。花苞片狭披针形，长 3~6 mm。中萼片长圆状卵形，长 3~4 mm，宽 1.5~2.0 mm，先端稍凹缺，背面中部以下有时具乳突；侧萼片狭披针形，长 11~21 mm，宽 1.5~3.0 mm，两侧边缘在先端处稍内卷，背面有时疏生乳突状毛，基部上方扭转而两侧萼片的下侧边缘彼此黏合形成宽椭圆形的合萼。花瓣与中萼片相似，方形，长 2.5~3.0 mm，宽 1.8 mm；唇瓣舌形，从中部向外下弯，长 3 mm，基部具凹槽且与蕊柱足末端连接形成活动关节。蕊柱长 1.5~2.0 mm；蕊柱翅在蕊柱基部稍扩大；蕊柱齿三角形，长 0.8 mm。

花果期 花期 9~12 月。

生境 海拔 500~2 800 m 的林中树上或林下岩石上。

藓叶卷瓣兰 *Bulbophyllum retusiusculum* 生境与植株（金效华）

藓叶卷瓣兰 *Bulbophyllum retusiusculum* 花序（金效华）

62. 高山卷瓣兰 *Bulbophyllum rolfei* (Kuntze) Seidenf.

国家重点保护级别 无

IUCN 红色名录 近危（NT）

形态特征 根状茎匍匐，直径 0.8~1 mm。假鳞茎彼此相距 0.1~2.4 cm，卵形，长 0.7~1.5 cm，直径 3~9 mm。叶柄长 1~2 cm，叶片椭圆状长圆形，长 2~3.5 cm，宽 0.8~1.2 cm，革质，先端（近）锐尖。花葶自假鳞茎的基部发出，直立，4~5.5 cm，纤细；伞形花序 2~4 朵花；花序梗直径约 1 mm。花苞片狭披针形，长 6~8 mm，先端渐尖。花梗和子房长 4~7 mm。花黄色到红紫色，斑点深紫色；唇瓣深红紫色。中萼片椭圆状卵形，长 5~6 mm，宽 1.5~2 mm，先端锐尖；侧生萼片离生，斜卵状三角形，长 10~16 mm，宽 2~3 mm。花瓣椭圆状卵形，长约 4 mm，宽约 1.2 mm，边缘全缘；唇瓣卵形，长 3~4 mm，宽 0.5~0.8 mm。蕊柱长 1~1.5 mm。

花果期 花期 8 月。

生境 海拔 2 400~2 500 m 的林中树上。

高山卷瓣兰 *Bulbophyllum rolfei* 植株（金效华）

高山卷瓣兰 *Bulbophyllum rolfei* 花序（金效华）

63. 二色大苞兰 *Bulbophyllum roseopictum* J. J.Verm., Schuit. & de Vogel *Sunipia bicolor* Lindl.

国家重点保护级别 无

IUCN 红色名录 无危（LC）

形态特征 附生植物。根状茎具分枝，直径 2 mm。假鳞茎彼此相距 2～3 cm，近梨形，长 1～2 cm，直径 1 cm，顶生 1 枚叶。叶片长圆形，长 3～9 cm，宽 0.6～1.6 cm，先端稍凹入，基部具短柄。花葶自假鳞茎基部侧面发出，与叶近等长；花序长 3～4 cm，具 3～10 朵花；花白色带红色条纹，唇瓣紫红色。花苞片卵状披针形，长 7～9 mm。萼片卵状披针形，长 8～10 mm，宽 2.5 mm，侧萼片近唇瓣一侧的边缘彼此黏合。花瓣卵形，长 3 mm，宽 2 mm，边缘稍具细齿；唇瓣小提琴形，长 6 mm，宽 3.5 mm，基部两侧具耳，边缘撕裂状；唇盘从唇瓣基部至先端具 1 条宽厚的脊，脊在唇瓣先端处明显增厚。蕊柱长 1 mm。

花果期 花期 7～11 月。

生境 海拔 1 900～2 700 m 的林中树上或林下岩石上。

二色大苞兰 *Bulbophyllum roseopictum* 花序（金效华）

二色大苞兰 *Bulbophyllum roseopictum* 生境与植株（金效华）

64. 少花石豆兰 *Bulbophyllum secundum* Hook. f.

国家重点保护级别 无

IUCN 红色名录 极危（CR）

形态特征 附生植物。假鳞茎聚生，卵状圆锥形，直径 1.0~1.5 cm，顶生 1 枚叶。叶片长圆形，长 10~15 cm，宽 1.0~1.5 cm，基部具长 1~2 cm 的柄。花葶从假鳞茎基部侧面发出，远高出叶外，长 20~40 cm；花序长约为花葶的 1/2，具多数偏向一侧且下倾的花；花萼片黄绿色。花瓣和唇瓣黑色。花苞片披针形，长 2~3 mm。中萼片卵状披针形，长 3~5 mm，宽 2.0~2.5 mm，边缘具长柔毛；侧萼片卵状三角形，长 5~7mm，宽 2.5~4.0mm，边缘具长柔毛，基部贴生在蕊柱足上形成 1 个小的萼囊。花瓣匙形，长 1.5 mm，宽 1 mm，边缘具长柔毛；唇瓣舌状，长 5~6 mm，宽 1.5 mm，基部具凹槽且颜色稍淡，并且与蕊柱足末端连接形成活动关节，中部以上具长硬毛。蕊柱长 1 mm；蕊柱齿三角形。

花果期 花期 3~4 月，果期 9 月。

生境 海拔 1 000~2 500 m 的林中树上或林下岩石上。

少花石豆兰 *Bulbophyllum secundum* 花序（叶德平）

少花石豆兰 *Bulbophyllum secundum* 生境与植株（叶德平）

65. 伞花石豆兰 *Bulbophyllum shweliense* W. W. Sm.

国家重点保护级别 无

IUCN 红色名录 近危（NT）

形态特征 附生植物。根状茎粗 1 mm，具分枝。假鳞茎彼此相距 2～5 cm，近圆柱形，长 10～15 mm，直径 4～5 mm，顶生 1 枚叶。叶片长圆形，长 2～3 cm，宽 0.5～1.0 cm，先端稍凹入，基部具短柄。花葶 1～2 个从假鳞茎基部发出，稍高出叶外，长 3.0～4.5 cm；伞状花序，具 4～10 朵花；花淡黄色。花苞片披针形，长 2 mm。萼片披针形，长 7.5～8.0 mm，宽 2 mm，先端长尾状；中萼片近先端两侧边缘稍内卷；侧萼片中部以下两侧边缘内卷呈筒状，基部贴生在蕊柱足上形成半球形的萼囊。花瓣卵状披针形，长 3.0～3.5 mm，宽 1.4～2.0 mm；唇瓣近先端处下弯，卵状披针形，长 2 mm，基部具凹槽。蕊柱长 1 mm；蕊柱齿钻状，与药帽等高，长 0.5 mm。

花果期 花期 6 月。

生境 海拔 1 500～2 100 m 的林中树上。

伞花石豆兰 *Bulbophyllum shweliense* 生境与植株（金效华）

伞花石豆兰 *Bulbophyllum shweliense* 花序（金效华）

66. 匙萼卷瓣兰 *Bulbophyllum spathulatum* (Rolfe ex E.W. Cooper) Seidenf.

国家重点保护级别 无

IUCN 红色名录 易危（VU）

形态特征 附生植物。根状茎粗 4 mm。假鳞茎彼此相距 10～11 cm，狭卵形，长 3～4 cm，直径 1 cm，顶生 1 枚叶。叶片长圆形，长 10～18 cm，宽 2.0～2.4 cm，基部具长 1 cm 的柄。花葶从根状茎末端处的假鳞茎基部发出，与假鳞茎近等长；伞形花序，具多数花；花紫红色。中萼片近倒卵形，长 8 mm，宽 4 mm，先端具短尖；侧萼片长 18 mm，基部上方扭转且两侧萼片的上下侧边缘彼此靠合而形成拖鞋状的合萼，合萼扁平，中部以上宽，宽达 11 mm，被细乳突。花瓣狭长圆状披针形，长 5 mm，宽 1.3 mm；唇瓣披针形，基部上方呈 90° 向外下弯，中部以下两侧对折。蕊柱长 2 mm；蕊柱齿三角形，长 1 mm。

花果期 花期 10 月。

生境 海拔约 800 m 的林中树上。

匙萼卷瓣兰 *Bulbophyllum spathulatum* 生境与植株（金效华）

匙萼卷瓣兰 *Bulbophyllum spathulatum* 花序（金效华）

67. 短足石豆兰 *Bulbophyllum stenobulbon* E. C. Parish & Rchb. f.

国家重点保护级别 无

IUCN 红色名录 易危（VU）

形态特征 附生植物。根状茎粗 1.0~1.5mm，具分枝。假鳞茎彼此相距 1.5~3.0cm，卵状圆柱形，长 1.0~1.5cm，直径 0.3~0.6 cm，顶生 1 枚叶。叶长圆形，长 15~33 mm，宽 10 mm，先端稍凹入，基部具短柄。花葶 1~2 个从假鳞茎基部发出，稍高出假鳞茎之上；花序呈伞状，具 2~4 朵花；花淡黄色，中部以上橘黄色。花苞片卵状披针形，长 2~3 mm。中萼片狭披针形，长 4.5~5.0 mm，宽 1.3~1.5 mm，中部以上两侧边缘多少内卷；侧萼片狭披针形，比中萼片稍长，中部以上两侧边缘内卷。花瓣卵形，长 2.0~2.4 mm，宽 0.8~1.0 mm；唇瓣舌状，长 2 mm，宽 0.5~0.7 mm，稍下弯，基部具凹槽，背面密生细乳突，上面具 3 条纵向的脊，两侧的常增粗而隆起。蕊柱长 1 mm；蕊柱齿与药帽等高，钻状，长 0.5 mm。

花果期 花期 5~6 月。

生境 海拔约 2 100 m 的林中树上或林下岩石上。

短足石豆兰 *Bulbophyllum stenobulbon* 生境与植株（金效华）

短足石豆兰 *Bulbophyllum stenobulbon* 花序（金效华）

68. 细柄石豆兰 *Bulbophyllum striatum* (Griff.) Rchb. f.

国家重点保护级别 无

IUCN 红色名录 无危（LC）

形态特征 附生植物。根状茎匍匐。假鳞茎彼此相距2.5~10.5cm，近梨形，长1.0~1.5cm，直径0.8~1.3cm，顶生1枚叶。叶片椭圆形，长3~10cm，宽2.7~4.0cm，先端稍凹入，背面紫红色，基部具长1.5~4.0cm的柄。花葶长6~9cm；花序具1~3朵花；花淡黄色具紫红色条纹。花苞片卵形，长3mm。中萼片长圆形，长10mm，宽4mm；侧萼片卵状三角形，长9mm，宽5mm。花瓣卵形，长6.5mm，宽4mm；唇瓣紫红色，近椭圆形，长7mm，宽3.5mm，基部边缘稍具齿并与蕊柱足末端连接形成不动关节，唇盘具数条分枝的脉。蕊柱长4mm；蕊柱齿不明显。

花果期 花期12月。

生境 海拔约1600m的林中树上或林下岩石上。

细柄石豆兰 *Bulbophyllum striatum* 生境与植株（金效华）

细柄石豆兰 *Bulbophyllum striatum* 花序（金效华）

69. 大苞兰 *Bulbophyllum sunipia* J. J. Verm., Schuit. & de Vogel

国家重点保护级别 无

IUCN 红色名录 无危（LC）

形态特征 附生植物。根状茎粗 4 mm。假鳞茎彼此相距 4 cm，卵形，长 2~3 cm，直径 1.5 cm，顶生 1 枚叶。叶片长圆形，长 12~16 cm，宽 2 cm，先端稍凹入，基部收狭为长 1.5 cm 的柄。花葶出自假鳞茎基部，比叶长，达 33 cm；花序下垂，具多数花；花黄绿色。花苞片整齐排成 2 列，宽卵形，舟状，长 7 mm，宽 6 mm。中萼片卵形，长 4.5 mm，宽 3 mm；侧萼片斜卵形，呈“V”形对折，长 6.5 mm，宽 2.5 mm，近唇瓣一侧边缘彼此黏合。花瓣斜卵形，长 3 mm，宽 2.2 mm，边缘具细齿，在背面基部具 1 枚肉质、舌状的附属物；唇瓣舌形，长 4.5 mm，宽 2 mm，上面基部具凹槽，槽内具 1 条龙骨脊。蕊柱长 2 mm。

花果期 花期 3~4 月。

生境 海拔 800~2 500 m 的林中树上或林下岩石上。

大苞兰 *Bulbophyllum sunipia* 生境与植株（金效华）

大苞兰 *Bulbophyllum sunipia* 花序（金效华）

70. 虎斑卷瓣兰 *Bulbophyllum tigridum* Hance

国家重点保护级别 无

IUCN 红色名录 数据缺乏（DD）

形态特征 附生植物。假鳞茎彼此相距 1~3 cm，卵圆形，长 10~20 mm，直径 6~7 mm，顶生 1 枚叶。叶片长圆形，长 22~25 mm，宽 4~5 mm，基部具短柄。花葶从假鳞茎基部发出，长 10~14 cm，比叶长；伞形花序，具 5~8 朵花；花黄色带红色条纹。花苞片小，长 3~5 mm。中萼片卵形，长 3.0~3.5 mm，宽 1.5~2.0 mm；侧萼片披针形，长 15~20 mm，宽 2 mm，上下侧边缘彼此黏合成管状。花瓣小；唇瓣舌状，向下弯，基部与蕊柱足末端连接形成活动关节。蕊柱长 1.0~1.5mm。

花果期 花期 9~11 月。

生境 海拔约 800 m 的林中树上。

虎斑卷瓣兰 *Bulbophyllum tigridum* 生境与植株（叶德平）

虎斑卷瓣兰 *Bulbophyllum tigridum* 花序（李剑武）

71. 曲茎石豆兰 *Bulbophyllum tortuosum* (Blume) Lindl.

国家重点保护级别 无

IUCN 红色名录 无

形态特征 附生植物。根状茎下垂。假鳞茎长 1.4～1.5 cm，顶生 1 枚叶。叶线形，长约 6.5 cm，宽 0.6 cm。花序短，具 2 朵花。花小。中萼片平展，卵形，长 0.3 cm，宽 0.2 cm；侧萼片内边缘合生，斜长圆形，三角形变窄，近卵形。花瓣近卵形，长约 0.1 cm，宽 0.07 cm；唇瓣舌形，靠近中部下弯，长 0.23 cm，宽 0.13 cm。蕊柱短，长 0.08 cm。

花果期 花期 12 月。

生境 海拔约 750 m 的林中树上。

曲茎石豆兰 *Bulbophyllum tortuosum* 植株（金效华）

72. 球茎石豆兰 *Bulbophyllum triste* Rchb. f.

国家重点保护级别 无

IUCN 红色名录 濒危（EN）

形态特征 附生植物。根状茎粗 2~3 mm。假鳞茎彼此相距约 5 mm，多少压扁的球形，直径 13~20 mm，顶生 2 枚叶。叶片披针形，长 5~10 cm，宽 0.5~1.5 cm，基部近无柄。花葶从已经落叶的假鳞茎基部发出，长 2~4 cm；花序长 1.0~1.5 cm，稍下垂，密生多数花；花淡紫红色带紫色斑点。花苞片不明显，长 2~3 mm。中萼片卵形，长 4 mm，宽 2.2 mm；侧萼片贴生在蕊柱足上，卵形，长 5 mm，宽 2.2 mm，下侧边缘彼此黏合。花瓣三角形，长 2.2 mm，宽 1.2 mm，基部约 1/2 贴生在蕊柱足上；唇瓣舌形，长 3.2 mm，基部具凹槽且与蕊柱足末端连接形成不活动关节，两侧边缘下弯。蕊柱长 3 mm；蕊柱齿狭披针形，长 0.6 mm。

花果期 花期 1~2 月。

生境 海拔 800~1 800 m 的林中树上或林下岩石上。

球茎石豆兰 *Bulbophyllum triste* 花序（金效华）

球茎石豆兰 *Bulbophyllum triste* 生境与植株（金效华）

73. 通萨卷瓣兰 *Bulbophyllum trongsaense* P. Gyeltshen, D. B. Gurung & Kumar

国家重点保护级别 无

IUCN 红色名录 濒危（EN）

形态特征 附生植物。假鳞茎卵状、矩圆状，长 3.5~7.0 cm，宽 1.5~2.4 cm，顶生 1 枚叶。叶片长 10.5~20.0 cm，宽 2.3~6.5 cm。花序近伞形，具 (3~) 4~7 朵花；花梗连同子房长 1.5~2.5 cm；花黄棕色。花瓣黄色，唇瓣紫色。中萼片卵形，长 1.4~1.6 cm，宽 0.7~1 cm；先端 1/3 具睫毛；睫毛长 0.7~0.8 mm，深紫色；侧萼片斜卵形、镰形，长 4.0~5 cm，宽 0.6~0.9 cm。花瓣斜卵形、镰形，长 5.5~7.0 mm，宽 4.0~4.5 mm，边缘具齿，先端具 3 个长睫毛；唇瓣卵形、长圆形，长 6~7 mm，宽 2.5~3.0 mm。蕊柱长 0.8~0.9 mm；蕊柱齿镰刀状。

花果期 花期 9~11 月。

生境 海拔约 2 000 m 的林中树上。

通萨卷瓣兰 *Bulbophyllum trongsaense* 生境与植株（亚吉东）

74. 伞花卷瓣兰 *Bulbophyllum umbellatum* Lindl.

国家重点保护级别 无

IUCN 红色名录 无危（LC）

形态特征 附生植物。根状茎粗 3～4 mm。假鳞茎彼此相距 1～2 cm，卵形，长 1.3～3.5 cm，直径 1～2 cm，顶生 1 枚叶。叶片长圆形，长 8～19 cm，宽 1.3～2.8 cm，先端稍凹入，基部具长 1～2 cm 的柄。花葶从假鳞茎基部发出，不高出叶外，长 8～12 cm；伞形花序，具 2～4 朵花；花暗黄绿色。花苞片披针形，长 9 mm。中萼片卵形，长 9 mm，宽 5 mm；侧萼片镰状披针形，长 15 mm，宽 5 mm，基部上方扭转，两侧萼片仅基部上侧边缘彼此黏合，其余离生。花瓣卵形，长 7 mm，宽 5 mm；唇瓣舌状，长 5 mm，向外下弯，基部近心形。蕊柱长 2 mm；蕊柱翅向前扩展呈钝三角形；蕊柱齿三角形，长 1 mm。

花果期 花期 4～6 月。

生境 海拔 1 000～2 200 m 的林中树上或林下岩石上。

伞花卷瓣兰 *Bulbophyllum umbellatum* 生境与植株（金效华）

伞花卷瓣兰 *Bulbophyllum umbellatum* 花序（金效华）

75. 雅鲁藏布石豆兰 *Bulbophyllum yarlungzangboense* Jian W. Li, Xi L. Wang & X. H. Jin

国家重点保护级别 无

IUCN 红色名录 无

形态特征 附生植物。根状茎直径约1mm，假鳞茎相距1.0~1.2cm，圆锥形，长0.7~1.0cm，高0.4~0.5cm，顶生1枚叶。叶片卵形、长圆形，长1.0~1.3cm，宽0.6~0.9cm。花序近伞形，长2.0~2.5cm，具1~4朵花；花黄色；花梗连子房长约1.6mm。中萼片披针形，长5.0mm，宽1.0mm，先端渐尖；侧萼片披针形，基部稍斜，长6mm，宽2mm。花瓣卵形、菱形，长1.5mm，宽1.0mm；唇瓣肉质，舌形，长2.5mm，宽2.0mm，唇盘凹陷。蕊柱粗壮，长约0.5mm。

花果期 花期11~12月。

生境 海拔1700~2100m的林中树上或林下岩石上。

雅鲁藏布石豆兰 *Bulbophyllum yarlungzangboense* 生境与植株（金效华）

雅鲁藏布石豆兰 *Bulbophyllum yarlungzangboense* 花序（金效华）

76. 域松卷瓣兰 *Bulbophyllum yoksunense* J. J. Sm.

国家重点保护级别 无

IUCN 红色名录 无

形态特征 附生草本。根状茎长，直径 2~3 mm，节间长 2~5 cm。假鳞茎彼此相距 4~12 cm，狭卵形或近圆柱形，顶生 1 枚叶。叶厚革质，长圆形或舌状，长 4~9 cm，中部宽 1.5~3 cm，先端钝且稍凹，柄长 4~6 mm，在上面中肋下陷。花葶从假鳞茎基部抽出，与假鳞茎等长，总状花序至伞形花序，具 4~8 朵花；花梗和子房长约 1.3 cm；花紫色。中萼片卵状长圆形，长约 7 mm，中部宽 5 mm，先端截形并且微凹，基部贴生在蕊柱足上；侧萼片镰刀状披针形，长 1.5~3 cm，向先端渐狭，两侧萼片上下侧边缘彼此黏合。花瓣近圆形，长、宽约 4 mm，先端收狭；唇瓣卵形，长 3 mm，中部宽 3 mm，先端圆钝，基部与蕊柱足末端连接而形成活动关节。蕊柱齿细尖。蕊柱长约 1.5 mm，蕊柱足长 2.5 mm，药帽长圆形。

花果期 花期 9~11 月。

生境 海拔 1 800~3 000 m 的林中树上。

域松卷瓣兰 *Bulbophyllum yoksunense* 生境与植株（金效华）

（十一）蜂腰兰属 *Bulleyia* Schltr.

77. 蜂腰兰 *Bulleyia yunnanensis* Schltr.

国家重点保护级别 无

IUCN 红色名录 濒危（EN）

形态特征 附生植物。假鳞茎狭卵形，长 3.5~7.0 cm，宽 1~2 cm，密集丛生，顶生 2 枚叶。叶片线状披针形，长 16~43 cm，宽 1.5~3.0 cm。花葶通常长于叶，具多朵花；花白色，唇瓣淡褐色；花苞片淡红绿色，宽卵形，长 1.5~2.0 cm，宽 1.2~1.5 cm。中萼片卵状长圆形，长 12~14 mm，宽 4~5 mm；侧萼片近狭卵状披针形，长 15~18 mm，宽 5~6 mm，在基部靠合多少呈囊状。花瓣线形，与中萼片近等长，宽 2~3 mm；唇瓣由于中部皱缩多少呈提琴形，长 12~14 mm，宽 5~6 mm；距向前上方弯曲。

花果期 花期 7~8 月。

生境 海拔 1 300~2 500 m 的林中树上或阴湿处的岩石上。

蜂腰兰 *Bulleyia yunnanensis* 生境与植株（金效华）

蜂腰兰 *Bulleyia yunnanensis* 花序（金效华）

（十二）虾脊兰属 *Calanthe* R. Br.

78. 雅鲁藏布虾脊兰 *Calanthe* × *yarlungzangboensis* P. P. Wu & Zi Wang

国家重点保护级别　无

IUCN 红色名录　无

形态特征　地生植物。植株高 50～60 cm。假鳞茎球状，直径约 2 cm。叶 3～4 枚，两面无毛，叶鞘在基部形成假茎，叶片椭圆形或倒卵状披针形，长 18～23 cm，宽 8～10 cm。花葶生于叶腋，长 50～60 cm；总状花序长 10～18 cm，具 4～7 朵花。花黄色，唇瓣橙黄色。花梗和子房长 1.8～2.0 cm。中萼片椭圆形，长 2.5 cm，宽 1.5 cm；侧萼片长圆状披针形，长 2.8 cm，宽 1 cm。花瓣长圆形、披针形，长 2.5 cm，宽 1.3 cm；唇瓣贴附于柱翅基部，3 裂，长 2.1 cm，宽 1.4 cm；侧裂片镰刀状长圆形，长 0.6 cm，宽 0.2 cm；中裂片近肾形或圆形，边缘强烈波状，长 2.0 cm，宽 1.6 cm；唇盘具 3 条褶片。

花果期　花期 5～7 月，果期 8～9 月。

生境　海拔约 2 500 m 的林下。

雅鲁藏布虾脊兰 *Calanthe* × *yarlungzangboensis* 生境与植株（金效华）

雅鲁藏布虾脊兰 *Calanthe* × *yarlungzangboensis* 花序（金效华）

79. 泽泻虾脊兰 *Calanthe alismatifolia* Lindl.

国家重点保护级别 无

IUCN 红色名录 无危（LC）

形态特征 地生植物。根状茎不明显。假鳞茎细圆柱形，长 1~3 cm，直径 0.3~0.5 cm，具 3~6 枚叶。叶片椭圆形，形似泽泻叶，长 10~14 cm，宽 4~10 cm，基部收狭为长 6~20 cm 的柄，边缘稍波状。花葶 1~2 个，从叶腋抽出，与叶等长，密被短柔毛；花序下具 1~2 枚鞘和苞片状叶；花序长 3~4 cm，具 3~10 朵花；花白色。花苞片宽卵状披针形，长 5~10 mm。萼片近倒卵形，长 10 mm，宽 6 mm，背面被黑褐色糙伏毛。花瓣近菱形，长 8 mm，宽 4 mm；唇瓣基部与整个蕊柱翅合生，比萼片大，3 深裂。侧裂片线形，长 8 mm，宽 2 mm，两侧裂片之间具数个瘤状附属物和密被灰色长毛；中裂片扇形，比侧裂片大，先端深 2 裂，宽 10 mm，基部收狭为爪；距圆筒形，长 10 mm。蕊柱长 3 mm，上端稍扩大。

花果期 花期 6~7 月。

生境 海拔 800~1 700 m 的林下。

泽泻虾脊兰 *Calanthe alismatifolia* 生境与植株（金效华）

泽泻虾脊兰 *Calanthe alismatifolia* 花序（金效华）

80. 流苏虾脊兰 *Calanthe alpina* Hook. f. ex Lindl.

国家重点保护级别 无

IUCN 红色名录 无危（LC）

形态特征 地生植物。植株高达 50 cm。假鳞茎短小，狭圆锥状，直径 7 mm，假茎不明显。叶 3 枚，椭圆形，长 11~26 cm，宽 3~6 cm，基部收狭为短柄。花葶从叶间抽出，高出叶层之外，疏被短毛，疏生数朵花；花萼片和花瓣白色带绿色先端。花苞片狭披针形，长 15 mm。中萼片近椭圆形，长 15~20 mm，宽 5~6 mm；侧萼片卵状披针形，与中萼片等长但较宽。花瓣狭长圆形，长 12~13 mm，宽 4.0~4.5 mm；唇瓣浅白色，前部具紫红色条纹，在蕊柱中部以下的蕊柱翅合生，半圆状扇形，不裂，长 8 mm，宽 15 mm，前端边缘具流苏，先端微凹并具细尖；距圆筒形，长 15~35 mm。蕊柱长 8 mm，上端扩大。

花果期 花期 6~9 月。

生境 海拔 1 500~3 500 m 的林下或草地上。

流苏虾脊兰 *Calanthe alpina* 生境与植株（金效华）

流苏虾脊兰 *Calanthe alpina* 花序（金效华）

81. 弧距虾脊兰 *Calanthe arcuata* Rolfe

国家重点保护级别 无

IUCN 红色名录 易危（VU）

形态特征 地生植物。根状茎不明显。假鳞茎圆锥形，直径 1 cm。假茎长 2～3 cm，叶 3～4 枚。叶片椭圆状披针形，长 28 cm，宽 0.7～3.0 cm。花葶从叶丛中间抽出，1～2 个，高出叶层之外，长 30～50 cm，密被短毛；花序长 10 cm，疏生数朵花；花萼片和花瓣背面黄绿色，内面红褐色。花苞片狭披针形，长 10～18 mm。中萼片狭披针形，长 17～22 mm，宽 4 mm；侧萼片斜披针形，与中萼片等大。花瓣线形，与萼片近等长，宽 2～3 mm；唇瓣白色带紫色先端，基部与整个蕊柱翅合生，长 11～18 mm，3 裂；侧裂片斜卵状三角形，前端边缘有时具齿；中裂片椭圆状棱形，长 8～10 mm，宽 6～7 mm，先端呈芒状，基部楔形，边缘波状并具不整齐的齿；唇盘上具 3～5 个龙骨状脊；距圆筒形，长 5 mm。蕊柱长 4～5 mm，上端扩大；蕊柱翅在上端扩大而呈三角形并围抱柱头。

花果期 花期 5～9 月。

生境 海拔 1 400～2 500 m 的林下或覆有土层的岩石上。

弧距虾脊兰 *Calanthe arcuata* 生境与植株（金效华）

弧距虾脊兰 *Calanthe arcuata* 花序（金效华）

肾唇虾脊兰 *Calanthe brevicornu* 花序（金效华）

82. 二裂虾脊兰 *Calanthe biloba* Lindl.

国家重点保护级别　无

84. 棒距虾脊兰 *Calanthe clavata* Lindl.

国家重点保护级别　无

IUCN 红色名录　无危（LC）

形态特征　地生植物。根状茎粗壮，直径达 1 cm，节上生粗壮的根。假鳞茎短，被叶鞘所包。具 2~3 枚折扇状叶，叶狭椭圆形，长 65 cm，宽 4~10 cm，基部渐狭为长 7~13 cm 的柄，在与叶鞘连接处具 1 个关节，叶鞘相互包卷而形成长 7~13 cm 的假茎。花葶 1~2 个生于茎的基部，长达 40 cm，不超出叶层；花序具多数花；花黄色。花苞片披针形，长 15~35 mm。中萼片椭圆形，长 12 mm，宽 5~6 mm；侧萼片近长圆形，长 12 mm，宽 4~5 mm，先端呈芒状。花瓣倒卵状椭圆形，长 10 mm，宽 5 mm；唇瓣基部近截形，与整个蕊柱翅合生，3 裂；侧裂片耳状，直立；中裂片近圆形，长 4 mm，宽 5.0~5.5 mm，先端微凹，基部稍收窄并具 2 枚三角形褶片；距棒状，长 9 mm。蕊柱长 7 mm，上部扩大。

花果期　花期 11~12 月。

生境　海拔 800~1 300 m 的密林下。

棒距虾脊兰 *Calanthe clavata* 生境与植株（金效华）

棒距虾脊兰 *Calanthe clavata* 花序（金效华）

85. 剑叶虾脊兰 *Calanthe davidii* Franch.

国家重点保护级别 无

IUCN 红色名录 无危（LC）

形态特征 地生植物。植株紧密聚生，无明显的假鳞茎，假茎长 4～10 cm，具 3～4 枚叶。叶带形，长达 65 cm，宽 1～2 cm，叶柄不明显。花葶从叶腋发出，长达 120 cm，密被细毛；花黄绿色。花苞片反折，狭披针形，长 10～15 mm。萼片和花瓣反折，萼片近椭圆形，长 6～9 mm，宽 4 mm，背面有时密被短毛。花瓣狭长圆状倒披针形，与萼片等长，宽 1.8～2.2 mm，基部收窄为爪；唇瓣宽三角形，基部无爪，与整个蕊柱翅合生，3 裂；侧裂片长圆形；中裂片先端 2 裂，在裂口中央具 1 个短尖，小裂片近长圆形，比侧裂片狭，向外叉开；唇盘在两侧裂片之间具 3 条等长的鸡冠状褶片，有时褶片延伸至中裂片先端；距圆筒形，长 5～12 mm，外面疏生毛，内面密生毛。蕊柱长 3 mm，上端扩大。

花果期 花期 6～7 月，果期 9～10 月。

生境 海拔 500～3 300 m 的山谷、溪边或密林下。

剑叶虾脊兰 *Calanthe davidii* 生境与植株（金效华）

剑叶虾脊兰 *Calanthe davidii* 花序（金效华）

86. 少花虾脊兰 *Calanthe delavayi* Finet

国家重点保护级别 无

IUCN 红色名录 无

形态特征 地生植物。植株高 20 ~ 35 cm，无明显根状茎。假鳞茎近球形，直径 1 cm，具 3 ~ 4 枚叶。叶片椭圆形，长 12 ~ 22 cm，宽 4 cm，基部收狭为柄，叶柄相互包卷形成长 3 ~ 8 cm 的假茎。花葶从叶丛中抽出，稍高出叶层之外，长 25 cm；花序俯垂，疏生 2 ~ 7 朵花；花紫红色，萼片和花瓣边缘带紫色斑点。花苞片披针形，长 20 mm。萼片长圆状披针形，长 20 mm，宽 4 mm。花瓣狭长圆形，长 18 mm，宽 4 mm；唇瓣近菱形，长 20 mm，宽 20 mm，两侧围抱蕊柱，先端微凹并在凹口处具细尖，前端边缘啮蚀状；唇盘上具 3 条龙骨脊，脊上被毛；距圆筒状，长 6 ~ 10 mm。蕊柱长 7 ~ 8 mm，两侧具翅。

花果期 花期 6 ~ 9 月。

生境 海拔 2 700 ~ 3 500 m 的山谷溪边。

少花虾脊兰 *Calanthe delavayi* 生境与植株（金效华）

少花虾脊兰 *Calanthe delavayi* 花序（金效华）

87. 密花虾脊兰 *Calanthe densiflora* Lindl.

国家重点保护级别 无

IUCN 红色名录 无危（LC）

形态特征 地生植物。根状茎直径 3~4 mm，被覆鳞片状鞘。植株在根状茎上彼此相距 5~6 cm，高达 60 cm。假茎细长，长 10~16 cm，直径约 8 mm，具 3 枚鞘和 3 枚折扇状叶。叶披针形或狭椭圆形，长达 40 cm，宽 2.3~6.5 cm。花葶 1~2 个，从假茎的基部侧面发出；总状花序呈球状；花梗和子房长 2 cm；花淡黄色，干后变黑色。萼片相似，长圆形，长 1.3~1.4 cm，中部宽约 5 mm，先端急尖并呈芒状，具 3~5 条脉。花瓣近匙形，与萼片等长。唇瓣基部合生于蕊柱基部上方的蕊柱翅上，中上部 3 裂；侧裂片卵状三角形，先端钝，两侧裂片先端之间宽度为 1 cm；中裂片近方形，长约 5 mm，宽 4 mm，先端微凹；唇盘上具 2 条褶片；褶片膜质，三角形，高约 3 mm，长约 2 mm；距圆筒形，劲直，长 16 mm，直径约 3 mm，末端钝。蕊柱细长，长 12 mm，多少弧曲，基部扩大；蕊喙宽卵状三角形，不裂，长约 1.2 mm，先端近锐尖；药帽在前端收窄呈喙状；花粉团倒卵球形，近等大，长约 1.2 mm，具短柄。

花果期 花期 8~9 月，果期 10 月。

生境 海拔 1 000~2 600 m 的混交林下和山谷溪边。

密花虾脊兰 *Calanthe densiflora* 生境与植株（金效华）

密花虾脊兰 *Calanthe densiflora* 花序（金效华）

88. 通麦虾脊兰 *Calanthe griffithii* Lindl.

国家重点保护级别 无

IUCN 红色名录 易危（VU）

形态特征 地生植物。假鳞茎粗短，近圆锥形，直径 2 cm，具 3～4 枚叶。假茎长达 16 cm。叶片长圆形，长 29～34 cm，宽 4.5～7.0 cm，基部收狭成楔形。花葶从叶丛中抽出，高出叶层外，长达 75 cm，密生短柔毛；花序长 19 cm，疏生多数花；花萼片和花瓣浅绿色。花苞片卵状披针形，长 4～5 mm。中萼片长圆形，长 20 mm，宽 10 mm，背面被短柔毛；侧萼片与中萼片相似，但稍狭，背面被短柔毛。花瓣近倒披针形，长 17 mm，宽 6 mm；唇瓣比萼片短，基部无爪，几乎与整个蕊柱翅合生，3 裂；侧裂片长圆形，长 8 mm，宽 12 mm，先端凹缺并具细尖，基部具爪，边缘波状；唇盘中央具 1 条近三角形褶片，两侧无毛；距圆筒形，长 6 mm，外面疏被短柔毛。蕊柱长 8 mm。

花果期 花期 5 月。

生境 海拔约 2 000 m 的林下。

通麦虾脊兰 *Calanthe griffithii* 生境与植株（金效华）

通麦虾脊兰 *Calanthe griffithii* 花序（金效华）

89. 西南虾脊兰 *Calanthe herbacea* Lindl.

国家重点保护级别 无

IUCN 红色名录 易危（VU）

形态特征 地生植物。假鳞茎短，近长卵状球形，长 1.0~2.5 cm，直径 0.5~1.5 cm，具 3~4 枚叶，假茎不明显。叶片椭圆形，长 15~30 cm，宽 9 cm，基部收狭为长 10~20 cm 的柄，边缘波状，背面具短毛。花葶从叶丛中抽出，长达 70 cm，被短毛；花序长 8~15 cm，疏生 10 朵花；花萼片和花瓣黄绿色，反折。花苞片披针形，长 10 mm。中萼片倒卵状披针形，长 15 mm，宽 7 mm，先端具短尖，背面被短毛；侧萼片斜椭圆形，与中萼片等长，但稍狭，基部具爪，背面被短毛。花瓣近匙形，长 12 mm，宽 2.0~2.5 mm；唇瓣与整个蕊柱翅合生，3 深裂，基部具成簇的黄色瘤状附属物；侧裂片卵形，长 6 mm；中裂片深 2 裂，小裂片与侧裂片近等大，叉开，裂口中央具 1 个短尖头；距稍向前弯曲，长 20~30 mm，外面被短毛。蕊柱长 7 mm。

花果期 花期 6~8 月。

生境 海拔 1 500~2 100 m 的密林下阴湿处。

西南虾脊兰 *Calanthe herbacea* 植株（金效华）

西南虾脊兰 *Calanthe herbacea* 花序（金效华）

90. 南方虾脊兰 *Calanthe lyroglossa* Rchb. f.

国家重点保护级别 无

IUCN 红色名录 无危（LC）

形态特征 地生植物。假鳞茎粗短，圆柱状，具粗壮的匍匐根状茎，假茎长约 5 cm，具 2～3 枚鞘和 3～5 枚叶。叶片折扇状，长 30～60 cm，宽 3.0～8.5 cm，基部收窄为细长的柄，叶柄基部具 1 个关节。花葶生于茎的基部，稍高出叶层，下部具 3～4 枚筒状鞘；花序密生多数小花；花黄色。花苞片披针形，长达 40 mm。萼片椭圆形，长 6～9 mm，宽约 3 mm。花瓣椭圆形，比萼片稍短；唇瓣长约 5 mm，基部与整个蕊柱翅合生，3 裂；侧裂片短小，半圆形，有时不明显；中裂片较大，宽肾形，长 3 mm，宽 5 mm，先端微凹并在凹口处具 1 个细尖，基部具 2 条三角形褶片；距棒状，长约 5 mm，末端稍 2 裂。

花果期 花期 12 月至次年 2 月。

生境 海拔 1 500 m 以下的林下。

南方虾脊兰 *Calanthe lyroglossa* 生境与植株（金效华）

南方虾脊兰 *Calanthe lyroglossa* 花序（金效华）

91. 细花虾脊兰 *Calanthe mannii* Hook. f.

国家重点保护级别 无

IUCN 红色名录 无危（LC）

形态特征 地生植物。根状茎不明显。假鳞茎圆锥形，直径 1 cm，具 3~5 枚叶。假茎长 5~7 cm。叶在花期尚未全部展开，折扇状，倒披针形，长 18~35 cm，宽 3.0~4.5 cm，基部具长 5~10 cm 的柄，背面密被短毛。花葶从假茎上端的叶间发出，高出叶层之外，长达 51 cm，密被短毛；花序长 4~10 cm，疏生多数小花；花萼片和花瓣暗褐色。花苞片披针形，长 2~4 mm。中萼片卵状披针形，长 7~9 mm，宽 2.5~4.0 mm，背面密被短毛；侧萼片多少斜卵状披针形，与中萼片近等长，背面密被短毛。花瓣倒卵状披针形，比萼片小，长 6~7 mm，宽 1.2~2.0 mm；唇瓣金黄色，比花瓣短，基部合生在整个蕊柱翅上，3 裂；侧裂片卵圆形，长 1.5~2.0 mm，宽 1.0~1.5 mm；中裂片横长圆形，长 1.5~2.0 mm，宽 2.5~3.0 mm，先端微凹并具短尖，边缘稍波状；唇盘上具 3 条褶片，其末端在中裂片上呈三角形高高隆起；距短，长 1~3 mm，外面被毛。蕊柱长 3 mm，上端扩大，腹面被毛。

花果期 花期 5 月。

生境 海拔 2 000 ~2 400 m 的山坡林下。

细花虾脊兰 *Calanthe mannii* 生境与植株（金效华）

细花虾脊兰 *Calanthe mannii* 花序（金效华）

92. 长距虾脊兰 *Calanthe masuca* (D. Don) Lindl.

国家重点保护级别 无

IUCN 红色名录 无危（LC）

形态特征 地生植物。植株高达 80 cm，无明显的根状茎。假鳞茎狭圆锥形，长 1~2 cm，直径 1 cm。具 3~6 枚叶，无明显的假茎。叶椭圆形，长 20~40 cm，宽 10 cm，基部收狭为长 11~23 cm 的柄，背面密被短柔毛。花葶从叶丛中间抽出，长 45~75 cm；花序具多数花；花淡紫色，唇瓣橘黄色。花苞片披针形，长 10~18 mm。中萼片椭圆形，长 18~23 mm，宽 6~10 mm，背面疏被短柔毛；侧萼片长圆形，长 20~28 mm，宽 6~9 mm，先端短尾状，背面疏被短柔毛。花瓣倒卵形，长 15~20 mm，宽 9~12 mm；唇瓣基部与整个蕊柱翅合生，3 裂；侧裂片镰状披针形，长 5 mm，宽 1.5~2.0 mm；中裂片扇形，宽 10~15 mm，先端浅 2 裂，裂口中央略有凸尖，前端边缘全缘，基部具短爪；唇盘基部具 3 列不等长的黄色鸡冠状小瘤；距圆筒状，长 25~50 mm，外面疏被短毛。蕊柱长 5 mm，上端扩大。

花果期 花期 4~9 月。

生境 海拔 800~2 000 m 的山坡林下或山谷河边阴湿处。

长距虾脊兰 *Calanthe masuca* 生境与植株（金效华）

长距虾脊兰 *Calanthe masuca* 花序（金效华）

93. 墨脱虾脊兰 *Calanthe metoensis* Z. H. Tsi & K. Y. Lang

国家重点保护级别 无

IUCN 红色名录 无危（LC）

形态特征 地生植物。根状茎不明显。假鳞茎粗短，圆锥形，直径 1.5 cm，具 3 枚叶。假茎长达 11 cm，直径 1 cm。叶长椭圆形，长达 30 cm，宽 3.5 ~ 9.5 cm，基部收狭为鞘状柄，边缘多少波状。花葶 1 ~ 2 个，出自叶丛中间，高出叶层外，长 30 ~ 50 cm，密被短毛；花序长 12 cm，疏生 2 ~ 10 朵花；花粉红色。花苞片披针形，长 7 ~ 20 mm。中萼片椭圆形，长 15 mm，宽 7 mm，疏被短毛；侧萼片斜卵形，与中萼片近等长，疏被短毛。花瓣线形，长 14 mm，宽 2 mm；唇瓣基部与整个蕊柱翅合生，3 裂；侧裂片卵状三角形，前端边缘有时疏生齿；中裂片倒卵状楔形，长 6 mm，宽 6 mm，先端具短尖，边缘具流苏；唇盘上具 3 条纵脊；距圆筒形，长 15 mm，外面疏被毛。蕊柱长 5 mm；蕊柱翅在蕊柱上端向前扩展呈三角形并围抱柱头。

花果期 花期 4 ~ 8 月。

生境 海拔 2 200 ~ 2 250 m 的山坡林下。

墨脱虾脊兰 *Calanthe metoensis* 生境与植株（金效华）

墨脱虾脊兰 *Calanthe metoensis* 花序（金效华）

94. 戟形虾脊兰 *Calanthe nipponica* Makino

国家重点保护级别 无

IUCN 红色名录 易危（VU）

形态特征 地生植物。根状茎不明显。假鳞茎很小。叶狭披针形或狭椭圆形，长 12~16 cm，宽 1.5~2 cm。花葶从叶丛中抽出，长 34 cm；总状花序长 12 cm，疏生 7 朵花；花梗和子房长 15~20 mm，密被毛；花淡黄色，俯垂。中萼片椭圆状披针形，长 14 mm，中部宽 5 mm，背面被毛；侧萼片斜卵状披针形，与中萼片等长，基部上方宽 4.5 mm。花瓣线形，稍比萼片短，中部宽约 2 mm，无毛；唇瓣基部紫褐色，与整个蕊柱翅合生，近卵状三角形，稍 3 裂；侧裂片近半圆形，长 8 mm，两侧裂片先端之间相距 8 mm；中裂片近长圆形，长 4 mm，宽 3.5 mm；唇盘上具 3 条褶片，中央 1 条从基部上方延伸到近中裂片先端；距圆筒形，长 4~5 mm。蕊柱粗短，长 5 mm，上端扩大；蕊喙 2 裂；裂片近狭镰刀状，长 1.2 mm，先端钻状。

花果期 花期 6 月。

生境 海拔约 2 600 m 的山坡林下。

戟形虾脊兰 *Calanthe nipponica* 生境与植株（金效华）

95. 香花虾脊兰 *Calanthe odora* Griff.

国家重点保护级别 无

IUCN 红色名录 近危（NT）

形态特征 植株矮小。假鳞茎近圆锥形，直径约 5 mm，具 2~3 枚叶。假茎长约 5 cm。叶在花期尚未展开，椭圆形或椭圆状披针形，长（9~）12~14（~22）cm，宽（2.5~）3~4（~5）cm。花葶从去年生无叶的假鳞茎上抽出；花序柄疏被 3~4 枚紧贴的鞘；总状花序短，长 2~5 cm，密生少数至多数花；花梗和棒状子房长 10~14 mm；花白色。中萼片卵状椭圆形，长 9~11 mm，中部宽 4~5（~7）mm；侧萼片稍斜卵状椭圆形，与中萼片等大。花瓣近匙形，与萼片等长，中部宽 3~5 mm；唇瓣基部与整个蕊柱翅合生，3 深裂，基部具多数肉瘤状附属物；侧裂片近长圆形或斜卵形；中裂片深 2 裂；小裂片向外叉开，与侧裂片约等大，裂口中央具 1 个短尖头；距圆筒形，伸直，长 7~8 mm，外面疏被毛。蕊柱长约 3 mm，上端扩大，疏被短毛。

花果期 花期 5~7 月。

生境 海拔 750~1 300 m 的山地阔叶林下或山坡阴湿草丛中。

香花虾脊兰 *Calanthe odora* 花序（金效华）

96. 车前虾脊兰 *Calanthe plantaginea* Lindl.

国家重点保护级别 无

IUCN 红色名录 易危（VU）

形态特征 地生植物。根状茎不明显。假鳞茎短圆锥形，直径 1.5～2.0 cm，具 2～4 枚叶。假茎长约 16 cm。叶在花期尚未全部展开，椭圆形，长 25 cm，宽 10 cm，基部具长 20 cm 的柄。花葶从假茎上端发出，高出叶层之外，被短毛；花序具多数花；花淡紫色，下垂。花苞片披针形，长 8 mm。中萼片卵状披针形，长 15～17 mm，宽 6～7 mm，背面疏被短毛；侧萼片比中萼片稍小，卵状披针形。花瓣长圆形，比萼片稍短，宽 4～5 mm；唇瓣近扇形，基部与整个蕊柱翅合生，长 10 mm，3 裂；侧裂片斜倒卵状楔形，先端紧靠中裂片而内弯，基部约 1/3 贴生在蕊柱翅的外侧边缘；中裂片长圆形，与侧裂片等长，长 5 mm，先端扩大部分呈圆形，微凹并具短尖；唇盘具 3 条脊突；距圆筒形，长 20～22 mm，外面被短毛。蕊柱长 7 mm，上端扩大；蕊柱翅延伸至唇瓣基部，与唇盘上的脊突相连接。

花果期 花期 3～4 月。

生境 海拔 1 800～2 200 m 的山坡林下。

车前虾脊兰 *Calanthe plantaginea* 生境与植株（金效华）

车前虾脊兰 *Calanthe plantaginea* 花序（金效华）

97. 镰萼虾脊兰 *Calanthe puberula* Lindl.

国家重点保护级别 无

IUCN 红色名录 无危（LC）

形态特征 地生植物。假鳞茎长圆柱形，长 2 cm，直径 1.5 cm，具 4~5 枚叶。叶片椭圆形，长 12~22 cm，宽 7 cm，基部具长 13 cm 的柄。花葶 1~2 个从茎上端抽出，高出叶层之外，长 23~40 cm；花序长 6~14 cm，疏生多数花；花粉红色。花苞片披针形，短于子房；花序下部具数枚披针形苞片状叶。中萼片卵状披针形，长 11~16 mm，宽 5 mm，背面被毛；侧萼片斜卵状披针形，与中萼片等大，先端呈尾状，背面被短毛。花瓣线形，短于萼片，宽 1~2 mm；唇瓣基部与蕊柱中部以下的蕊柱翅合生，比萼片短，3 裂；侧裂片长圆状镰形，与中裂片等宽，全缘；中裂片菱状椭圆形，前端边缘具不整齐的齿，基部收狭为爪，无距。蕊柱长 6 mm；蕊柱翅上端的两侧各具 1 枚长 0.7 mm 的齿突，齿突近长方形。

花果期 花期 7~8 月。

生境 海拔 1 200~2 500 m 的林下。

镰萼虾脊兰 *Calanthe puberula* 生境与植株（金效华）

镰萼虾脊兰 *Calanthe puberula* 花序（金效华）

98. 三棱虾脊兰 *Calanthe tricarinata* Lindl.

国家重点保护级别 无

IUCN 红色名录 无危（LC）

形态特征 地生植物。根状茎不明显。假鳞茎圆球形，直径 2 cm，具 3~4 枚叶。假茎长 4~15 cm，直径 1.0~2.5 cm。叶在花期尚未全部展开，椭圆形，长 20~30 cm，宽 5~11 cm，基部收狭为鞘状柄，边缘波状，背面密被短毛。花葶从假茎顶端的叶间发出，高出叶层，长达 60 cm，直径 1.5 cm，被短毛；花序长 3~20 cm，疏生多数花；萼片和花瓣浅黄色。花苞片卵状披针形，长 5~10 mm。萼片长圆状披针形，长 16~18 mm，宽 5~8 mm，背面基部疏生毛。花瓣倒卵状披针形，长 11~15 mm，宽 3~5 mm，基部具爪；唇瓣红褐色，基部合生于整个蕊柱翅上，3 裂；侧裂片小，耳状，长 4 mm，宽 4~5 mm；中裂片肾形，长 8~10 mm，宽 10~18 mm，先端微凹并具短尖，边缘强烈波状；唇盘上具 3~5 条鸡冠状褶片，无距。蕊柱长 6 mm，腹面疏生毛。

花果期 花期 5~6 月。

生境 海拔 1 600~3 500 m 的山坡草地上。

三棱虾脊兰 *Calanthe tricarinata* 生境与植株（金效华）

三棱虾脊兰 *Calanthe tricarinata* 花序（金效华）

99. 三褶虾脊兰 *Calanthe triplicata* (Willemet) Ames

国家重点保护级别 无

IUCN 红色名录 无危（LC）

形态特征 地生植物。根状茎不明显。假鳞茎卵状圆柱形，长 1~3 cm，直径 1~2 cm，具 3~4 枚叶，假茎不明显。叶椭圆形，长 30 cm，宽 10 cm，基部收狭为长 14 cm 的柄，边缘波状。花葶从叶丛中抽出，长达 70 cm，密被短毛；花序长 5~10 cm，密生多数花；花白色。花苞片卵状披针形，长 10~20 mm。萼片常反折，中萼片近椭圆形，长 9~12 mm，宽 4.5~5.5 mm，背面被短毛；侧萼片斜倒卵状披针形，比中萼片稍大，背面被短毛。花瓣倒卵状披针形，比萼片短，基部收狭为爪，背面被短毛；唇瓣基部与整个蕊柱翅合生，比萼片大，基部具 3~4 列金黄色的小瘤状附属物，3 深裂；侧裂片卵状椭圆形；中裂片深 2 裂，小裂片叉开，与侧裂片等大，两裂片中央具 1 个短尖头；距圆筒形，长 12~15 mm，外面疏被短毛。蕊柱长 5 mm，上端扩大，疏被短毛。

花果期 花期 4 ~ 5 月。

生境 生海拔 1 000 ~1 200 m 的林下或沟边阴湿处。

三褶虾脊兰 *Calanthe triplicata* 生境与植株（金效华）

三褶虾脊兰 *Calanthe triplicata* 花序（金效华）

100. 绒毛虾脊兰 *Calanthe velutina* Ridl.

国家重点保护级别 无

IUCN 红色名录 无

形态特征 地生植物。植株高 50～60 cm。假鳞茎短，不明显，具 2 枚鞘和 1 枚叶。叶在花期尚未展开，宽椭圆形，长 20～50 cm，宽 6～8 cm，基部具长 10～12 cm 的柄。花葶从叶腋抽出，直立，不高出叶层之外，被短柔毛；花序疏生 10～14 朵花；花白色，唇瓣基部和褶片带卵黄色斑块，萼片及花瓣背面被短柔毛。中萼片披针形，长 21 mm，宽 6～7 mm；侧萼片斜披针形，长 22 mm，宽 6 mm；花瓣披针形，长 18 mm，宽约 5 mm；唇瓣倒卵圆形，基部具爪，与整个蕊柱翅合生，3 裂；侧裂片矩圆形，长 2～3 mm，宽约 1 mm，两侧裂片之间具 3 条隆起的褶片；中裂片近圆形，长 14 mm，宽 14 mm，比两侧裂片先端之间的距离大，无毛；距圆筒形，顶端尖，长约 6 mm，内外均被毛。蕊柱上端扩大，无毛；蕊柱翅三角形。

花果期 花期 3～4 月，果期 10 月。

生境 海拔 1 500 m 的林中。

绒毛虾脊兰 *Calanthe velutina* 生境与植株（金效华）

绒毛虾脊兰 *Calanthe velutina* 花序（金效华）

（十三）美柱兰属 *Callostylis* Blume

101. 竹叶美柱兰 *Callostylis bambusifolia* (Lindl.) S. C. Chen & J. J. Wood

国家重点保护级别 无

IUCN 红色名录 无危（LC）

形态特征 附生植物。茎不膨大成假鳞茎状，圆柱形，密集着生，长 20~70 cm，直径 0.3~0.7 cm，具多数节间。近顶生多枚叶。叶 2 列，长披针形，长 10~22 cm，宽 1~3 cm，基部具长鞘并抱茎。花序 2~7 个生于茎近顶端处，与叶对生，长 10~22 cm；花序轴呈“之”字形弯曲，具多数花；花白色；花序轴、花梗、子房和萼片均密被灰棕色绒毛。花苞片倒卵状长圆形，长 5 mm，宽 3~4 mm。中萼片长圆状披针形，长 12 mm，宽 3 mm；侧萼片斜长圆状披针形，长 10 mm，宽 5 mm，基部与蕊柱足合生成萼囊。花瓣长圆状披针形，长 11 mm，宽 2.5 mm；唇瓣卵状三角形，长 10 mm，宽 6 mm，基部和顶部不同程度的加厚，基部具 1 个向上弯曲、长 2 mm 的爪；唇盘自基部至先端具 3 条密生白色乳突的褶片，褶片基部大，向上变细，先端处消失。蕊柱长 8 mm。

花果期 花期 11~12 月。

生境 海拔 950~1 200 m 的林中树上或林下岩石上。

竹叶美柱兰 *Callostylis bambusifolia* 植株（金效华）

102. 美柱兰 *Callostylis rigida* Blume

国家重点保护级别 无

IUCN 红色名录 无危（LC）

形态特征 附生植物。根状茎横走，节间长 1~2 cm。假鳞茎近梭形，彼此相距 5~10 cm，长 6~16 cm，直径 2~3 cm，近顶端处具 4~5 枚叶。叶片长圆形，长 12~17 cm，宽 2.4~4.3 cm，先端不等侧 2 圆裂，基部具短柄。花序 2~4 个，长 1.5~4.5 cm，具 10 余朵花；花黄色。花苞片近圆形，长 3~4 mm，两面被毛。萼片外面被长毛，内面与花瓣两面均疏生短柔毛。中萼片椭圆形，长 8~10 mm，宽 4~5 mm，侧萼片椭圆形，稍短而宽。花瓣狭椭圆状倒卵形，长 7~8 mm，宽 3.5~4.0 mm；唇瓣近宽心形，长 3 mm，宽 4 mm，唇盘上有 1 个垫状突起。蕊柱向前呈直角弯曲。

花果期 花期 5~6 月，果期 5~6 月。

生境 海拔 1 100~1 700 m 的林中树上或林下岩石上。

美柱兰 *Callostylis rigida* 生境与植株（金效华）

美柱兰 *Callostylis rigida* 花序（金效华）

（十四）头蕊兰属 *Cephalanthera* Rich.

103. 头蕊兰 *Cephalanthera longifolia* (L.) Fritsch

国家重点保护级别 无

IUCN 红色名录 无危（LC）

形态特征 地生植物。高 20~50 cm，茎直立，中部以上具 4~7 枚叶。叶片披针形，长 4~13 cm，宽 0.5~2.5 cm，基部抱茎。花序长 1.5~6.0 cm，具 2~13 朵花；花白色。花苞片线状披针形，长 2~6 mm，最下面 1~2 枚叶状。萼片狭菱状椭圆形，长 11~16 mm，宽 3.5~4.5 mm。花瓣近倒卵形，长 7~8 mm，宽 4 mm；唇瓣长 5~6 mm，3 裂；侧裂片近卵状三角形，多少围抱蕊柱；中裂片三角状心形，长 3.0~3.5 mm，宽 5~6 mm，上面具 3~4 条纵褶片，近顶端处密生乳突；唇瓣基部具囊，囊短而钝，苞藏于侧萼片基部之内。

花果期 花期 5~6 月，果期 9~11 月。

生境 海拔 1 000~3 300 m 的林下、灌丛中、沟边或草丛中。

头蕊兰 *Cephalanthera longifolia* 生境与植株（金效华）

头蕊兰 *Cephalanthera longifolia* 花序（金效华）

（十五）黄兰属 *Cephalantheropsis* Guillaumin

104. 铃花黄兰 *Cephalantheropsis halconensis* (Ames) S. S. Ying

国家重点保护级别 无

IUCN 红色名录 无危（LC）

形态特征 地生植物。茎直立，高 30～60 cm，具数个疏离的节间，叶通常 5 枚，互生于茎的上部。叶片长圆形，长 12～14 cm，宽 1.8～4.0 cm，基部收狭并下延为鞘。花葶侧生于茎的下部，长 20～35 cm，疏生多花；花白色，后转变为橘黄色，俯垂，多少呈钟状，不甚开展。萼片相似，卵状披针形，长 8~9mm，宽 3.2~4.0mm。花瓣卵状长圆形，与萼片相似；唇瓣淡黄色，长 8～9 mm，宽 3～5 mm，3 裂；侧裂片长圆形，直立，先端具不整齐的缺刻；中裂片从基部向先端扩大而成横长圆形，先端稍凹缺，边缘波状皱褶，上面具 2 条褶片，褶片之间具许多土黄色泡状小颗粒。无距。

花果期 花期 10～11 月。

生境 海拔 800～1 300 m 的密林下阴湿处。

铃花黄兰 *Cephalantheropsis halconensis* 生境与植株（金效华）

铃花黄兰 *Cephalantheropsis halconensis* 花序（金效华）

105. 白花黄兰 *Cephalantheropsis longipes* (Hook. f.) Ormer.

国家重点保护级别 无

IUCN 红色名录 数据缺乏（DD）

形态特征 地生植物。植株 30～50 cm 高。茎直立，直径 3～7 mm，具 5～8 枚叶。叶椭圆形到椭圆状长圆形，长 8～20 cm，宽 2～5 cm。花序顶生，长 10～20 cm，疏生 5～15 朵花。萼片和花瓣白色，唇瓣白色，中央有一条黄带。花梗和子房 10～20 mm。萼片相似，披针形，长 6～8 mm，宽约 2.5 mm。花瓣卵形，长 5～6 mm，宽 2～3 mm；唇瓣卵形长圆形，长 4.5～5 mm，宽 3～4 mm，3 裂；侧裂片直立，三角状卵形，约 1.5 mm；中部裂片横向长圆形，长约 1.5 mm，宽 3 mm，基部具短爪，边缘强烈波状具细圆齿；花盘具 1 对黄色薄片，从唇基部延伸到中间裂片基部。柱长约 3 mm。

花果期 花期 10 月。

生境 海拔约 1 200 m 的森林中。

白花黄兰 *Cephalantheropsis longipes* 生境与植株（Tirtha）

白花黄兰 *Cephalantheropsis longipes* 花序（Tirtha）

106. 黄兰 *Cephalantheropsis obcordata* (Lindl.) Ormer.

国家重点保护级别 无

IUCN 红色名录 近危（NT）

形态特征 地生植物。植株高达 1 m。叶 5~8 枚，互生于茎的上部，长圆形，长达 35 cm，宽 4~8 cm，基部收狭为短柄。花葶 2~3 个从茎中部以下节上发出，长达 60 cm，不分枝或少有 1~2 个分枝。花序疏生多数花；花黄绿色。萼片椭圆状披针形，长 9~11 mm，宽 3.5~4.0 mm，先端芒状，背面密布短毛。花瓣卵状椭圆形，长 8~10 mm，宽 3.5~4.0 mm；两面被毛；唇瓣长圆形，比萼片短，但较宽，基部贴生于蕊柱基部，中部以上 3 裂，之下稍凹陷，无距；侧裂片围抱蕊柱，近三角形，先端牙齿状，前缘具不整齐的缺刻；中裂片近肾形，与两侧裂片先端之间的宽相等，先端有凹缺并具 1 个细尖，边缘强烈波状，上面具 2 条黄色的褶片，褶片之间具许多橘红色的小泡状颗粒。蕊柱长 3~5 mm，中部以下两侧具翅。

花果期 花期 9~12 月，果期 11 月至次年 3 月。

生境 海拔约 450 m 的密林下。

黄兰 *Cephalantheropsis obcordata* 生境与植株（金效华）

黄兰 *Cephalantheropsis obcordata* 花序（金效华）

（十六）牛角兰属 *Ceratostylis* Blume

107. 叉枝牛角兰 *Ceratostylis himalaica* Hook. f.

国家重点保护级别 无

IUCN 红色名录 无危（LC）

形态特征 附生植物。具粗短根状茎，茎丛生，呈二叉状分枝，全部为鳞片状鞘所覆盖，叶1枚生于分枝顶端。叶片线形，长3.5~6.5 cm，宽0.3~0.7 cm，先端略不等的2浅裂。花序生于分枝顶端，通常具2~3朵花；花白色而有紫红色斑。花苞片卵形，长4~5 mm，宽1.5~2.0 mm。中萼片长圆状卵形，长5~6 mm，宽2.0~3.5 mm，背面被柔毛；侧萼片宽卵形，长3.5~4.5 mm，基部仅一部分着生于蕊柱足上，另一侧延伸为萼囊并围抱唇瓣基部，背面被柔毛。花瓣线形，长3.5~4.5 mm，宽约1 mm；唇瓣近长圆形，长2~3 mm，不裂，肥厚，凹陷呈舟状，基部呈深囊状，顶端背面具1个垫状胼胝体。

花果期 花期4~6月，果期4~6月。

生境 海拔900~1 700 m的林中树上或岩石上。

叉枝牛角兰 *Ceratostylis himalaica* 生境与植株（金效华）

叉枝牛角兰 *Ceratostylis himalaica* 花序（金效华）

108. 西藏牛角兰 *Ceratostylis radiata* J. J. Sm.

国家重点保护级别 无

IUCN 红色名录 无

形态特征 附生植物。无茎。叶线状披针形，长 15~25 mm，宽 1 mm。花梗连子房长 7.5 mm，密被多毛。花开展。萼片、花瓣和唇瓣纯白色，逐渐变窄至锐尖。萼片外表面有毛。中萼片长 7~12 mm，宽 3~3.5 mm，披针形；侧萼片长 14~15 mm，宽 3~3.5 mm，披针形，长于花瓣。花瓣长约 11 mm，宽 2.5 mm，线状披针形；唇瓣长 12.5~13 mm，宽 4.5~5 mm，3 裂；侧裂片三角形；中裂片向先端急剧变窄。蕊柱长 3.5 mm，宽 2 mm。

花果期 花期 9 月。

生境 海拔 450~2 000 m 的林中树上或岩石上。

西藏牛角兰 *Ceratostylis radiata* 生境与植株（金效华）

西藏牛角兰 *Ceratostylis radiata* 花序（金效华）

109. 泰国牛角兰 *Ceratostylis siamensis* Rolfe ex Downie

国家重点保护级别 无

IUCN 红色名录 易危（VU）

形态特征 附生植物。具粗短的根状茎，茎密集丛生，顶生 1 枚叶。叶片线形，长约 25 mm，宽 3～4 mm，先端不等侧 2 裂。花序顶生，具 1～2 朵花；花白色有紫红色斑，唇瓣浅黄色。萼片外侧被毛，中萼片长圆状披针形，长 3 mm，宽 1.5 mm；侧萼片宽卵形，长 2.2 mm，宽 3 mm。花瓣狭长圆形，长 2.5 mm，宽 1 mm；唇瓣长圆形，长 2.5~3 mm，凹陷呈舟状，基部深囊状，边缘全缘，先端具 1 个垫状胼胝体。

花果期 花期 10～11 月。

生境 海拔 1 500～1 900 m 的林中树上或岩石上。

泰国牛角兰 *Ceratostylis siamensis* 植株（金效华）

泰国牛角兰 *Ceratostylis siamensis* 花序（金效华）

110. 管叶牛角兰 *Ceratostylis subulata* Blume

国家重点保护级别 无

IUCN 红色名录 无危（LC）

形态特征 附生植物。具粗短的根状茎，茎密集丛生，圆柱形，长 6~18 cm，形似灯心草，基部被 5~6 枚鳞片状鞘，顶端具 1 节，节上生 1 枚叶和 1 个缩短的花序。叶直立，近圆柱状，长 2.3~5.2 cm，宽约 0.2 cm，常在花后脱落。花序生于茎顶端节上，在叶未脱落前形似侧生，头状，具数朵花；花黄绿色。萼片长圆形，长约 2.5 mm，宽约 1 mm；侧萼片略宽于中萼片，基部贴生于蕊柱足上，形成近棒状的萼囊。花瓣披针状菱形，长约 3 mm，宽约 0.7 mm；唇瓣略呈匙形，长 2~3 mm，宽约 1.5 mm，基部收狭成爪，上端增厚而呈肉质。

花果期 花期 6~11 月，果期 6~11 月。

生境 海拔 750~1 100 m 的林中树上或岩石上。

管叶牛角兰 *Ceratostylis subulata* 花序（金效华）

（十七）叉柱兰属 *Cheirostylis* Blume

111. 中华叉柱兰 *Cheirostylis chinensis* Rolfe

国家重点保护级别 无

IUCN 红色名录 无危（LC）

形态特征 地生植物。高 6~20 cm，根状茎匍匐，呈毛虫状。茎圆柱形，直立，无毛，具 2~4 枚叶。叶片卵形，长 10~30 mm，宽 7.5~17 mm，叶柄下部扩大成抱茎的鞘。花序顶生，长 8~20 cm，被毛；花白色。花苞片长圆状披针形，长 5~8 mm。萼片长 3~4 mm，近中部合生成筒状，分离部分三角状卵形，长 1.7~1.8 mm。花瓣偏斜，弯曲，狭倒披针形，长 3~4 mm，紧靠中萼片；唇瓣直立，长 7~8 mm，基部稍扩大，囊状，囊内两侧各具 1 枚梳状、具 5~6 齿的扁平胼胝体，中部收狭成爪，前部极扩大，扇形，2 裂，裂片边缘具 4~5 枚不整齐的齿。

花果期 花期 1~3 月。

生境 海拔 200~800 m 的山坡或溪旁林下的潮湿石上、覆土中或地上。

中华叉柱兰 *Cheirostylis chinensis* 生境与植株（金效华）

中华叉柱兰 *Cheirostylis chinensis* 花序（金效华）

112. 大花叉柱兰 *Cheirostylis griffithii* Lindl.

国家重点保护级别 无

IUCN 红色名录 易危（VU）

形态特征 地生植物。植株高 15~20 cm，根状茎匍匐，具节，呈莲藕状，茎直立，圆柱状，具 3~4 枚叶。叶在花期凋萎，叶片卵形，长 1.8~2.5 cm，宽 1.2~2.0 cm，基部具长 0.8~1.0 cm 的柄并扩大成抱茎的鞘。花茎长 8~15 cm，具 1~3 朵花；花白色。花苞片披针形，长 7~9 mm。萼片长 13~15 mm，近中部合生成筒状，外面疏被短柔毛，上部离生，离生部分急尖。花瓣偏斜，狭长圆形，镰状，长 13~15 mm，宽 2.0~2.5 mm，基部收狭；唇瓣长 15~17 mm，基部稍凹陷，囊状，长约 2 mm，囊内两侧各具 1 条由许多短圆柱状乳突组成并排列成行的胼胝体，中部具伸长的爪，爪长 5~7 mm，前部扩大，长 5~6 mm，宽 6~7 mm，基部具 2 个绿色的斑点，裂片顶部 2 裂，裂片之间无短尖齿，裂片边缘具 8~10 条流苏状、长 1~2 mm 的裂条。蕊柱长 2.5~3.0 mm，顶部前侧具 2 枚向前伸的臂状附属物；附属物线形，长 3 mm。

花果期 花期 9 月。

生境 海拔约 2 260 m 的山坡林下阴湿处。

大花叉柱兰 *Cheirostylis griffithii* 生境与植株（金效华）

大花叉柱兰 *Cheirostylis griffithii* 花序（金效华）

113. 扁茎叉柱兰 *Cheirostylis moniliformis* (Griff.) Seidenf.

国家重点保护级别 无

IUCN 红色名录 无

形态特征 附生草本植物。根状茎匍匐生长，绿色；叶片互生于根状茎上，2~5 枚，心形，几无脉纹。总状花序具 1~3 朵。花瓣白色；唇瓣三裂，白色；下唇囊状，中部具脊，脊两侧各生有叉状胼胝体，每侧胼胝具 2~3 个乳突；上唇延展扩生，基部具 2 个绿色斑点。

花果期 花期 2~3 月。

生境 海拔约 640 m 的林下岩石上。

扁茎叉柱兰 *Cheirostylis moniliformis* 生境与植株（金效华）

扁茎叉柱兰 *Cheirostylis moniliformis* 花序（金效华）

114. 细小叉柱兰 *Cheirostylis pusilla* Lindl.

国家重点保护级别 无

IUCN 红色名录 近危（NT）

形态特征 半附生植物。植株高 2~5 cm，根状茎匍匐，藕状，长 2.5~5.0 cm，具 3~7 节，节明显粗于节间。茎直立，长 1.2~3.0 cm。叶片互生于茎上，2~3 枚，近心形，长 4~10 mm，宽 2~6 mm，几无脉纹，基部具长 2~4 mm 的柄。花序长 1~3 cm，被毛，具花 1~2 朵；花白色。花苞片披针形，长 5 mm。萼片合生成筒状，长 3 mm，离生部分钝三角形，长 1.7 mm。花瓣长 3 mm，宽约 1 mm；唇瓣长 3.8 mm，3 裂，下唇囊状，长 1.5 mm，中部具脊，脊两侧各生有叉状胼胝体，胼胝体具 2 个乳突，上唇延展，基部具 2 枚淡绿色斑点，先端 2 裂，2 枚裂片间呈钝角；裂片长 1.2 mm，宽 1.7 mm，边缘全缘。蕊柱长 2 mm。

花果期 花期 10 月。

生境 海拔约 1 300 m 的林下。

细小叉柱兰 *Cheirostylis pusilla* 植株（金效华）

（十八）异型兰属 *Chiloschista* Lindl.

115. 墨脱异型兰 *Chiloschista densiflora* Gyeltshen, C. Gyeltshen & Dalström

国家重点保护级别　无

IUCN 红色名录　近危（NT）

形态特征　附生植物。植株通常无叶，具多数长而弯曲的根。总状花序 1~2 个，通常下垂，疏生 4~10 朵花；花序轴和花序梗被密毛。萼片和花瓣黄色。花梗和子房密被短毛，长 6.5~7.5 mm。中萼片宽椭圆形，长 5~6 mm，宽 2.5~3.5 mm，先端圆形；侧萼片稍斜，宽椭圆形，长 5~5.5 mm，宽 2~2.5 mm。花瓣近长圆形；唇瓣黄色，基部囊状，3 裂；侧裂片直立，长 4.5~5.5 mm，宽 2.0~2.5 mm；中裂片短，长 2.5~3.0 mm，宽 2.0~2.5 mm，从基部到先端具胼胝体；胼胝体被毛。蕊柱黄色，长 1.5~2.0 mm；蕊柱足长约 4 mm。

花果期　花期 4~5 月。

生境　海拔 700 m 的林中树上。

墨脱异型兰 *Chiloschista densiflora* 生境与植株（金效华）

墨脱异型兰 *Chiloschista densiflora* 花序（金效华）

116. 异型兰 *Chiloschista yunnanensis* Schltr.

国家重点保护级别 无

IUCN 红色名录 无危（LC）

形态特征 附生植物。茎不明显，通常无叶，根多数，狭长。花序 1~2 个，下垂，不分枝，长达 26 cm，密布茸毛，疏生多数花；花黄色。花苞片卵状披针形，长 3~4 mm。中萼片卵状椭圆形，长 5~6 mm，宽 4~5 mm；侧萼片卵圆形，与中萼片等大。花瓣近长圆形，与萼片等长但稍狭；唇瓣 3 裂；侧裂片直立，狭长圆形，长 4 mm，中部扭曲，边缘具淡褐色斑点，内面具红色条纹；中裂片短，先端凹入，上面在两侧裂片之间凹陷呈浅囊状，且被海绵状附属物；附属物淡褐色，“V”形。蕊柱短。

花果期 花期3~5月，果期7月。

生境 海拔 700~2 000 m 的林中树上。

异型兰 *Chiloschista yunnanensis* 生境与植株（金效华）

异型兰 *Chiloschista yunnanensis* 花序（金效华）

（十九）金唇兰属 *Chrysoglossum* Blume

117. 锚钩金唇兰 *Chrysoglossum assamicum* Hook. f.

国家重点保护级别 无

IUCN 红色名录 易危（VU）

形态特征 地生植物。假鳞茎在根状茎上彼此相距 1～2 cm，圆柱形，长 4～6 cm，直径 0.7～1.2 cm，顶生 1 枚叶。叶片椭圆形，长 20～36 cm，宽 5～12 cm，基部具长 9～10 cm 的柄。花序长达 1 m，具多数疏离的花；花白色。花苞片披针形，长 12～15 mm。中萼片狭长圆形，长 14～18 mm，宽 3 mm；侧萼片镰状长圆形，与中萼片近等长但稍宽，基部贴生在蕊柱足上形成距状、长 4 mm 的萼囊。花瓣与侧萼片相似但较狭；唇瓣倒卵状楔形，长 10 mm，3 裂；侧裂片近卵形；中裂片倒卵形，凹陷，宽 5～7 mm，唇盘上具 3 条褶片，中央 1 条较短。蕊柱长 10 mm。

花果期 花期 4 月。

生境 海拔 1 600 m 以下的山谷林下阴湿处。

锚钩金唇兰 *Chrysoglossum assamicum* 生境与植株（金效华）

锚钩金唇兰 *Chrysoglossum assamicum* 花序（金效华）

118. 金唇兰 *Chrysoglossum ornatum* Blume

国家重点保护级别 无

IUCN 红色名录 无危（LC）

形态特征 地生植物。具假鳞茎，在根状茎上彼此相距 1~2 cm。假鳞茎近圆柱形，长 5~7 cm，宽 0.8~2.0 cm，具 1 个节，顶生 1 枚叶。叶片长椭圆形，长 20~34 cm，宽 4.5~7.5 cm，基部楔形并下延为长约 10 cm 的柄。花葶高出叶许多，疏生多花；花绿色带红棕色斑点。花苞片披针形，1.0~1.3 cm。中萼片长圆形，长 12~14 mm，宽约 3 mm；侧萼片镰状长圆形，长 10~16 mm，宽约 3.5 mm，萼囊圆锥形。花瓣和侧萼片相似，但较宽；唇瓣白色带紫色斑点，长 8~10 mm，3 裂；侧裂片直立，卵状三角形；中裂片近圆形，凹陷，唇盘上有 3 条褶片，中央 1 条较短。

花果期 花期 4~6 月。

生境 海拔 700~1 700 m 的山坡林下阴湿处。

金唇兰 *Chrysoglossum ornatum* 生境与植株（金效华）

金唇兰 *Chrysoglossum ornatum* 花序（金效华）

（二十）隔距兰属 *Cleisostoma* Blume

119. 二齿叶隔距兰 *Cleisostoma aspersum* (Rchb. f.) Garay

国家重点保护级别 无

IUCN 红色名录 数据缺乏（DD）

形态特征 附生植物。茎直立，长 1~5 cm。叶 7~9 枚，线状长圆形，偏斜，顶端 2 裂，长 6~15 cm，宽 0.8~1.5 cm。花序 2~3 个从茎基部叶鞘中发出，长 10~20 cm，具短的分枝，具花多数；萼片和花瓣棕黄色。花苞片卵状披针形，长 1.0~1.5 mm。中萼片卵形，长 3.5~4.0 mm，宽 2.0~2.5 mm；侧萼片宽椭圆形，长 3.5~4.0 mm，宽 2.0~2.5 mm，内弯。花瓣偏斜的长圆状倒卵形，长 3.8~3.9 mm，宽 1.6~1.8 mm；唇瓣附着在蕊柱上，长 3 mm，3 裂，基部具距；侧裂片截形，边缘啮蚀状；中裂片宽卵形，凹的，基部具 2 枚垫状胼胝体封住距的入口；距漏斗形，白色，长约 4 mm。蕊柱短，长约 1.5 mm。

花果期 花期 7~8 月。

生境 海拔约 1 000 m 的热带雨林中树上。

二齿叶隔距兰 *Cleisostoma aspersum* 生境与植株（李琳）

二齿叶隔距兰 *Cleisostoma aspersum* 花序（李琳）

120. 隔距兰 *Cleisostoma linearilobatum* (Seidenf. & Smitinand) Garay

国家重点保护级别 无

IUCN 红色名录 易危（VU）

形态特征 附生植物。茎直立，长 2~4 cm，叶狭长圆形，长 5~18 cm，宽 1~2 cm，先端不等侧 2 裂，基部具关节和抱茎的鞘。花序下垂，比叶长，具分枝，疏生多数花；花淡紫红色。花苞片卵状三角形，长 1 mm。中萼片长圆形，舟状，长 3 mm，宽 1.5 mm；侧萼片斜卵圆形，与中萼片等大。花瓣多少镰状长圆形，长 2.5 mm，宽 1.5 mm；唇瓣 3 裂；侧裂片直立，三角形；中裂片箭头状三角形，基部两侧向后伸长为三角形的突片，在两侧裂片之间隆起 1 条脊突；距角状，长 5 mm，在背壁上方具 3 裂的胼胝体；侧裂片小，短耳状并紧贴中裂片；中裂片长圆形，上面中央纵向凹下，基部稍 2 裂。蕊柱长 2 mm。

花果期 花期 5~9 月。

生境 海拔 900~1 600 m 的林中树上。

隔距兰 *Cleisostoma linearilobatum* 植株（金效华）

隔距兰 *Cleisostoma linearilobatum* 花序（金效华）

121. 西藏隔距兰 *Cleisostoma medogense* Z. H. Tsi

国家重点保护级别 无

IUCN 红色名录 近危（NT）

形态特征 附生植物。茎直立，长约 2 cm。叶扁平，狭长圆形，长约 15 cm，宽 13 ~ 15 mm，先端 2 裂。花序侧生于茎的基部，1 ~ 2 个，比叶短或约等长，分枝或不分枝；花序柄具 2 ~ 3 枚筒状短鞘；花序轴约为花序长的 1/3 ~ 1/2，总状花序或圆锥花序具多数花；花梗和子房长 4 mm；花黄色。中萼片卵状椭圆形，凹的，长 3.2 mm，宽 2.5 mm，先端钝，具 3 条脉；侧萼片形状相似于中萼片，近等大。花瓣稍呈镰刀状长圆形，比萼片狭，先端钝，具 3 条脉；唇瓣 3 裂；侧裂片直立，近方形，与中裂片近等长，但较大，上端边缘近截头状并且具不整齐的缺刻，下端边缘具 1 个狭长圆形的内折褶片；中裂片近三角形，先端稍钝，上面无褶片和其他附属物；距伸直，长圆锥形，长约 3 mm，末端圆形，内面背壁上方具 1 个长大于宽、中央隆起、近三角形、无毛的胼胝体，无明显的距内隔膜；药帽前端收狭为长喙状；蕊喙粗壮，发达、不裂；黏盘柄多少棒状，两侧边缘内折；黏盘小，近圆形。

花果期 花期 5 月。

生境 海拔约 850 m 的林中树干上。

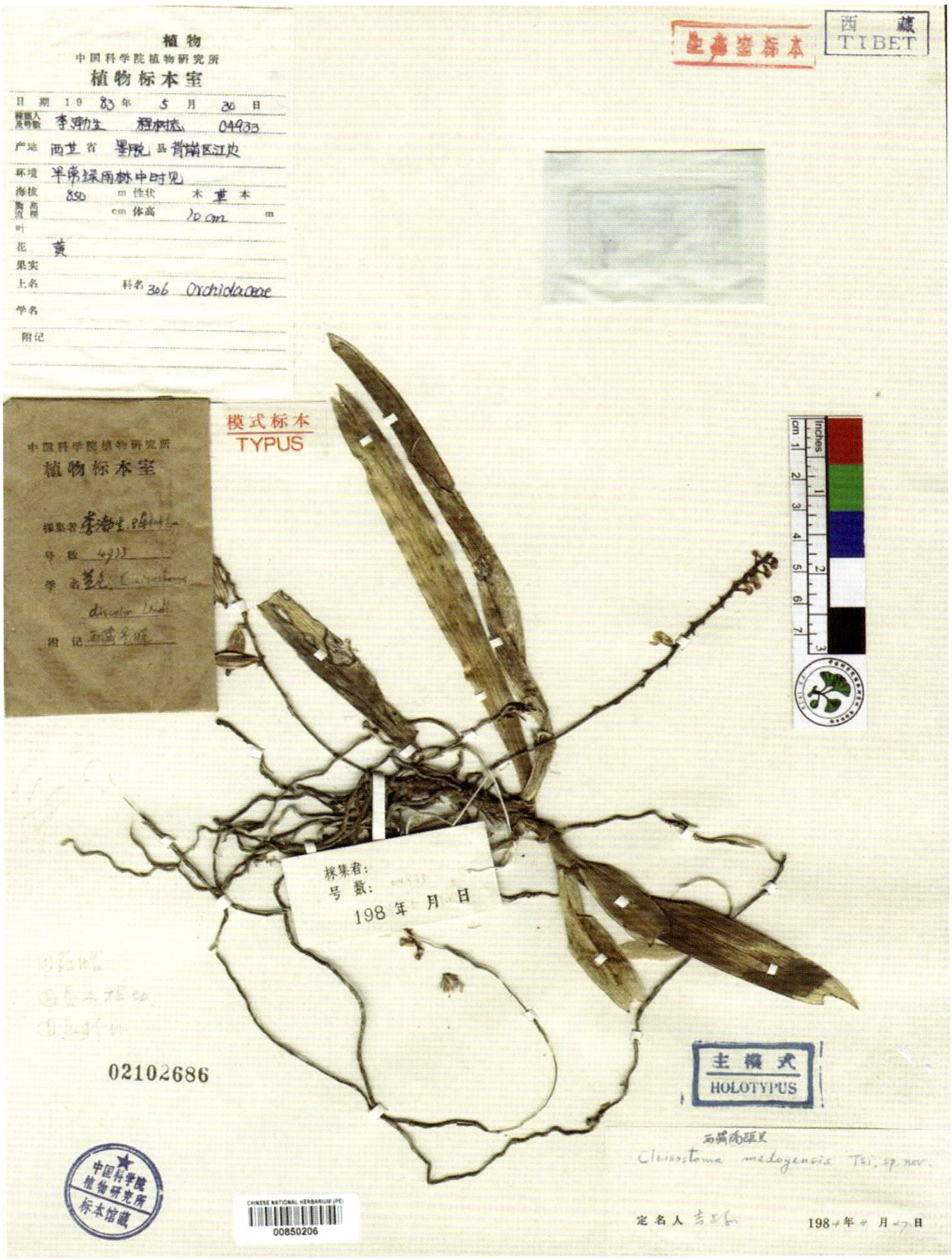

西藏隔距兰 *Cleisostoma medogense* 标本（*www.cvh.ac.cn*）

122. 大序隔距兰 *Cleisostoma paniculatum* (Ker Gawl.) Garay

国家重点保护级别 无

IUCN 红色名录 无危（LC）

形态特征 附生植物。茎直立，长达 20 cm，直径 0.5～0.8 cm，被叶鞘包住，有时具分枝。叶 2 列互生，多枚，狭长圆形，长 10～25 cm，宽 0.8～2.0 cm，先端不等侧 2 裂，基部具关节。花序从叶腋发出，比叶长，多分枝，具多数花；萼片和花瓣背面黄绿色，内面紫褐色，边缘和中肋黄色。花苞片卵形，长 2 mm。中萼片长圆形，凹，长 4.5 mm，宽 2 mm；侧萼片斜长圆形，与中萼片近等大。花瓣比萼片稍小；唇瓣黄色，3 裂；侧裂片直立，三角形；中裂片与距成钝角，先端翅状，基部两侧向后伸长为钻状，上面中央具纵走的脊突；距黄色，长 4.5 mm，内面背壁上方具长方形胼胝体，胼胝体基部稍 2 裂且密布乳突状毛。蕊柱短。

花果期 花期 5～9 月。

生 境 海拔 240～1 300 m 的林中树上或林下岩石上。

大序隔距兰 *Cleisostoma paniculatum* 生境与植株（金效华）

大序隔距兰 *Cleisostoma paniculatum* 花序（金效华）

123. 毛柱隔距兰 *Cleisostoma simondii* (Gagnep.) Seidenf.

国家重点保护级别 无

IUCN 红色名录 无危（LC）

形态特征 附生植物。植株通常上举，茎圆柱形，长达 50cm，直径 0.4cm，分枝，具多数叶，节间长 1.0~2.5cm。叶 2 列互生，细圆柱形，长 7~11 cm，直径 0.3 cm，基部具关节和抱茎的鞘。花序侧出，比叶长，不分枝，具多数花；花黄绿色带紫红色脉纹。花苞片卵形，长 2 mm。中萼片长圆形，长 6~7 mm，宽 3~4 mm；侧萼片斜长圆形，与中萼片近等大。花瓣相似于萼片但稍小；唇瓣 3 裂；侧裂片直立，三角形，先端朝上弯曲；中裂片紫色，卵状三角形，基部中央具三角形隆起的突片。距近球形，直径 4 mm，末端凹入，内面背壁上方的胼胝体近“T”字形，3 裂；侧裂片三角形；中裂片近楔形，基部浅 2 裂，并被毛。蕊柱长 3 mm。

花果期 花期 9 月。

生境 海拔约 1 100 m 的林中树上或林下岩石上。

毛柱隔距兰 *Cleisostoma simondii* 花序（金效华）

124. 大叶隔距兰 *Cleisostoma racemiferum* (Lindl.) Garay

国家重点保护级别 无

IUCN 红色名录 无危（LC）

形态特征 附生植物。茎直立，长 5 ~20 cm，直径 2.0 ~2.5 cm，具分枝、长而粗的根。叶带状，长 29 cm，宽 3 ~ 4 cm，先端不等侧 2 裂，基部具关节和抱茎的鞘。花序从叶腋发出，比叶长，多分枝，具多数朵花；花萼片和花瓣黄色带褐色斑点。花苞片卵状披针形，长 1 ~2 mm。中萼片长圆形，舟状，长 3.5 mm，宽 2.5 mm；侧萼片斜长圆形，与中萼片近等大。花瓣长圆形，长 3 mm，宽 2 mm；唇瓣白色，3 裂；侧裂片直立，三角形，中部向先端急狭为钻状；中裂片三角形，上面在两侧裂片之间具 1 条脊突，距内背壁上方的胼胝体近卵状三角形，基部稍 2 裂，下部具乳突状毛。蕊柱长 2.5 mm，具翅。

花果期 花期 6 月。

生境 海拔 1 300 ~1 800 m 的林中树上或林下岩石上。

大叶隔距兰 *Cleisostoma racemiferum* 植株（金效华）

大叶隔距兰 *Cleisostoma racemiferum* 花序（金效华）

（二十一）贝母兰属 *Coelogyne* Lindl.

125. 云南贝母兰 *Coelogyne assamica* Linden & Rchb. f.

国家重点保护级别 无

IUCN 红色名录 易危（VU））

形态特征 附生植物。假鳞茎密生于茎上，纺锤形，长 6~7 cm，直径 1.5~2.0 cm，顶生 2 枚叶。叶片椭圆状披针形，长 16~25 cm，宽 3.5~6.0 cm，基部具长约 3 cm 的柄，叶脉 3~5 条，在背面稍突出。花序先于叶发出，基部具旋转状的苞片；花序轴长 10~12 cm；花轴弯曲，长 19~25 cm，具多数花；花淡黄色。花苞片早落。中萼片长圆形，长 32 mm，宽 9 mm；侧萼片线形，镰状，长 28 mm，宽 6 mm。花瓣狭线形，长 30 mm，宽 2.5 mm；唇瓣倒卵形，两侧具深凹，长 26 mm，宽 12 mm，3 裂；侧裂片三角形，上面具复杂的褐色条纹；中裂片近圆形，长 12 mm，宽 13 mm。

花果期 花期 10~11 月。

生境 海拔 700~1 500 m 的河边疏林中树上。

云南贝母兰 *Coelogyne assamica* 生境与植株（金效华）

云南贝母兰 *Coelogyne assamica* 花序（金效华）

126. 髯毛贝母兰 *Coelogyne barbata* Griff.

国家重点保护级别 无

IUCN 红色名录 近危（NT）

形态特征 附生植物。根状茎粗壮，直径1.0~1.3cm。假鳞茎疏离，狭卵状长圆形，长7~12cm，宽1.0~2.5cm，顶生2枚叶。叶片倒披针状长圆形，长22~28cm，宽4~6cm，基部具长6~14cm的柄。花葶从长成的假鳞茎顶两叶中央发出，长20~26cm，下方具多枚2列套叠的颖片；花序具9~12朵花；花白色，唇瓣有棕色斑点。花苞片菱状宽卵形，长2.5~3.0cm，宽2cm。萼片狭卵状长圆形，长33~36mm，宽8~10mm，侧萼片常比中萼片狭。花瓣线状披针形，与萼片等长，宽2.5mm；唇瓣近卵圆形，长25~30mm，宽24~28mm，3裂；侧裂片近半圆形，先端常伸至中裂片中部，直立；中裂片卵形，长10mm，宽7~8mm，边缘具长流苏，唇盘上有3条撕裂成流苏状的纵褶片，其中边上2条延伸至中裂片上部近顶端处，中央1条仅至中裂片中部，流苏状毛长2mm。蕊柱长19~22mm，两侧边缘具翅，顶端具不规则的细齿。

花果期 花期9~10月。

生境 海拔1 200~2 800 m的林中树上或岩壁上。

髯毛贝母兰 *Coelogyne barbata* 生境与植株（金效华）

髯毛贝母兰 *Coelogyne barbata* 花序（金效华）

127. 滇西贝母兰 *Coelogyne calcicola* Kerr

国家重点保护级别 无

IUCN 红色名录 濒危（EN）

形态特征 附生植物。假鳞茎相距 1.5～3.0 cm，狭卵形，长 3～8 cm，直径 1～2 cm，顶生 2 枚叶。叶片长圆形，长 9～20 cm，宽 2.8～4.6 cm，基部具长 1.5～4.0 cm 的柄。花葶从已接近长成的假鳞茎的顶端 2 枚叶中央发出，长 20～25 cm，下部具数枚 2 列套叠的颖片；花序具 4～6 朵花；花白色，唇瓣上有黄斑。花苞片早落。萼片长圆形，长 26～30 mm，宽 8～10 mm。花瓣线形，与萼片近等长，宽 2 mm；唇瓣近卵形，长 25～29 mm，宽 20～24 mm，3 裂；侧裂片近半圆形，直立，边缘多少具齿裂；中裂片近宽卵形，长 10～13 mm，宽 9～11 mm，边缘有不规则流苏，唇盘上有 3 条褶片，边缘 2 条流苏状，延伸至中裂片时变为不裂，中央 1 条长仅 3～4 mm，不裂，位于唇盘基部。蕊柱长 17 mm，两侧边缘具翅。

花果期 花期 3～4 月。

生境 海拔 900～1 450 m 的林中树上。

滇西贝母兰 *Coelogyne calcicola* 花序（金效华）

滇西贝母兰 *Coelogyne calcicola* 花序（金效华）

128. 眼斑贝母兰 *Coelogyne corymbosa* Lindl.

国家重点保护级别 无

IUCN 红色名录 近危（NT）

形态特征 附生植物。假鳞茎较密集，长圆状卵形，长 2.0~4.5 cm，直径 0.6~1.3 cm，顶生 2 枚叶。叶片长圆状倒披针形，长 4.5~15.0 cm，宽 1~3 cm，基部具长 1~2 cm 的柄。花葶同幼嫩假鳞茎和叶从老假鳞茎基部的根状茎上发出，长 7~15 cm，中部以下被鞘包住；花序具 2~3 朵花；花白色，唇瓣上有 4 个黄色眼斑。花苞片早落。萼片长圆状披针形，长 18~22 mm，宽 7~8 mm，侧萼片比中萼片略狭。花瓣与萼片等长，宽 2.5~4.0 mm；唇瓣近卵形，长 16~28 mm，宽 12~25 mm，3 裂；侧裂片半圆形，直立；中裂片卵形，长 6~9 mm，唇盘上有 2~3 条脊，从基部延伸至中裂片下部。蕊柱长 1~2 cm，两侧边缘具翅。

花果期 花期 5~7 月，果期次年 7~11 月。

生境 海拔 1 300~3 100 m 的林中树上或湿润的岩壁上。

眼斑贝母兰 *Coelogyne corymbosa* 生境与植株（金效华）

眼斑贝母兰 *Coelogyne corymbosa* 花序（金效华）

129. 贝母兰 *Coelogyne cristata* Lindl.

国家重点保护级别 无

IUCN 红色名录 无危（LC）

形态特征 附生植物。根状茎多分枝。假鳞茎相距 1.5~3.0 cm，长圆形，长 2.5~6.0 cm，直径 1.0~1.7 cm，顶生 2 枚叶。叶片线状披针形，长 10~17 cm，宽 0.7~1.9 cm，基部的柄不明显。花葶连同幼嫩假鳞茎和叶从老假鳞茎基部的根状茎上发出，长 8~12 cm，下半部为鞘所包；花序具花 2~4 朵；花白色。花苞片卵状披针形，长 25~35 mm，在花期不落。萼片披针形，长 30~40 mm，宽 10~15 mm，背面多少具龙骨状突起。花瓣与萼片相似，宽 9~11 mm；唇瓣卵形，与花瓣近等长，3 裂；侧裂片半卵形，直立；中裂片宽倒卵形，长 12~15 mm，先端微凹，边缘全缘，上面有 2 条短而宽的纵褶片，唇盘上有 5 条褶片完全撕裂成流苏状毛。蕊柱长 2~3 cm，两侧边缘具翅。

花果期 花期 5 月，果期次年 4~8 月。

生境 海拔 1 700~1 800 m 的林中树上或岩石上。

贝母兰 *Coelogyne cristata* 花序（Tirtha）

130. 流苏贝母兰 *Coelogyne fimbriata* Lindl.

国家重点保护级别 无

IUCN 红色名录 无危（LC）

形态特征 附生植物。根状茎匍匐。假鳞茎在根状茎上相距 2.0~4.5 cm，狭卵形，长 2~3 cm，直径 0.5~1.5 cm，顶生 2 枚叶。叶片长圆形，长 4~10 cm，宽 1~2 cm，基部具长 1.0~1.5 cm 的柄。花葶从已长成的假鳞茎顶端发出，长 5~10 cm，基部套叠有数枚圆筒形的鞘；花序具 1~2 朵花，不同时开放；花淡黄色，唇瓣上有红色斑纹。花苞片早落。萼片长圆状披针形，长 16~20 mm，宽 4~7 mm。花瓣丝状，与萼片近等长，宽 0.7~1.0 mm；唇瓣卵形，长 13~18 mm，3 裂；侧裂片近卵形，直立，顶端多少具流苏；中裂片近椭圆形，长 5~7 mm，宽 5~6 mm，边缘具流苏，唇盘上具 2 条短褶片，基部还有 1 条短褶片，褶片上均有不规则波状圆齿。蕊柱长 10~13 mm，两侧具翅。

花果期 花期 8~10 月。

生境 海拔 500~1 200 m 的林中树上或岩石上。

流苏贝母兰 *Coelogyne fimbriata* 生境与植株（金效华）

流苏贝母兰 *Coelogyne fimbriata* 花序（金效华）

131. 栗鳞贝母兰 *Coelogyne flaccida* Lindl.

国家重点保护级别　无

IUCN 红色名录　近危（NT）

形态特征　附生植物。假鳞茎在根状茎上相距 2~3 cm，长圆形，长 6~12 cm，直径 1.5~3.2 cm，顶生 2 枚叶。叶片长圆状披针形，长 13~19 cm，宽 3.0~4.5 cm，基部具长 4.5~8.0 cm 的柄。花葶同幼嫩的假鳞茎和叶从老假鳞茎基部的根状茎上发出，长 16~32 cm，下半部被鞘所包；花序长 11~21 cm，疏生 8~10 朵花；花浅黄色，唇瓣上有黄色和浅褐色斑。花苞片倒卵状椭圆形，长 25 mm，早落。中萼片长圆形，长 21~24 mm，宽 6~7 mm；侧萼片稍狭，背面多少有龙骨状脊。花瓣线状披针形，略短于萼片，宽 2~3 mm；唇瓣近卵形，长 16~20 mm，宽 15 mm，3 裂；侧裂片直立，半卵形；中裂片近长圆形，长 6~7 mm，宽 4 mm，边缘多少皱波状，唇盘上有 3 条纵褶片，从唇瓣基部延伸至中裂片下部，褶片具皱波状缺刻。蕊柱长 13 mm，两侧具翅。

花果期　花期 3 月。

生境　海拔约 1 600 m 的林中树上或岩石上。

栗鳞贝母兰 *Coelogyne flaccida* 生境与植株（金效华）

栗鳞贝母兰 *Coelogyne flaccida* 花序（金效华）

132. 褐唇贝母兰 *Coelogyne fuscescens* Lindl.

国家重点保护级别 无

IUCN 红色名录 近危（NT）

形态特征 附生植物。假鳞茎稍密集，相距 6～7 mm，近长圆形，长 2～3 cm，直径 0.5～0.7 cm，顶生 2 枚叶。叶片长圆状倒披针形，长 11～13 cm，宽 1.3～2.0 cm，基部收狭为长 1～2 cm 的柄。花葶连同幼嫩的假鳞茎和叶从老假鳞茎基部的根状茎上发出，长 12～14 cm；花序长 4～6 cm，具 2 朵花；花黄褐色。花苞片长圆状披针形，长 2.0～2.5 cm。萼片近长圆形，长 25～28 mm，宽 7～9 mm。花瓣线形，长 22～24 mm，宽 2.5～3.0 mm；唇瓣卵形，长 25～28 mm，3 裂，基部凹陷；侧裂片半卵形；中裂片卵形，长 10～13 mm，宽 6～7 mm，唇盘上有 3 条纵脊，延伸至中裂片基部，中央 1 条多少呈褶片状。蕊柱长 2 cm，两侧具狭翅。

花果期 花期 6 月。

生境 海拔约 1 300 m 的林中树上或岩石上。

褐唇贝母兰 *Coelogyne fuscescens* 生境与植株（金效华）

褐唇贝母兰 *Coelogyne fuscescens* 花序（金效华）

133. 格力贝母兰 *Coelogyne griffithii* Hook. f.

国家重点保护级别 无

IUCN 红色名录 数据缺乏（DD）

形态特征 附生植物。假鳞茎压扁状，线状长圆形，长 4～10 cm，直径 1.4～3.0 cm，具槽，顶生 2 枚叶。叶片椭圆状披针形，长 10～26 cm，宽 5～8 cm，基部具长约 5 cm 的柄。花序长 5～15 cm，先于叶发出；花序轴“之”字形弯曲，具 6～18 朵花；花淡黄色。萼片宽长圆形，长 10～13 mm，宽 6 mm。花瓣长 10～13 mm，宽 1 mm；唇瓣 3 裂；侧裂片圆形，边缘具皱褶；中裂片基部截形，全缘，内弯；唇盘上具 5 条褶片，最外 1 条较宽。蕊柱长 5 mm。

花果期 花期 4 月，果期 6～8 月。

生境 海拔 1 200～1 600 m 的林中树上。

格力贝母兰 *Coelogyne griffithii* 生境与植株（金效华）

格力贝母兰 *Coelogyne griffithii* 花序（金效华）

134. 长柄贝母兰 *Coelogyne longipes* Lindl.

国家重点保护级别 无

IUCN 红色名录 无危（LC）

形态特征 附生植物。假鳞茎在根状茎上相距 3～4 cm，近圆柱形，长 3～8 cm，直径 0.8～1.2 cm，顶生 2 枚叶。叶片长圆状倒披针形，长 15～23 cm，宽 1.8～3.0 cm，基部具长 2.5～6.0 cm 的柄。花葶从已经长成的假鳞茎顶端 2 枚叶中央发出，比叶长，在下方、花序轴顶端及有时花序轴中部具 2 列套叠的颖片；花序具 5～7 朵花；花白色。花苞片长 18 mm，在花开放后脱落。萼片卵状长圆形，长 10 mm，宽 5～6 mm。花瓣狭线形，长 10 mm，宽 0.3 mm；唇瓣近宽卵形，长 10 mm，宽 8～9 mm，3 裂；侧裂片近卵形，全缘；中裂片宽长圆形，长 6 mm，宽 5 mm，先端微凹，边缘多少波状，中部有 2 条狭的纵褶片，向唇盘延伸并逐渐变窄。蕊柱长 5～6 mm，两侧除基部一段外有宽翅。

花果期 花期 6 月，果期次年 3 月。

生境 海拔 1 600～2 000 m 的林中树上。

长柄贝母兰 *Coelogyne longipes* 生境与植株（金效华）

长柄贝母兰 *Coelogyne longipes* 花序（金效华）

135. 密茎贝母兰 *Coelogyne nitida* (Wall. ex D. Don) Lindl.

国家重点保护级别 无

IUCN 红色名录 无危（LC）

形态特征 附生植物。假鳞茎密集，长圆状椭圆形，长 1.5 ~3.0 cm，直径 1.0 ~1.5 cm，顶生 2 枚叶。叶片狭椭圆形，长 7 cm，宽 1.5 cm，基部渐狭成长 2 cm 的柄。花葶同幼嫩假鳞茎和叶从老假鳞茎基部的根状茎上发出，长 6 cm，下部为鞘所包裹；花序具 2 ~3 朵花；花白色，唇瓣有彩色眼斑。花苞片早落。萼片长圆形，长 17 ~19 mm，宽 4 ~5 mm。花瓣近宽线形，长 15 mm，宽 2 ~3 mm；唇瓣卵形，长 15 mm，宽 10 mm，3 裂；侧裂片半倒卵形，直立；中裂片近椭圆形，长 5 mm，宽 4 mm，上面有 3 条纵脊，两边 2 条较粗，中央 1 条不明显，唇盘上的 3 条纵脊不明显。蕊柱长 12 mm，两侧边缘具翅。

花果期 花期 3 月。

生境 海拔 1 800 ~2 400 m 的林中树上。

密茎贝母兰 *Coelogyne nitida* 生境与植株（金效华）

密茎贝母兰 *Coelogyne nitida* 花序（金效华）

136. 卵叶贝母兰 *Coelogyne occultata* Hook. f.

国家重点保护级别 无

IUCN 红色名录 无危（LC）

形态特征 附生植物。假鳞茎在根状茎上相距 2~5 cm，多少斜卧，近长圆状倒卵形，长 1.5~5.0 cm，宽 0.8~1.5 cm，顶生 2 枚叶。叶片卵形，长 3~6 cm，宽 1.0~2.5 cm，基部具长 4~9 mm 的柄。花葶同幼嫩假鳞茎和叶从老假鳞茎基部的根状茎上发出，长 3~6 cm，在花期大部分包藏于鞘之内；花序具 2~3 朵花；花白色，唇瓣上具紫色脉纹和棕黄色眼斑。花苞片线状披针形，长 2~3 cm，早落。萼片披针形，长 30~33 mm，宽 6~10 mm，侧萼片比中萼片略短而狭。花瓣近线状倒披针形，长 30~33 mm，宽 3~4 mm；唇瓣卵形，长 20~25 mm，宽 14~16 mm，3 裂；侧裂片近半圆形，直立；中裂片卵形，长 10 mm，宽 6~7 mm，边缘全缘，唇盘上有 2 条脊，从基部延伸至中裂片下部，脊上有不规则细圆齿。蕊柱长 15~18 mm，两侧边缘具翅。

花果期 花期 6~7 月，果期 11 月。

生境 海拔 1 900~2 400 m 的林中树上。

卵叶贝母兰 *Coelogyne occultata* 生境与植株（金效华）

卵叶贝母兰 *Coelogyne occultata* 花序（金效华）

137. 长鳞贝母兰 *Coelogyne ovalis* Lindl.

国家重点保护级别 无

IUCN 红色名录 无危（LC）

形态特征 附生植物。根状茎匍匐，节间长 1.0~2.4 cm。假鳞茎在根状茎上彼此相距 8~13 cm，近圆柱形，长 3~6 cm，直径 0.6~0.8 cm，顶生 2 枚叶。叶片披针形，长 6~12 cm，宽 2.0~3.7 cm，基部具长约 1 cm 的柄。花葶从已经长成的假鳞茎顶端发出，长 5~8 cm，具 1~2 朵花，但同一时间仅 1 朵开放；花黄绿色，唇瓣具紫红色斑纹。花苞片早落。萼片长圆状披针形，长 20 mm，宽 5~6 mm。花瓣丝状，长 20 mm，宽 1 mm；唇瓣近长圆状卵形，3 裂，长 20 mm，下部宽 15 mm；侧裂片半卵形，直立，顶端常具流苏；中裂片椭圆形，长 10 mm，宽 9 mm，边缘具流苏，唇盘上具 2 条褶片，从基部延伸至中裂片中部以上，褶片紫褐色，在中裂片上还有 2 条短的位于外侧。蕊柱长 13 mm，两侧具翅，翅向上渐宽。

花果期 花期 8~11 月，果期次年 9 月。

生境 海拔 1 200~3 200 m 的林中树上或石灰岩山岩石上。

长鳞贝母兰 *Coelogyne ovalis* 生境与植株（金效华）

长鳞贝母兰 *Coelogyne ovalis* 花序（金效华）

138. 黄绿贝母兰 *Coelogyne prolifera* Lindl.

国家重点保护级别 无

IUCN 红色名录 无危（LC）

形态特征 附生植物。假鳞茎相距 2~4 cm，狭卵状长圆形，长 2.2~3.7 cm，直径 1.0~1.2 cm，顶生 2 枚叶。叶片长圆状披针形，长 8~13 cm，宽 1.6~2.1 cm，基部具长 2.0~2.5 cm 的柄。花葶从已经长成的假鳞茎顶端 2 枚叶中央发出，与叶近等长，但在果期延长，在花序上方、花序轴顶端及有时在中部具多枚 2 列套叠的颖片；花序具 4~6 朵花；花黄绿色，较小。花苞片长 12 mm，在花开放后脱落。中萼片长圆形，长 6~7 mm，宽 2.8 mm；侧萼片卵状长圆形，大小与中萼片相近。花瓣线形，长 5~6 mm，宽 0.6 mm；唇瓣近卵形，长 6~7 mm，宽 5 mm，3 裂，基部凹陷成浅囊状；侧裂片卵形，直立；中裂片近椭圆形，长 4 mm，宽 3 mm，边缘波状，有时有 2 条不明显的纵脊，唇盘上无褶片。蕊柱长 5 mm，两侧边缘近无翅。

花果期 花期 5~6 月。

生境 海拔 1 200~2 000 m 的林中树上或岩石上。

黄绿贝母兰 *Coelogyne prolifera* 植株（金效华）

黄绿贝母兰 *Coelogyne prolifera* 花序（金效华）

139. 狭瓣贝母兰 *Coelogyne punctulata* Lindl.

国家重点保护级别 无

IUCN 红色名录 易危（VU）

形态特征 附生植物。假鳞茎较密集，相距不超过 1 cm，长圆形，长 2.5～4.0 cm，直径 0.7～1.3 cm，顶生 2 枚叶。叶片披针形，长 8～14 cm，宽 1.3～2.5 cm，上面有较密的浮凸横脉，基部具长 2～4 cm 的柄。花葶从已经长成的假鳞茎顶端两叶中央发出，长 8～15 cm；花序具 2～4 朵花；花白色，唇瓣上有深色眼斑。花苞片近长圆状披针形，长 2.0～3.5 cm；花期脱落。萼片披针形，长 18～20 mm，宽 4～5 mm。花瓣线形，与萼片近等长，宽 1.5 mm；唇瓣卵形，长 16～18 mm，宽 10 mm，3 裂；侧裂片近半圆形，直立；中裂片卵状披针形，长 7 mm，宽 5～6 mm，唇盘上有 2 条纵褶片从基部延伸至中裂片基部上方，中央还有 1 条短而肥厚的褶片。蕊柱长 12mm，两侧边缘有翅。

花果期 花期 11 月，果期次年 4 月。

生境 海拔 1 600～2 600 m 的林中树上或岩石上。

狭瓣贝母兰 *Coelogyne punctulata* 生境与植株（金效华）

狭瓣贝母兰 *Coelogyne punctulata* 花序（金效华）

140. 挺茎贝母兰 *Coelogyne rigida* E. C. Parish & Rchb. f.

国家重点保护级别 无

IUCN 红色名录 无危（LC）

形态特征 附生植物。假鳞茎近长圆形，长 9 cm，直径 1.3 cm，顶生 2 枚叶。叶片近长圆状倒披针形，长 27～30 cm，宽 4.5～5.0 cm，基部具长 4～6 cm 的柄。花葶从已经长成的假鳞茎顶端两叶中央发出，长 20 cm，在花序基部下方具 10 余枚 2 列套叠的颖片；花序具 8 朵花；花序轴稍左右曲折；花淡黄褐色。花苞片卵状披针形，长 18～19 mm；花期未全部脱落。中萼片近长圆状椭圆形，长 8～10 mm，宽 4～5 mm；侧萼片近长圆形，长 9～11 mm，略狭于中萼片。花瓣线形，与中萼片等长，宽 1 mm；唇瓣近卵形，长 8～10 mm,3 裂；侧裂片宽阔,直立；中裂片近椭圆形，长 3～4 mm，边缘略波状，先端微凹，唇盘上有 3 条纵褶片，具明显的皱波状，其中边上 2 条延伸至中裂片下部，中央 1 条较短，仅至中裂片基部。蕊柱长 5～6 mm，两侧边缘具翅。

花果期 花期 6 月。

生境 海拔 700～900 m 的石灰岩山疏林下树上或岩石上。

挺茎贝母兰 *Coelogyne rigida* 生境与植株（金效华）

挺茎贝母兰 *Coelogyne rigida* 花序（金效华）

141. 疣鞘贝母兰 *Coelogyne schultesii* Jain & S. Da

国家重点保护级别 无

IUCN 红色名录 易危（VU）

形态特征 附生植物。假鳞茎卵形，长 2.5~6.0 cm，宽 1.5~2.0 cm，幼嫩鞘的背面常有小疣状突起，顶生 2 枚叶。叶片狭椭圆形，长 10~16 cm，宽 1.3~2.7 cm，基部具长 3~7 cm 的柄。花葶从已经长成的假鳞茎顶端两叶之间发出，长 12~45 cm，在花序基部下方、花序轴顶端及有时在花序轴中部均具多枚 2 列套叠的颖片；花序具 3~6 朵花；花暗黄绿色。花苞片早落。萼片狭卵状长圆形，长 13~15 mm，宽 5 mm。花瓣线形，长 10~11 mm，宽 1 mm；唇瓣近卵状长圆形，长 10~13 mm，近中部 3 裂；侧裂片半卵形；中裂片近宽长圆形，先端微凹，上面有 2 条纵褶片，纵褶片长 2.0~2.5 mm。蕊柱长 11 mm，上部有半圆形翅。

花果期 花期 7 月。

生境 海拔 1 700 m 的林中树上。

疣鞘贝母兰 *Coelogyne schultesii* 生境与植株（金效华）

疣鞘贝母兰 *Coelogyne schultesii* 花序（金效华）

142. 双褶贝母兰 *Coelogyne stricta* (D. Don) Schltr.

国家重点保护级别 无

IUCN 红色名录 近危（NT）

形态特征 附生植物。假鳞茎疏离，相距 5 cm，长圆形，长 7~13 cm，直径 2.5~5.0 cm，顶生 2 枚叶。叶片椭圆状长圆形，长 18~35 cm，宽 4~7 cm，基部具长 3.0~7.5 cm 的柄。花葶从已经长成的假鳞茎顶端两叶中央发出，稍短于叶，在花序基部下方有数枚 2 列套叠的颖片；花序长 10~15 cm，具多朵花；花白色，唇瓣上有黄斑，褶片前部带红色。花苞片早落。萼片长圆形，长 2.5 cm，侧萼片背面有龙骨状突起。花瓣线形；唇瓣近卵状长圆形，长 2.2 cm，3 裂；中裂片边缘略有不规则波状齿，唇盘上有 2 条皱波状并具细圆齿的纵褶片，从基部延伸至中裂片中部。

花果期 花期 4~6 月。

生境 海拔 1 100~2 000 m 的林中树上。

双褶贝母兰 *Coelogyne stricta* 植株（金效华）

双褶贝母兰 *Coelogyne stricta* 花序（金效华）

143. 疏茎贝母兰 *Coelogyne suaveolens* (Lindl.) Hook. f.

国家重点保护级别 无

IUCN 红色名录 濒危（EN）

形态特征 附生植物。假鳞茎疏离，相距达 6 cm，狭卵形，长 5.5～7.0 cm，直径 1.5 cm，外面被巨大的鞘包住，鞘老时脱落，顶生 2 枚叶。叶片倒披针形，长 30～80 cm，宽 5.5～6.0 cm，基部收狭为长 9～11 cm 的柄。花葶同幼嫩的假鳞茎和叶从老假鳞茎基部的根状茎上发出，长 20 cm；花序长 10 cm，具 10 余朵花；花白色，唇瓣上有黄斑。花苞片长圆状卵形，长 2cm；花时脱落。萼片近长圆形，长 12 mm，宽 4.0～4.5 mm。花瓣长圆状披针形，与萼片等长，宽 3.5 mm；唇瓣近长圆形，长 10 mm，在近中部缢缩成前后唇或稍 3 裂；侧裂片很小；中裂片长圆状卵形，上面有 4～5 条明显皱波状的纵褶片，从中裂片中部延伸至唇盘上部。蕊柱长 5～6 mm，两侧边缘有狭翅。

花果期 花期 5 月。

生境 海拔约 600 m 的常绿阔叶林中树上或岩石上。

疏茎贝母兰 *Coelogyne suaveolens* 生境与植株（金效华）

疏茎贝母兰 *Coelogyne suaveolens* 花序（金效华）

144. 禾叶贝母兰 *Coelogyne viscosa* Rchb. f.

国家重点保护级别 无

IUCN 红色名录 近危（NT）

形态特征 附生植物。假鳞茎稍密集，在根状茎上相距 1.0～1.5 cm，卵形，长 5～6 cm，直径 1.0～3.5 cm，顶生 2 枚叶。叶片线形，禾叶状，长 30～40 cm，宽 0.8～1.2 cm，基部略收狭，无明显的柄。花葶同幼嫩的假鳞茎和叶从老假鳞茎基部的根状茎上发出，较短，下部约有 2/3 被鞘所包；花序具 2～4 朵花；花白色，唇瓣带褐色与黄色斑。花苞片早落。中萼片长圆形，长 23 mm，宽 7 mm；侧萼片稍狭，宽 5 mm，背面稍龙骨状。花瓣与侧萼片相似；唇瓣卵形，长 20 mm，宽 15 mm，3 裂；侧裂片近半卵形，直立；中裂片近卵形，长 7～8 mm，宽 5 mm，唇盘上有 3 条纵褶片，从基部延伸至中裂片下部，中央 1 条略短，褶片上均有皱波状缺刻。蕊柱长 12 mm，两侧具翅。

花果期 花期 1 月，果期 9～11 月。

生境 海拔 1 500～2 000 m 的石灰山林中树上或岩石上。

禾叶贝母兰 *Coelogyne viscosa* 生境与植株（金效华）

禾叶贝母兰 *Coelogyne viscosa* 花序（金效华）

（二十二）吻兰属 *Collabium* Blume

145. 锚钩吻兰 *Collabium assamicum* Hook. f.

国家重点保护级别 无

IUCN 红色名录 易危（VU））

形态特征 地生植物。假鳞茎在根状茎上彼此相距 1~2 cm，圆柱形，长 4~6 cm，直径 0.7~1.2 cm，顶生 1 枚叶。叶片椭圆形，长 20~36 cm，宽 5~12 cm，基部具长 9~10 cm 的柄。花序长达 1 m，具多数疏离的花；花白色。花苞片披针形，长 12~15 mm。中萼片狭长圆形，长 14~18 mm，宽 3 mm；侧萼片镰状长圆形，与中萼片近等长但稍宽，基部贴生在蕊柱足上形成长 4 mm 距状的萼囊。花瓣与侧萼片相似但较狭；唇瓣倒卵状楔形，长 10 mm，3 裂；侧裂片近卵形；中裂片倒卵形，凹陷，宽 5~7 mm，唇盘上具 3 条褶片，中央 1 条较短。蕊柱长 10 mm。

花果期 花期 4 月。

生境 海拔 1 600 m 以下的山谷林下阴湿处。

锚钩吻兰 *Collabium assamicum* 花序（金效华）

锚钩吻兰 *Collabium assamicum* 花（金效华）

146. 吻兰 *Collabium chinense* (Rolfe) Tang & F. T. Wang

国家重点保护级别 无

IUCN 红色名录 无危（LC）

形态特征 地生植物。假鳞茎细圆柱形，形似叶柄，长 4 cm，与叶柄近等粗，基部稍扩大并贴伏于根状茎上，顶生 1 枚叶。叶片长 7~15 cm，宽 4~7 cm，基部具长 1~2 cm 的柄。花葶从假鳞茎基部发出，长 14~18 cm，疏生 4~7 朵花；花萼片和花瓣绿色。花苞片卵状披针形，长 11~16 mm。中萼片长圆状披针形，长 10 mm，宽 2.5 mm；侧萼片多少镰状长圆形，与中萼片等长但稍宽。花瓣长圆形，与萼片等长但稍狭；唇瓣白色，倒卵形，长 9 mm，基部具爪，3 裂；侧裂片小，卵形；中裂片扁圆形，宽 9 mm，前端边缘稍具细齿，唇盘在两侧裂片之间具 2 条新月形褶片并延伸至基部的爪上；距圆筒状，长 6 mm。蕊柱长 10 mm。

花果期 花期 7~11 月。

生境 海拔 600~1 000 m 的林下阴湿处或沟谷阴湿的岩石上。

吻兰 *Collabium chinense* 花序（金效华）

吻兰 *Collabium chinense* 花（金效华）

（二十三）蛤兰属 *Conchidium* Griff.

147. 网鞘蛤兰 *Conchidium muscicola* (Lindl.) Rauschert

国家重点保护级别 无

IUCN 红色名录 无危（LC）

形态特征 附生植物。植株矮小，高 3~4 cm，无根状茎。假鳞茎密生，近球形，被网格状膜质鞘，直径 6~10 mm，顶生 2~3 枚叶。叶片倒披针形，长 1~5 cm，宽 0.4~0.7 cm，先端具细尖，基部收狭成长 0.3 cm 的柄且具关节。花序单生于假鳞茎顶端叶内侧，具 2~6 朵花；花黄绿色。花苞片披针形，长 5 mm。中萼片披针形，长 4 mm，宽 1 mm；侧萼片卵状披针形，与中萼片近等长，宽 3 mm，基部的萼囊小。花瓣披针形，比中萼片略短，宽 1 mm；唇瓣椭圆形，长 3 mm，宽 1 mm，不裂，近中部两侧缢缩，近先部边缘有不整齐的齿，中央有 3 条线纹伸至先端。蕊柱长不及 1 mm。

花果期 花期 7~8 月，果期 10 月。

生境 海拔 1 600~2 800 m 的林中树上或林下阴湿的岩石上。

网鞘蛤兰 *Conchidiummuscicola* 生境与植株（金效华）

148. 蛤兰 *Conchidium pusillum* Griff.

国家重点保护级别 无

IUCN 红色名录 无危（LC）

形态特征 附生植物。植株矮小，高 2~3 cm，根状茎细长。假鳞茎在根状茎上彼此相距 2~5 cm，半球形，成对生长，直径 3~5 mm。叶 2~3 枚，从对生的假鳞茎之间发出，倒卵状披针形，长 7~10 mm，宽 2~4 mm，先端具芒尖，基部具短柄和关节。花序从叶内侧发出，长 1.0~1.5 cm，具 1~2 朵花；花黄绿色。花苞片卵形,较大。中萼片卵形，长 6 mm；侧萼片三角形，长 6 mm，基部与蕊柱足合生成较长的萼囊。花瓣与中萼片相似，但稍狭；唇瓣披针形，不裂，基部收狭，边缘具细缘毛，唇盘上具 2 条线纹，延伸至中部。蕊柱短。

花果期 花期 10~11 月。

生境 海拔 600~1 500 m 的林中树上或林下阴湿的岩石上。

蛤兰 *Conchidium pusillum* 生境与植株（金效华）

蛤兰 *Conchidium pusillum* 花序（金效华）

（二十四）铠兰属 *Corybas* Salisb.

149. 杉林溪铠兰 *Corybas himalaicus* Pradhan

国家重点保护级别 无

IUCN 红色名录 无危（LC）

形态特征 植株高 3~6 cm，块茎球形至椭圆形，直径约 0.4 cm，密被柔毛；地下茎直立，长 0.5~3.0 cm，被毛；茎直立，长达 5 cm，无毛。叶单生，心形，具掌状叶脉，基部抱茎，先端齿尖状。花苞片线状披针形，长 0.6~1.2 cm，宽约 0.2 cm；花单朵，白色或紫红色。中萼片铲状，长 1.2~1.7 cm，宽 0.4~0.8 cm，先端浑圆；侧萼片丝状，长 1.1~1.4 cm，基部合生至约 1/5 处。花瓣与侧萼片相似，长 1.2~2.0 cm；唇瓣圆形，展开后宽 0.8~1.4 cm，略短于花瓣，基部管状，顶部内弯；唇盘具 2 条平行的紫红色线条，基部具 1 个明显胼胝体；距 2 个，白色，直的或微弓形，长 0.3~0.7 cm。蕊柱长约 2.5 mm。

花果期 花期 7~8 月。

生境 海拔 1700~1900 m 的林中被苔藓的岩石上。

杉林溪铠兰 *Corybas himalaicus* 生境与植株（金效华）

杉林溪铠兰 *Corybas himalaicus* 花序（金效华）

（二十五）管花兰属 *Corymborkis* Thouars

150. 管花兰 *Corymborkis veratrifolia* (Reinw.) Blume

国家重点保护级别　无

IUCN 红色名录　近危（NT）

形态特征　大型地生植物。高可达 2 m，茎丛生，直立，具多数叶。叶片狭椭圆形，长 25～38 cm，宽 5.5～10.0 cm，基部收狭成短柄并延伸为抱茎的鞘，鞘常有褐色皮屑状物。圆锥花序腋生，长 5～9 cm，具分枝，多花；花白色。萼片倒披针状线形，长 3.2～2.8 cm。花瓣与萼片相似；唇瓣与萼片等长，具有长而对折的爪，几乎完全包围蕊柱，上部扩大成宽卵状椭圆形，宽约 1 cm，边缘波状。

花果期　花期 7 月。

生境　海拔 600～1 000 m 的密林下或沟边潮湿处。

管花兰 *Corymborkis veratrifolia* 生境与植株（金效华）

管花兰 *Corymborkis veratrifolia* 花序（金效华）

（二十六）杜鹃兰属 *Cremastra* Lindl.

151. 杜鹃兰 *Cremastra appendiculata* (D. Don) Makino

国家重点保护级别 无

IUCN 红色名录 近危（NT）

形态特征 地生植物。假鳞茎卵球形，长 1.5~3.0 cm，直径 1~3 cm，具关节。叶 1 枚顶生，狭椭圆形，长 18~34 cm，宽 5~8 cm，基部收狭成长 7~17 cm 的柄。花葶从假鳞茎上部节上发出，长 27~70 cm；花序长 10~25 cm，具 5~22 朵花；花偏向一侧，下垂，不完全开放，淡紫褐色。花苞片披针形，长 5~12 mm。萼片倒披针形，长 20~30 mm，宽 3.5~5.0 mm；侧萼片略歪斜。花瓣倒披针形，长 18~26 mm，宽 3.0~3.5 mm；唇瓣与花瓣近等长，线形，上部 1/4 处 3 裂；侧裂片近线形，长 4~5 mm，宽 1 mm；中裂片卵形，长 6~8 mm，宽 3~5 mm，基部在两侧裂片之间具 1 枚肉质突起，上面有疣状小突起。蕊柱长 25~30 mm。

花果期 花期 5~6 月，果期 9~12 月。

生境 海拔 500~2 900 m 的林下湿地上。

杜鹃兰 *Cremastra appendiculata* 生境与植株（金效华）

杜鹃兰 *Cremastra appendiculata* 花序（金效华）

（二十七）沼兰属 *Crepidium* Blume

152. 浅裂沼兰 *Crepidium acuminatum* (D. Don) Szlach.

国家重点保护级别 无

IUCN 红色名录 无危（LC）

形态特征 地生植物。具肉质茎，圆柱形，长 4~7 cm，直径 0.4~0.6 cm，具数节。叶 3~5 枚，斜卵形，长 6~12 cm，宽 2.5~6.0 cm，基部具长 2~4 cm 的柄。花葶长 12~43 cm，具多数花；花紫红色，大，属中花大者。花苞片披针形，长 3~4 mm。中萼片狭长圆形，长 8~9 mm，宽 2 mm，边缘外卷；侧萼片长圆形，长 6~7 mm，宽 3.0~3.5 mm，边缘外卷。花瓣线形，长 8~9 mm，宽 0.8 mm，边缘外卷；唇瓣位于上方，卵状长圆形，由前部和 1 对向后方延伸的尾组成，长 10 mm，前部中央有凹槽，先端 2 浅裂，裂口深 1 mm，耳近狭卵形，约占唇瓣全长的 2/5。蕊柱长 1.0~1.5 mm。

花果期 花期 5~7 月，果期 5~7 月。

生境 海拔 300~2 100 m 的林下。

浅裂沼兰 *Crepidium acuminatum* 生境与植株（金效华）

浅裂沼兰 *Crepidium acuminatum* 花序（金效华）

153. 无叶沼兰 *Crepidium aphyllum* (King & Pantl.) A. N. Rao

国家重点保护级别 无

IUCN 红色名录 极危（CR）

形态特征 菌类寄生植物。植株无叶，高 10~25 cm，黄色略带淡紫色。茎基部假鳞茎状。花黄色；子房和花梗长 3 mm。中萼片椭圆形，长 2 mm，宽 1 mm；侧萼片宽卵形，长 1.6 mm，宽 1.5 mm。花瓣线形，长 1.8 mm，宽 0.3 mm，紧贴侧萼片；唇瓣卵形、肾形，先端钝，基部有 2 个耳状突起，长 3 mm，宽 2.1 mm；耳状突起呈披针形，长 1 mm。蕊柱长 1 mm。

花果期 花期 8~9 月。

生境 海拔约 1 420 m 的山地林中。

无叶沼兰 *Crepidium aphyllum* 花序（金效华）

154. 细茎沼兰 *Crepidium khasianum* (Hook. f.) Szlach.

国家重点保护级别 无

IUCN 红色名录 易危（VU）

形态特征 地生植物。具肉质茎，圆柱形，长 7 ~ 8 mm，直径 0.2 ~ 0.4 cm，具数节。叶 4 ~ 5 枚，斜卵形，长 3.5 ~ 7.0 cm，宽 1.5 ~ 2.0 cm，基部具长 1.5 ~ 2.0 cm 的柄并抱茎。花葶长 8 ~ 11 cm，具多数花；花黄绿色。花苞片狭披针形，长 2.5 ~ 3.0 mm。萼片长圆状椭圆形，长 2.4 ~ 2.8 mm，宽 1.0 ~ 1.2 mm；侧萼片略歪斜。花瓣狭线形，长 2.0 ~ 2.5 mm，宽 0.3 mm；唇瓣位于上方，宽长圆形，由前部和 1 对向后延伸的耳组成，长 3.5 ~ 4.0 mm，前部靠近正方的两侧边缘内卷而形成凹缺，中央有 1 个由肥厚的褶片状脊围成的凹槽，先端 2 浅裂，裂口深 0.5 mm；耳近卵形，占唇瓣全长的 1/3。蕊柱长 1 mm。

花果期 花期 7 月。

生境 海拔 1 000 ~ 1 100 m 的林下岩石缝中。

细茎沼兰 *Crepidium khasianum* 生境与植株（李剑武）

细茎沼兰 *Crepidium khasianum* 花序（金效华）

（二十八）宿苞兰属 *Cryptochilus* Wall.

155. 尖叶宿苞兰 *Cryptochilus acuminatus* (Griff.) Schuit. , Y. P. Ng & H. A. Pedersen

国家重点保护级别 无

IUCN 红色名录 无

形态特征 附生植物。植株高约 30 cm。根状茎直径约 1 cm；假鳞茎密集或相距 1~2 cm，成熟时卵形，长 2~5 cm，直径 1~2 cm，顶生 1 枚叶。叶厚革质，披针形或长圆状披针形，长 16~40 cm，宽 2~5 cm，先端钝或急尖。花序从假鳞茎顶端发出；花梗和子房长 1~3 cm；花白色或淡红色。中萼片卵状长圆形，长约 12 mm，宽近 5 mm，背面有龙骨状突起；侧萼片三角状披针形，长约 14 mm，基部宽 8~9 mm，先端钝，背面有高达近 2 mm 的翅；萼囊长近 4 mm。花瓣近菱形，长近 11 mm，宽约 6 mm；唇瓣倒卵状椭圆形或近卵形，长 13~14 mm，宽 8~10 mm，3 裂；侧裂片半卵形，先端向内弯；中裂片近匙形或近方形，长 4~6 mm，宽 4~5 mm，先端近圆形，中央微凹；唇盘上有 2~3 条肥厚褶片自基部延伸到中裂片基部，再分成 7 条细褶片，中央褶片明显，伸达中裂片先端。蕊柱长 6 mm。蕊柱足长 4~6 mm。

花果期 花期 1~2 月，果期 3~4 月。

生境 海拔 1 200~1 400 m 的向阳林中石上。

尖叶宿苞兰 *Cryptochilus acuminatus* 生境与植株（金效华）

156. 宿苞兰 *Cryptochilus luteus* Lindl.

国家重点保护级别 无

IUCN 红色名录 无危（LC）

形态特征 附生植物。假鳞茎聚生于短的根状茎上，近圆柱形，长 1.5~3.5 cm，直径 0.5~1.0 cm，近顶端有 2~3 节，顶生 2 枚叶。叶片狭长圆形，长 5~16 cm，宽 1.0~2.5 cm，基部渐狭成柄，叶柄长 1~3 cm。花葶从幼嫩的假鳞茎顶生两枚叶中央发出，长 6~16 cm，少有分枝，密生 20~40 朵花；花黄绿色。花苞片 2 列，宿存，狭披针形，长 6~14 mm，中央凹陷成槽。萼片合生成的萼筒近坛状，长 3~5 mm，顶生裂片卵状三角形，长 1 mm；侧萼片基部凸出，短囊状。花瓣藏于萼筒之内，倒卵状披针形，长 3.5~4.0 mm，宽 0.8 mm；唇瓣近菱状楔形，长 3.5~4.0 mm，宽 0.8 mm，基部略弯曲。蕊柱短。

花果期 花期 6~7 月，果期 9~10 月。

生境 海拔 1 500~2 300 m 的林中树上。

宿苞兰 *Cryptochilus luteus* 生境与植株（金效华）

宿苞兰 *Cryptochilus luteus* 花序（金效华）

157. 红花宿苞兰 *Cryptochilus sanguineus* Wall.

国家重点保护级别 无

IUCN 红色名录 濒危（EN）

形态特征 附生植物。具密集的假鳞茎。假鳞茎圆柱形，长 1.5~3.0 cm，直径 0.5~0.8 cm，具 2~3 节。顶生 2 枚叶，叶片狭长圆形，长 6~15 cm，宽 1.5~3.0 cm，基部渐狭成柄，叶柄长 0.7~1.5 cm。花葶从幼嫩的假鳞茎顶端 2 枚叶中央发出，长 10~26 cm，具 10~30 朵花；花红色。花苞片 2 列，宿存，狭披针形，长 5~21 mm，中央凹陷成槽。萼片合生成的萼筒长 6~9 mm，外面密被白色长柔毛，顶生裂片卵状三角形，长 3~4 mm；侧萼片基部明显凸出而成囊状。花瓣藏于萼筒之内，倒披针形，长 5~6 mm，宽 1 mm；唇瓣近长圆形，长 7 mm，宽 2 mm，整个藏于萼筒之内。蕊柱短。

花果期 花期 6~8 月。

生境 海拔 1 800~2 100 m 的林中树上。

红花宿苞兰 *Cryptochilus sanguineus* 生境与植株（金效华）

红花宿苞兰 *Cryptochilus sanguineus* 花序（金效华）

158. 鹅白苹兰 *Cryptochilus stricta* (Lindl.) Kuntze

国家重点保护级别 无

IUCN 红色名录 无危（LC）

形态特征 附生植物。根状茎不明显。假鳞茎密集丛生，圆柱形，长 2~10 cm，直径 0.1~0.4 cm，顶生 2 枚叶。叶片披针形，长 8~10 cm，宽 0.6~2.0 cm，基部具短柄。花序 1~3 个，从假鳞茎顶端叶内侧发出，长 8~10 cm，密生多数花；花白色；花序轴、花梗和子房密被白色绵毛。花苞片菱形，长约 1 mm。萼片背面被白色绵毛；中萼片卵形，长 2 mm，宽 1.5 mm；侧萼片卵状三角形，长、宽约 2 mm，基部与蕊柱足合生成长约 1 mm 的萼囊；花瓣卵形，长 2 mm，宽 1.5 mm；唇瓣近圆形，长、宽约 2 mm，3 浅裂；侧裂片近三角形，与中裂片平行；中裂片近扁圆形，长约 0.5 mm，宽 1.0~1.5 mm，唇盘中央具 1 条自基部至中裂片先端的加厚带，其宽 0.5 mm，正面有 3 条褶片，至中裂片先端处具 1 个球形的胼胝体。蕊柱长 1.5 mm，两侧各具 1 条倒三角形的翅。

花果期 花期 11 月至次年 2 月，果期 4~5 月。

生境 海拔 800~1 300 m 的林中树上。

鹅白苹兰 *Cryptochilus stricta* 生境与植株（金效华）

鹅白苹兰 *Cryptochilus stricta* 花序（金效华）

（二十九）柱兰属 *Cylindrolobus* Blume

159. 孟连柱兰 *Cylindrolobus clavicaulis* (Wall. ex Lindl.) Rauschert

国家重点保护级别 无

IUCN 红色名录 濒危（EN）

形态特征 附生植物。假鳞茎丛生，直立，长 30 cm，直径 0.5 cm，近顶端具 3~4 枚叶。叶片卵状披针形，长 9~12 cm，宽 1.8~2.2 cm。花序 1~2 个，近顶生，具 1~2 朵花；花白色。花苞片 2 枚，对生，卵形，长 1.9 cm，宽 1 cm，淡黄色，唇瓣侧裂片和中裂片边缘内部红色；中裂片黄绿色。中萼片卵状披针形，长 14 mm，宽 7 mm；侧萼片卵状三角形，长 12 mm，宽 9 mm，基部稍偏斜。花瓣披针形，长 14 mm，宽 6 mm；唇瓣 3 裂；侧裂片近直立，近卵形，长 9 mm，宽 4 mm；中裂片长圆形，长 4.8 mm，宽 5.8 mm，先端稍向外弯；唇盘上具 2 条脊状突起。蕊柱长 4 mm。

花果期 花期 10~11 月。

生境 海拔约 1 500 m 的林中树上。

孟连柱兰 *Cylindrolobus clavicaulis* 花序（李剑武）

孟连柱兰 *Cylindrolobus clavicaulis* 植株（叶德平）

160. 鸡冠柱兰 *Cylindrolobus cristatus* (Rolfe) S. C. Chen & J. J. Wood

国家重点保护级别 无

IUCN 红色名录 易危（VU）

形态特征 附生植物。假鳞茎圆柱形，长 9~11 cm，直径 0.3~0.6 cm。叶 3~4 枚生于假鳞茎顶端。叶片披针形，长 6.0~8.5 cm，宽 1.0~1.4 cm。花序近顶生，被白色绵毛，具 2 朵花；花白色，唇瓣黄色。花苞片卵状长圆形，长 12~13 mm，宽 8~9 mm。中萼片卵状披针形，长 13~14 mm，宽 6~7 mm；侧萼片卵状三角形，长 15 mm，宽 7~8 mm，基部稍偏斜。花瓣披针形，长 11~13 mm，宽 6 mm；唇瓣 3 裂，长 8~9 mm；侧裂片直立，长圆形；中裂片倒卵形，先端具细齿；唇盘上具 3 条龙骨状突起，侧面 2 条在中部变成 2 个鸡冠状突起，然后分裂成 3 条具黄色毛的鸡冠状突起直达先端。

花果期 花期 10 月。

生境 海拔 1 400~1 500 m 的林中树上。

鸡冠柱兰 *Cylindrolobus cristatus* 生境与植株（Ye Lwin Aung）

161. 中缅柱兰 *Cylindrolobus glabriflorus* X. H. Jin & J. D. Ya

国家重点保护级别 无

IUCN 红色名录 无危（LC）

形态特征 附生植物。植株高约 40 cm。茎簇生，长 13～25 cm，直径 3～4 mm，顶端具 4～5 叶。叶披针形，长 4.5～6.5 cm，宽 0.8～1.5 cm。花序生于茎顶端，长 1.3 cm，具 2 朵花；花梗连子房长 0.6 cm。花黄色，萼片外面红黄色。中萼片披针形，长 6 mm，宽 2 mm；侧萼片镰刀状卵形，长 5 mm，宽 3.5 mm。花瓣长圆状卵形，长 5 mm，宽 2 mm；唇瓣长圆形，3 裂，长约 3.5 mm，宽 1.5 mm；侧裂片近卵形，唇盘具 2 个红棕色愈伤组织；中裂片近方形，长 3.3 mm，宽 2 mm，中央具脊；脊红棕色，高约 0.5 mm。蕊柱半斜方体，长约 3.5 mm。

花果期 花期 4～5 月。

生境 海拔约 2 200 m 的林中树上。

中缅柱兰 *Cylindrolobus glabriflorus* 植株（金效华）

162. 柱兰 *Cylindrolobus marginatus* (Rolfe) S. C. Chen & J. J. Wood

国家重点保护级别 无

IUCN 红色名录 无危（LC）

形态特征 附生植物。植株高 10~20 cm。假鳞茎密集着生，棒槌状，中上部膨大，下部收狭，长 5~10 cm，直径 0.2~0.6 cm，顶生 2~3 枚叶。叶长圆状披针形，长 5~11 cm，宽 1~2 cm。花序 1~2 个，着生于假鳞茎上部叶下方，具 2 朵花；花白色；花梗和子房及萼片背面密被白色绵毛。花苞片 2 枚对生，长圆形，长 10~12 mm，宽 5~7 mm。中萼片卵状披针形，长 15 mm，宽 5 mm；侧萼片镰状披针形，与中萼片等长，宽 6 mm，基部与蕊柱足合生成萼囊。花瓣长圆状披针形，长 12 mm，宽 4 mm；唇瓣倒卵形，长近 10 mm，3 裂，中央自基部至中裂片上有 1 个加厚带，加厚带中央有 1 条脊状突起；侧裂片直立，卵形，先端与中裂片稍重叠；中裂片菱状扇形，长、宽约 5 mm，先端凹缺，除边缘部分外全部加厚，加厚区表面具乳头状突起，基部有 1 个半圆形突起物。蕊柱长 3 mm。

花果期 花期 2~3 月，果期 5 月。

生境 海拔 1 000 ~2 000 m 的林中树上。

柱兰 *Cylindrolobus marginatus* 生境与植株（金效华）

柱兰 *Cylindrolobus marginatus* 花序（金效华）

163. 墨脱柱兰 *Cylindrolobus motuoensis* X. H. Jin & J. D. Ya

国家重点保护级别　无

IUCN 红色名录　无危（LC）

形态特征　附生植物。植株高约 40 cm。茎簇生，长 18 ~ 24 cm，直径 3 ~ 6 mm，顶端具 2 ~ 3 枚叶。叶披针形，长 10 ~ 13 cm，宽 1.5 ~ 2.0 cm。花序生于茎顶端，长 2 ~ 3 cm，具 2 朵花；2 枚不育苞片暗红色。花白色，萼片外部有棕色绒毛；花梗和子房长 1.0 ~ 1.5 cm，密被棕色绒毛。中萼片披针形，长 11 mm，宽 4 mm；侧萼片镰刀状披针形，长 9 mm，宽 5 mm。花瓣披针形，长 10 mm，宽 3 mm；唇瓣卵形，长约 6 mm，宽 3 mm，3 裂；侧裂片近卵形；中裂片舌状，长约 3 mm，宽约 3 mm，边缘具乳突；唇盘具 3 条脊；中间脊加厚，具橙色乳突，侧脊从基部将延伸到叶中部。蕊柱长约 4 mm。

花果期　花期 2 ~ 3 月。

生境　海拔约 2 000 m 的林下。

墨脱柱兰 *Cylindrolobus motuoensis* 生境与植株（金效华）

墨脱柱兰 *Cylindrolobus motuoensis* 花序（金效华）

164. 细茎柱兰 *Cylindrolobus tenuicaulis* (S. C. Chen & Z. H. Tsi) S. C. Chen & J. J. Wood

国家重点保护级别 无

IUCN 红色名录 易危（VU）

形态特征 附生植物。茎直径 1~2 mm，顶端具 3~4 枚叶。叶长圆形或披针状长圆形，长 4~5 cm，宽 6~10 mm。花序生于近茎顶端的叶腋或中下部的节上，长 5~6 mm，通常具 2 朵花；子房连同花梗长约 3 mm，无毛。中萼片长圆状卵形或近长圆形，长 3~3.5 mm，宽约 1.2 mm，先端急尖；侧萼片宽三角状卵形，歪斜，长约 4 mm，基部宽约 2 mm，与蕊柱足合生形成萼囊。花瓣近卵形，先端急尖；唇瓣近卵形，长约 3.5 mm，3 裂；侧裂片卵形，长约 1.5mm；中裂片近方形，长、宽约 1 mm，先端具细尖并呈皱波状，中央具 1 条高约 0.5 mm 半圆形褶片；唇盘上具 2 条高约 0.6 mm 半圆形褶片。蕊柱连花药长 1.7 mm，先端稍扩大，基部延伸为长约 1.5 mm 的蕊柱足；药床两侧具翅，长约 0.5 mm。

花果期 花期 4 月。

生境 海拔 1 500~2 000 m 的林中树上。

细茎柱兰 *Cylindrolobus tenuicaulis* 植株（金效华）

细茎柱兰 *Cylindrolobus tenuicaulis* 花序（金效华）

（三十）兰属 *Cymbidium* Sw.

165. 纹瓣兰 *Cymbidium aloifolium* (L.) Sw.

国家重点保护级别 二级

IUCN 红色名录 近危（NT）

形态特征 附生植物。植株丛生。假鳞茎卵球形，长 3~6 cm，宽 2.5~4.0 cm，包藏于叶基之内。叶 4~5 枚，带形，略外弯，长 40~90 cm，宽 1.5~4.0 cm，先端不等侧 2 圆裂，关节位于距基部 8~16 cm 处。花葶从假鳞茎基部穿鞘而出，下垂，长 20~60 cm，具 20~35 朵花；花萼片和花瓣黄色，中央有 1 条栗褐色宽带，唇瓣白色密生栗褐色纵纹。花苞片长 2~5 mm。萼片狭长圆形，长 15~20 mm，宽 4~6 mm。花瓣略短于萼片，狭椭圆形；唇瓣近卵形，长 13~20 mm，3 裂，基部多少囊状，上面有小乳突；侧裂片超出蕊柱与药帽之上；中裂片外弯，唇盘上有 2 条纵褶片，中部变窄，末端基部膨大。蕊柱长 10~12 mm。

花果期 花期 4~5 月，果期 8 月。

生境 海拔 500~1 100 m 的林中树上或林下岩石上。

纹瓣兰 *Cymbidium aloifolium* 生境与植株（金效华）

纹瓣兰 *Cymbidium aloifolium* 花序（金效华）

166. 垂花兰 *Cymbidium cochleare* Lindl.

国家重点保护级别 二级

IUCN 红色名录 易危（VU）

形态特征 附生草本。假鳞茎几不可见，包藏于叶基之内。叶6~13枚，2列，带形，长45~80cm，宽0.8~1.0cm，通常略2裂，关节位于距基部4~10 cm处。花葶从假鳞茎下部叶腋内长出，通常长40~50 cm，下弯；总状花序下垂，具7~20朵花；花苞片小，长2~3 mm；花梗和子房长12~21 mm；花下垂，狭钟形，几不开放，稍有香气；花绿褐色，唇瓣具许多红色小斑点；花蜡质，有光泽，细弱。萼片狭倒卵状披针形，长34~43 mm，宽7~9 mm。花瓣宽线状倒披针形，长30~40 mm，宽5~6 mm；唇瓣倒披针状三角形，长30~40 mm，3裂，基部与蕊柱合生长2~3 mm；侧裂片多少围抱蕊柱，常具很小的乳突；中裂片较小，长8~10 mm，宽5~6 mm，中央有1个密生短毛的斑块，边缘稍波状；唇盘上的2条纵褶片仅到达唇瓣中部。蕊柱长28~32 mm，腹面下部疏生微毛；花粉团深裂为4个。

花果期 花期10~12月。

生境 海拔500~2 000 m的林中树上。

垂花兰 *Cymbidium cochleare* 生境与植株（金效华）

垂花兰 *Cymbidium cochleare* 花序（金效华）

167. 莎叶兰 *Cymbidium cyperifolium* Wall. ex Lindl.

国家重点保护级别 二级

IUCN 红色名录 易危（VU）

形态特征 地生或半附生植物。假鳞茎小，长 1~2 cm，包藏于叶鞘之内。叶 4~12 枚，带形，常整齐 2 列，多少呈扇形，长 30~120 cm，宽 0.6~1.3 cm，基部 2 列套叠，关节位于距基部 4~5 cm 处。花葶从假鳞茎基部发出，长 20~40 cm，具 3~7 朵花；花萼片和花瓣黄绿色，唇瓣色淡而侧裂片上有紫纹，中裂片上有紫色斑。花苞片披针形，长 14~41 mm。萼片线形，长 18~35 mm，宽 4~7 mm。花瓣狭卵形，长 16~26 mm，宽 5.5~8.5 mm；唇瓣卵形，长 14~22 mm，稍 3 裂；侧裂片上有小乳突；中裂片强烈外弯，前部疏生小乳突；唇盘上 2 条纵褶片从近基部处向上延伸至中裂片基部，上部略向内倾斜。蕊柱长 11~15 mm，两侧有狭翅。

花果期 花期 10 月至次年 2 月。

生境 海拔 900~1 600 m 的林下排水良好、多石的地上或岩石缝中。

莎叶兰 *Cymbidium cyperifolium* 生境与植株（金效华）

莎叶兰 *Cymbidium cyperifolium* 花序（金效华）

168. 冬凤兰 *Cymbidium dayanum* Rchb. f.

国家重点保护级别 二级

IUCN 红色名录 易危（VU）

形态特征 附生植物。假鳞茎近梭形，稍压扁，长 2~5 cm，直径 1.5~2.5 cm。叶 4~9 枚，带形，长 32~60（~110）cm，宽 7~13 mm，坚纸质，暗绿色，关节位于距基部 7~12 cm 处。花葶自假鳞茎基部穿鞘而出，长 18~35 cm；总状花序具 5~9 朵花；花梗和子房长 1~2 cm，后期继续延长；花直径 4~5 cm。萼片与花瓣白色或奶油黄色，中央有 1 条栗色纵带自基部延伸到上部 3/4 处或偶见整个瓣片淡枣红色，唇瓣仅在基部和中裂片中央为白色，基余均为栗色；侧裂片则具密栗色脉，褶片呈白色或奶油黄色。萼片狭长圆状椭圆形，长 2.2~2.7 cm，宽 5~7 mm；花瓣狭卵状长圆形，长 1.7~2.3 cm，宽 4~6 mm；唇瓣近卵形，长 1.5~1.9 cm，3 裂；侧裂片与蕊柱近等长；中裂片外弯；唇盘上有 2 条纵褶片自基部延伸至中裂片基部，上有密集腺毛，褶片前端有 2 条具腺毛的线延伸至中裂片中部。蕊柱长 9~10 mm，稍向前弯曲，长度为萼片长度的 1/2~3/5；花粉团 2 个，近三角形。蒴果椭圆形，长 4~5 cm，宽 2~2.8 cm。

花果期 花期 8~12 月，果期 2~4 月。

生境 海拔 400~1 600 m 的林下。

冬凤兰 *Cymbidium dayanum* 生境与植株（金效华）

冬凤兰 *Cymbidium dayanum* 花序（金效华）

169. 福兰 *Cymbidium devonianum* Paxton

国家重点保护级别 二级

IUCN 红色名录 无危（LC）

形态特征 地生或半附生植物。假鳞茎近圆锥形，长 1.5～2.5 cm，宽 1 cm，包藏于叶基之内。叶 2～4 枚，长圆状倒披针形，长 22～27 cm，宽 3.5～4.7 cm；具鞘状茎，长 15～23 cm。花葶从假鳞茎基部发出，长 36～50 cm，具 20～40 朵花；花棕黄色。花苞片卵状披针形，长 4～5 mm。萼片狭椭圆形，长 20～22 mm，宽 6～7 mm。花瓣狭椭圆状披针形，长 16～19 mm，宽 5.5～6.0 mm；唇瓣稍内弯，倒卵状菱形，长 13～15 mm，宽 10 mm，不裂，先端稍外卷；唇盘上具 2 条纵褶片。蕊柱长 10～12 mm。

花果期 花期 3～4 月。

生境 海拔 1 200～1 700 m 的林中树上。

福兰 *Cymbidium devonianum* 生境与植株（金效华）

福兰 *Cymbidium devonianum* 花序（金效华）

170. 独占春 *Cymbidium eburneum* Lindl.

国家重点保护级别 二级

IUCN 红色名录 濒危（EN）

形态特征 附生植物。植株丛生。假鳞茎梭形，长 4~8 cm，宽 2.5~3.5 cm，包藏于叶基之内。叶 6~11 枚，长 57~65 cm，宽 1.4~2.1 cm，带形，先端微不等的 2 裂，关节位于距基部 4~8 cm 处。花葶从假鳞茎下部叶腋发出，长 25~40 cm，具 1~2 朵花；花萼片和花瓣白色，唇瓣白色而中裂片中央至基部有 1 个黄色斑。花苞片卵状三角形，长 6~7 mm。萼片狭长圆状倒卵形，长 55~70 mm，宽 15~20 mm。花瓣狭倒卵形，与萼片等长，宽 13~18 mm；唇瓣宽椭圆形，略短于萼片，3 裂，基部与蕊柱合生长达 3~5 mm；侧裂片直立，略围抱蕊柱，有小乳突；中裂片稍外弯，中部至基部有密短毛，其余部分有细毛，边缘波状；唇盘上 2 条纵褶片会合为 1 条，从基部延伸至中裂片基部，上面生有小乳突和细毛。蕊柱长 35~45 mm，两侧有狭翅。

花果期 花期 2~5 月。

生境 海拔约 1400 m 的林中树上或溪谷旁岩石上。

独占春 *Cymbidium eburneum* 生境与植株（金效华）

独占春 *Cymbidium eburneum* 花（金效华）

171. 莎草兰 *Cymbidium elegans* Lindl.

国家重点保护级别 二级

IUCN 红色名录 濒危（EN）

形态特征 附生植物。植株丛生。假鳞茎近卵形，长 4~9 cm，直径 2~3 cm，包藏于叶基之内。叶片 6~13 枚，2 列，带形，长 45~80 cm，宽 1.0~1.7 cm，先端略 2 裂，关节位于距基部 4~10 cm 处。花葶从假鳞茎下部叶腋内发出，长 40~50 cm，下弯，具多数花；花不甚开放，黄白色。花苞片小，长 2~3 mm。萼片狭倒卵状披针形，长 34~43 mm，宽 7~9 mm。花瓣宽线状倒披针形，长 30~40 mm，宽 5~6 mm；唇瓣倒披针状三角形，长 30~40 mm，3 裂，基部与蕊柱合生 2~3 mm；侧裂片多少围抱蕊柱，常具小乳突；中裂片小，长 8~10 mm，宽 5~6 mm，中央有 1 个密生短毛的斑块，边缘稍波状，唇盘上有 2 条纵褶片从基部延伸至中裂片基部，在近末端会合并具短毛，在基部增粗并在两褶片之间形成槽状凹陷。蕊柱长 28~32 mm。

花果期 花期 10~12 月。

生境 海拔 1 700~2 800 m 的林中树上或林下岩壁上。

莎草兰 *Cymbidium elegans* 生境与植株（金效华）

莎草兰 *Cymbidium elegans* 花序（金效华）

172. 建兰 *Cymbidium ensifolium* (L.) Sw.

国家重点保护级别 二级

IUCN 红色名录 易危（VU）

形态特征 地生植物。假鳞茎卵球形，长 1.5～2.5 cm，直径 1.0～1.5 cm，包藏于叶基之内。叶 2～4 枚，带形，长 30～60 cm，宽 1.0～1.5 cm，前部边缘有细齿，关节位于距基部 2～4 cm 处。花葶从假鳞茎基部发出，长 20～35 cm；花黄绿色，颜色变化大。花苞片长 5～8 cm，下部的长达 15 mm。萼片近狭长圆形，长 23～28 mm，宽 5～8 mm；侧萼片向下斜展。花瓣狭椭圆形，长 15～24 mm，宽 5～8 mm；唇瓣近卵形，长 15～23 mm，略 3 裂；侧裂片直立，多少围抱蕊柱，上面有小乳突；中裂片大，卵形，外弯，边缘波状，具小乳突；唇盘上 2 条纵褶片从基部延伸至中裂片基部，上半部向内倾斜并靠合，形成短管。蕊柱长 10～14 mm，两侧具狭翅。

花果期 花期 6～10 月。

生境 海拔 600～1 800 m 的林下、灌丛或草丛中。

建兰 *Cymbidium ensifolium* 生境与植株（金效华）

建兰 *Cymbidium ensifolium* 花序（金效华）

173. 长叶兰 *Cymbidium erythraeum* Lindl.

国家重点保护级别 二级

IUCN 红色名录 易危（VU）

形态特征 附生植物。植株丛生。假鳞茎球形，长 2~5 cm，直径 1.5~3.0 cm，包藏于叶基之内。叶 5~11 枚，2 列，带形，长 60~90 cm，宽 0.7~1.5 cm，关节位于距基部 3.0~6.5 cm 处。花葶外弯，长 25~75 cm，具 3~7 朵花；花萼片与花瓣绿色，具红褐色脉和不规则斑点，唇瓣淡黄色；侧裂片上有红褐色脉；中裂片上有少量红褐色斑点。花苞片近三角形，长 2~4 mm。萼片狭长圆形，长 34~52 mm，宽 7~14 mm。花瓣镰刀状，长 35~53 mm，宽 3.5~7.0 mm；唇瓣椭圆状卵形，长 30~43 mm，3 裂，基部与蕊柱合生达 2~3 mm；侧裂片直立，被短毛，上部较多，边缘有时有短缘毛；中裂片心形，上面有小乳突，多少散生短毛；唇盘上 2 条褶片自下部延伸到中裂片基部，褶片上面密生短毛。蕊柱长 23~32 mm，两侧具翅。

花果期 花期 10 月至次年 1 月，果期次年 3~5 月。

生境 海拔 1 400~2 800 m 的林中树上或林下岩石上。

长叶兰 *Cymbidium erythraeum* 生境与植株（金效华）

长叶兰 *Cymbidium erythraeum* 花序（金效华）

174. 蕙兰 *Cymbidium faberi* (L.) Sw.

国家重点保护级别 二级

IUCN 红色名录 无危（LC）

形态特征 地生植物。假鳞茎不明显。叶 5~8 枚，带形，直立，长 25~80 cm，宽 0.7~1.2 cm，基部常对折呈“V”字形，边缘有粗锯齿。花葶从叶丛基部最外面的叶腋抽出，近直立，长 35~50 cm，具 5~11 朵花；花黄绿色，唇瓣有紫红色斑；花苞片线状披针形，最下面的长于子房，中上部的长 10~20 mm。萼片近披针状长圆形，长 25~35 mm，宽 6~8 mm。花瓣与萼片相似，但略短而宽；唇瓣长圆状卵形，长 20~25 mm，3 裂；侧裂片直立，具小乳突；中裂片较长，强烈外弯，有明显的、发亮的乳突，边缘常皱波状；唇盘上 2 条纵褶片从基部上方延伸至中裂片基部，上端向内倾斜并会合，多少形成短管。蕊柱长 12~16 mm，两侧具狭翅。

花果期 花期 3~5 月，果期 7~9 月。

生境 海拔 700~3 000 m 的林下湿润、排水良好的地方。

蕙兰 *Cymbidium faberi* 生境与植株（金效华）

蕙兰 *Cymbidium faberi* 花序（金效华）

175. 多花兰 *Cymbidium floribundum* Lindl.

国家重点保护级别 二级

IUCN 红色名录 易危（VU）

形态特征 附生植物。植株丛生。假鳞茎近卵球形，长 2.5～3.5 cm，直径 2～3 cm，包藏于叶基之内。叶 5～6 枚，带形，长 22～50 cm，宽 0.8～1.8 cm，关节位于距基部 2～6 cm 处。花葶从假鳞茎基部穿鞘而出，长 16～28 cm，具多数稍密集的花；花萼片和花瓣红褐色，唇瓣白色，在侧裂片与中裂片上有紫红色斑，褶片黄色。花苞片小。萼片狭长圆形，长 16～18 mm，宽 4～7 mm。花瓣狭椭圆形，长 14～16 mm，与萼片近等宽；唇瓣近卵形，长 16～18 mm，3 裂；侧裂片直立，具小乳突；中裂片稍外弯，具小乳突；唇盘上有 2 条纵褶片，褶片末端靠合。蕊柱长 11～14 mm。

花果期 花期 4～8 月，果期 10～12 月。

生境 海拔 500～3 300 m 的林中树上或溪谷边透光的岩石上。

多花兰 *Cymbidium floribundum* 生境与植株（金效华）

多花兰 *Cymbidium floribundum* 花序（金效华）

176. 虎头兰 *Cymbidium hookerianum* Rchb. f.

国家重点保护级别 二级

IUCN 红色名录 濒危（EN）

形态特征 附生植物。植株丛生。假鳞茎狭椭圆形，长 3～8 cm，直径 1.5～3.0 cm，大部分包藏于叶基之内。叶 4～6 枚，长 35～60 cm，宽 1.4～2.3 cm，带形，关节位于距基部 6～10 cm 处。花葶从假鳞茎下部穿鞘而出，外弯，长 45～60 cm，具 7～14 朵花；花萼片和花瓣黄绿色，基部有少数深红色斑点，唇瓣白色；侧裂片与中裂片上有栗色斑点。花苞片卵状三角形，长 3～4 mm。萼片长圆形，长 50～55 mm，宽 15～17 mm。花瓣狭长圆状倒披针形，与萼片近等长，宽 10～13 mm；唇瓣椭圆形，长 45～50 mm，3 裂，基部与蕊柱合生达 4～5 mm；侧裂片直立，多少有小乳突，边缘有缘毛；中裂片外弯，具小乳突，有时散生短毛，边缘啮蚀状，唇盘上 2 条纵褶片从基部延伸至中裂片基部以上，沿褶片生有短毛。蕊柱长 33～40 mm。

花果期 花期 1～4 月，果期 6～8 月。

生境 海拔 1 100～2 700 m 的林中树上或林下岩石上。

虎头兰 *Cymbidium hookerianum* 生境与植株（金效华）

虎头兰 *Cymbidium hookerianum* 花序（金效华）

177. 黄蝉兰 *Cymbidium iridioides* D. Don

国家重点保护级别 二级

IUCN 红色名录 易危（VU）

形态特征 附生植物。假鳞茎椭圆形，长 4～11 cm，直径 2～5 cm，包藏于叶基之内。叶 4～8 枚，带形，长 45～70 cm，宽 2～4 cm，关节位于距基部 6～15 cm 处。花葶从假鳞茎基部穿鞘而出，长 40～70 cm，具 3～17 朵花；花黄绿色，唇瓣上具红色斑点。花苞片近三角形，长 2～3 mm。萼片狭倒卵状长圆形，长 3.7～4.5 cm，宽 1.2～1.5 cm，侧萼片稍扭转。花瓣狭卵状长圆形，长 3.5～4.6 cm，宽 0.7～0.9 cm；唇瓣近椭圆形，略短于花瓣，3 裂；侧裂片边缘具短缘毛，上面有短毛；中裂片强烈外弯，中央有 2～3 行长毛，连接于褶片顶端并延伸至中裂片上部，其余部分疏生短毛，边缘啮蚀状呈波状，唇盘上 2 条纵褶片自上部延伸至中部，但向基部迅速变狭小，中上部有长毛。蕊柱长 2.5～2.9 cm。

花果期 花期 8～12 月。

生境 海拔 900～2 800 m 的林中树上或林下岩石上。

黄蝉兰 *Cymbidium iridioides* 生境与植株（金效华）

黄蝉兰 *Cymbidium iridioides* 花序（金效华）

178. 寒兰 *Cymbidium kanran* Makino

国家重点保护级别 二级

IUCN 红色名录 易危（VU）

形态特征 地生植物。假鳞茎狭卵球形，长 2～4 cm，直径 1.0～1.5 cm，包藏于叶基之内。叶 3～5 枚，带形，长 40～70 cm，宽 0.9～1.7 cm，前部边缘常有细齿，关节位于距基部 4～5 cm 处。花葶发自假鳞茎基部，长 25～60 cm，具 5～12 朵花；花黄绿色。花苞片狭披针形，长 15～26 mm，下部的更长。萼片近线形，长 30～50 mm，宽 3.5～5.0 mm。花瓣狭卵形，长 20～30 mm，宽 5～10 mm；唇瓣近卵形，不明显 3 裂，长 20～30 mm；侧裂片直立，多少围抱蕊柱，有乳突状短柔毛；中裂片较大，外弯，上面有乳突状短柔毛，边缘稍有缺刻，唇盘上 2 条纵褶片从基部延伸于中裂片基部，上面向内倾斜并靠合，形成短管。蕊柱长 10～17 mm，两侧有狭翅。

花果期 花期 8～12 月。

生境 海拔 400～2 400 m 的林下、溪谷旁或湿润、多石的土壤上。

寒兰 *Cymbidium kanran* 花（金效华）

寒兰 *Cymbidium kanran* 花序（金效华）

179. 兔耳兰 *Cymbidium lancifolium* Hook.

国家重点保护级别 无

IUCN 红色名录 无危（LC）

形态特征 半附生植物。假鳞茎近扁圆柱形，长 2~7 cm，直径 0.5~1.0 cm，有节，顶端聚生 2~4 枚叶。叶片倒披针状长圆形，长 6~17 cm，宽 1.9~4.0 cm，上部边缘具细齿，基部收狭为长 3~18 cm 的柄。花葶从假鳞茎下部侧面节上发出，长 8~20 cm；花白色。花瓣上有紫栗色中脉，唇瓣上有紫栗色斑。花苞片披针形，长 10~15 mm。萼片倒披针形，长 22~27 mm，宽 5~7 mm。花瓣近长圆形，长 15~23 mm，宽 5~7 mm；唇瓣近卵状长圆形，长 15~20mm，稍 3 裂；侧裂片直立，多少围抱蕊柱；中裂片外弯，唇盘上 2 条纵褶片从基部上方延伸至中裂片基部，上端向内倾斜并靠合，多少形成管状。蕊柱长 15 mm。

花果期 花期 5~8 月，果期 10~12 月。

生境 海拔 300~2 200 m 的疏林下、竹林下或溪谷旁的岩石上。

兔耳兰 *Cymbidium lancifolium* 植株（金效华）

兔耳兰 *Cymbidium lancifolium* 花序（金效华）

180. 大根兰 *Cymbidium macrorhizon* Lindl.

国家重点保护级别 二级

IUCN 红色名录 近危（NT）

形态特征 菌类寄生植物，无绿叶，亦无假鳞茎，地下有根状茎。根状茎肉质，白色，长 5 ~ 10 cm，直径 0.3 ~ 0.7 cm，常分枝，具节，具不规则疣状突起。花葶直立，紫红色，长 11 ~ 18 cm，具 2 ~ 5 朵花；花白色带黄色，萼片与花瓣常有 1 条紫红色纵带，唇瓣上有紫红色斑。花苞片线状披针形，长 6 ~ 11 mm。萼片狭倒卵状长圆形，长 20 ~ 22 mm，宽 4 ~ 5 mm。花瓣椭圆形，长 15 ~ 18 mm，宽 5 ~ 6 mm；唇瓣近卵形，长 13 ~ 16 mm，略 3 裂；侧裂片直立，具小乳突；中裂片较大，稍下弯，唇盘上 2 条纵褶片从基部延伸至中裂片基部，上端向内倾斜并靠合，多少形成短管。蕊柱长 10 mm，两侧具狭翅。

花果期 花期 6 ~ 8 月。

生境 海拔 700 ~ 1 500 m 的林下，有时海拔可达 2 500 m。

大根兰 *Cymbidium macrorhizon* 生境与植株（金效华）

大根兰 *Cymbidium macrorhizon* 花序（金效华）

181. 硬叶兰 *Cymbidium mannii* Rchb. f.

国家重点保护级别 二级

IUCN 红色名录 近危（NT）

形态特征 附生植物。植株丛生。假鳞茎狭卵球形，长 2.5~5.0 cm，直径 2~3 cm，包藏于叶基之内。叶 5~7 枚，带形，长 22~80 cm，宽 1.0~1.8 cm，先端不等侧 2 圆裂。花葶从假鳞茎基部穿鞘而出，长 17~28 cm，下垂，具 10~20 朵花；花萼片和花瓣淡黄色，中央有 1 条宽阔的栗褐色纵带，唇瓣白色，有栗褐色斑。花苞片三角形，长 1.5~4.5 mm。萼片狭长圆形，长 14~17 mm，宽 3~5 mm。花瓣近狭椭圆形，长 12~14 mm，宽 3~4 mm；唇瓣近卵形，长 12~14 mm，3 裂，基部多少囊状，上面有小乳突；侧裂片短于蕊柱；中裂片外弯，唇盘上有 2 条纵褶片，两侧略膨大，上面有小乳突。蕊柱长 8~12 mm。

花果期 花期 3~4 月。

生境 海拔 500~1 600 m 的林中树上或林下岩石上。

硬叶兰 *Cymbidium mannii* 生境与植株（金效华）

182. 大雪兰 *Cymbidium mastersii* Griff. ex Lindl.

国家重点保护级别 二级

IUCN 红色名录 濒危（EN）

形态特征 附生植物。假鳞茎延长成茎状，长 10～30 cm，最长可达 1 m 以上，完全包藏于 2 列的叶基中。叶随茎的延长而不断长出，可达 15 枚之多，叶片带形，长 24～75 cm，宽 1.1～1.7 cm，先端不等侧 2 裂，关节位于距基部 3～6 cm 处。花葶 1～2 个，从下部叶腋中发出，长 25～45 cm，具 2～5 朵花；花白色，唇瓣中裂片中央有 1 个黄色斑块连接于亮黄色的褶片，少见紫红色斑点。花苞片三角形，长 2～5 mm。萼片狭椭圆形，长 45～55 mm，宽 10～15 mm。花瓣宽线形，长 42～50 mm，宽 7～10 mm；唇瓣长圆状卵形，长 40～45 mm，3 裂，基部与蕊柱合生达 3～4mm；侧裂片直立，宽约 8 mm，稍围抱蕊柱，上面有微毛；中裂片小，中央至基部有 1 个密生短毛的斑块，边缘波状；唇盘上 2 条纵褶片下部分离，上端会合。蕊柱长 35 mm。

花果期 花期 10～12 月。

生境 海拔 1 600～1 800 m 的林中树上或林下岩石上。

大雪兰 *Cymbidium mastersii* 生境与植株（金效华）

大雪兰 *Cymbidium mastersii* 花序（金效华）

183. 斑舌兰 *Cymbidium tigrinum* E. C. Parish ex Hook.

国家重点保护级别 二级

IUCN 红色名录 极危（CR）

形态特征 附生植物。假鳞茎近球形，呈双凸镜状，长 3~5 cm，直径 3.0~3.5 cm。叶 2~4 枚，生于假鳞茎顶端，狭椭圆形，长 15~20 cm，宽 3.5 cm，基部收狭成柄，关节位于距基部 1.0~1.5 cm 处。花葶从假鳞茎基部发出，长 10~20 cm，具 2~5 朵花；花萼片和花瓣黄绿色，略带红褐色晕，基部有紫褐色斑点，唇瓣白色；侧裂片紫褐色；中裂片上有红紫色斑点，褶片白色，有紫色斑点。花苞片三角形，长 4~9 mm。萼片狭椭圆状披针形，长 35~40 mm，宽 8~12 mm。花瓣略短于萼片；唇瓣近卵形，3 裂，基部与蕊柱合生 2~3 mm；侧裂片上有小乳突；中裂片外弯，具小乳突，边缘波状；唇盘上 2 条纵褶片自基部延伸至中裂片基部。蕊柱长 25~30 mm。

花果期 花期 3~7 月。

生境 海拔 1 500~2 700 m 的林中树上或林下岩石上。

斑舌兰 *Cymbidium tigrinum* 花序（金效华）

184. 西藏虎头兰 *Cymbidium tracyanum* Rofle

国家重点保护级别 二级

IUCN 红色名录 无危（LC）

形态特征 附生植物。植株丛生。假鳞茎椭圆状卵形，长 5~11 cm，直径 2~5cm，大部分包藏于叶鞘之内。叶 5~8 枚，带形，长 55~80 cm，宽 2.0~3.4 cm，关节位于距基部 7~14 cm 处。花葶从假鳞茎基部穿鞘而出，外弯，长 65~100 cm，具 10 余朵花；花萼片和花瓣黄绿色，有多条不规则暗红褐色纵脉，脉上有斑点，唇瓣淡黄色；侧裂片具和萼片同样的脉；中裂片上具短条纹与斑点，褶片淡黄色有红点。花苞片卵状三角形，长 3~5 mm。萼片狭椭圆形，长 55~70 mm，宽 17~20 mm；侧萼片稍歪斜并扭曲。花瓣镰刀形，下弯并扭曲，长 45~65 mm，宽 7~12 mm。唇瓣卵状椭圆形，长 45~60 mm，3 裂，基部与蕊柱合生达 4~5 mm；侧裂片直立，边缘有长 0.5~1.5 mm 的缘毛，上面脉上有红褐色毛；中裂片明显外弯，上面有 3 行长毛连接于褶片顶端；唇盘上 2 条纵褶片之间有 1 行长毛，明显短于褶片。蕊柱长 35~43 mm，两侧具翅。

花果期 花期 9~12 月。

生境 海拔 1 200~1 900 m 的林中树上。

西藏虎头兰 *Cymbidium tracyanum* 生境与植株（金效华）

西藏虎头兰 *Cymbidium tracyanum* 花序（金效华）

（三十一）船唇兰属 *Cymbilabia* D. K. Liu & Ming H. Li

185. 船唇兰 *Cymbilabia undulata* (Lindl.) D. K. Liu & Ming H. Li

国家重点保护级别　无

IUCN 红色名录　无危（LC）

形态特征　附生植物。茎斜立或下垂，分枝。叶长圆形，长 9~12 cm，宽 1.5~2.5 mm，先端稍不等 2 裂，基部具宿存而抱茎的鞘。花序比叶长许多，具少数分枝；花多数。花苞片绿色，宽卵形，长 6~8 mm。花大，白色，中萼片斜立，倒卵形，长 2.5~4.0 cm，宽 0.8~1.2 cm，基部收狭成爪，边缘波状；侧萼片稍反折而下弯，基部收狭。花瓣与侧萼片相似但较小，唇瓣比花瓣短，3 裂；侧裂片内面褐红色；中裂片白色带淡粉红色，中央具隆起的龙骨脊，基部凹陷。

花果期　花期 5~6 月。

生境　海拔 1 700~2 400 m 的林中树上或山坡灌丛中。

船唇兰 *Cymbilabia undulata* 生境与植株（金效华）

（三十二）杓兰属 *Cypripedium* L.

186. 无苞杓兰 *Cypripedium bardolphianum* W. W. Sm. & Farrer

国家重点保护级别 二级

IUCN 红色名录 无

形态特征 地生植物。植株高 8~12 cm，具根状茎。茎直立，长 2~3 cm，无毛，顶端具 2 枚叶。叶近对生，叶片椭圆形，长 6~7 cm，宽 2.5~3 cm。花序顶生，长 7~9 cm，具 1 朵花；花序柄无毛，果期花序柄仍继续延长；子房长约 1 cm，棱上疏被短柔毛或近无毛；花较小，通常萼片与花瓣淡绿色，有密集的褐色条纹，唇瓣金黄色。中萼片椭圆形或卵状椭圆形，长 1.5~2 cm，宽 7~9 mm；合萼片与中萼片相似，长 1.3~1.8 mm，先端 2 浅裂。花瓣长圆状披针形，斜歪，长 1.5~1.8 cm，宽 5~6 mm，常多少围抱唇瓣，无毛。唇瓣囊状，腹背压扁，长 1.2~1.5 cm，囊口表面前方有小疣状突起。退化雄蕊宽椭圆状长圆形，长约 6 mm，宽约 4 mm，表面有小乳突。蒴果椭圆状长圆形，长 1.5~1.7 cm，宽约 1 cm，无毛。

花果期 花期 6~7 月，果期 8 月。

生境 海拔 2 300~3 900 m 的山坡、林缘或疏林下。

无苞杓兰 *Cypripedium bardolphianum* 生境与植株（金效华）

无苞杓兰 *Cypripedium bardolphianum* 花序（金效华）

187. 暖地杓兰 *Cypripedium subtropicum* S. C. Chen & K. Y. Lang

国家重点保护级别 一级

IUCN 红色名录 易危（VU）

形态特征 地生植物。高达 1.5 m，具粗短的根状茎和肉质根，茎直立，中部以上具 9～10 枚叶。叶片椭圆状长圆形，长 21～33 cm，宽 7.7～10.5 cm，背面被短柔毛，边缘多少具缘毛。花序顶生；花序柄长约 21 cm；花序轴长 15 cm，具 7 朵花；花黄色，唇瓣上有紫色斑点。花苞片线状披针形，长 1.0～2.8 cm，宽 1.5～3.0 cm。中萼片卵状椭圆形，长 3.5～3.9 cm，宽 2.2～2.5 cm，背面被淡红色毛；侧萼片合生成合萼片，宽卵状椭圆形，略宽于中萼片，先端 2 浅裂。花瓣近长圆状卵形，长 3.0～3.6 cm，宽 0.9～1.1 cm，内面脉上和背面被淡红色毛；唇瓣深囊状，倒卵状椭圆形，长 4.0～4.6 cm，宽约 3 cm，囊内基部具毛。

花果期 花期 7 月。

生境 海拔约 1 400 m 的林下。

暖地杓兰 *Cypripedium subtropicum* 生境与植株（金效华）

暖地杓兰 *Cypripedium subtropicum* 花序（金效华）

（三十三）石斛属 *Dendrobium* Sw.

188. 尼泊尔石斛 *Dendrobium amoenum* Wall. ex Lindl.

国家重点保护级别 无

IUCN 红色名录 无

形态特征 附生植物。茎纤细，长15~40cm，具多数节，节间长1.8~2.4cm。叶长圆形、披针形，长6.5~12 cm，宽0.6~2 cm，基部具鞘。花序从落叶的老茎上发出，具1~2朵花；花萼片和花瓣白色带淡紫红色，唇瓣白色带淡黄色，顶端具紫色斑块。萼片相似，长圆形、披针形，长19~23 mm，宽5~7 mm；萼囊狭圆锥形，长4~7mm，宽1.5~3mm。花瓣卵形，长20~23 mm，宽5~9 mm；唇瓣宽长圆形、倒卵形，不明显3裂，长18~26mm，宽8~17mm；侧裂片圆形，内卷；中裂片近圆形，边缘波状，具绒毛；唇盘具柔毛。蕊柱长8~10 mm。

花果期 花期5~6月。

生境 海拔600~1 600 m的林中树上或岩石上。

尼泊尔石斛 *Dendrobium amoenum* 花（金效华）

尼泊尔石斛 *Dendrobium amoenum* 花序（金效华）

189. 菱叶石斛 *Dendrobium anceps* Sw.

国家重点保护级别 无

IUCN 红色名录 无

形态特征 附生植物。植株高 16～30 cm。茎扁平，分枝被叶鞘覆盖，基部宽 2～3 mm，上部宽 8～10 mm，节间长 2～2.5 cm。叶 2 列，肉质，具关节，斜立，套叠呈互生状，两侧压扁呈短剑状，长 25～50 mm，宽 6～10 mm，基部扩大呈抱茎的鞘。花序侧生于无叶的茎上部，具 1 朵花；花黄绿色，舟状。花苞片长 1.5 mm，花梗连子房长 4～5 mm。中萼片椭圆形，长 4～5 mm，宽 2～2.5 mm；侧萼片椭圆形，偏斜，长 6～8 mm，宽 2～3 mm；萼囊长 6～7 mm。花瓣宽椭圆形，长 2～3 mm，宽 1.2～2.5 mm；唇瓣近楔形、长圆形，不裂或不明显 3 裂，先端 2 裂，长 5～7 mm，宽 3～4 mm。蕊柱长 1～1.5 mm；蕊柱足长 6～7 mm。

花果期 花期 4～5月。

生境 海拔 600～1 400 m 的林中树上或岩石上。

菱叶石斛 *Dendrobium anceps* 标本（Kew 园标本馆）

190. 兜唇石斛 *Dendrobium aphyllum* (Roxb.) C. E. C. Fisch.

国家重点保护级别 二级

IUCN 红色名录 易危（VU）

形态特征 附生植物。茎下垂，细圆柱形，长 30～60 cm，直径 0.4～0.7 cm，不分枝，具多数节，节间长 2.0～3.5 cm。叶 2 列互生于整个茎上，披针形，长 6～8 cm，宽 2～3 cm，基部具鞘，鞘口呈杯状张开。花序几乎无轴，每 1～3 朵成一束，从落叶的老茎上发出；花萼片和花瓣白色带淡紫红色，唇瓣中部以上淡黄色，中部以下浅粉色，基部具紫色条纹。花苞片卵形，浅白色，长 3 mm。中萼片披针形，长 23 mm，宽 5～6 mm；侧萼片相似于中萼片而等大，基部歪斜；萼囊狭圆锥形，长 5 mm。花瓣椭圆形，长 23 mm，宽 9～10 mm；唇瓣宽倒卵形，长、宽约 25 mm，两侧向上围抱蕊柱而成喇叭状，基部具爪，边缘具不整齐的细齿，两面密布短柔毛。蕊柱长 3 mm。

花果期 花期 3～4 月，果期 6～7 月。

生境 海拔 400～1 500 m 的林中树上或岩石上。

兜唇石斛 *Dendrobium aphyllum* 生境与植株（金效华）

兜唇石斛 *Dendrobium aphyllum* 花序（金效华）

191. 束花石斛 *Dendrobium chrysanthum* Lindl.

国家重点保护级别 二级

IUCN 红色名录 易危（VU）

形态特征 附生植物。茎下垂，圆柱形，长 50～200 cm，直径 0.5～1.5 cm，不分枝，具多节，节间长 3～4 cm。叶 2 列，互生于整个茎上，长圆状披针形，长 13～19 cm，宽 1.5～4.5 cm，基部具鞘。花序多个，侧生于茎的上部，每 2～6 朵花一束；花黄色。花苞片卵状三角形，长 3 mm。中萼片长圆形，长 15～20 mm，宽 9～11 mm；侧萼片斜卵状三角形，长 15～20 mm，宽 10～12 mm，基部稍歪斜；萼囊长 4 mm。花瓣倒卵形，长 16～22 mm，宽 11～14 mm；唇瓣不裂，肾形，长 18 mm，宽 22 mm，基部具 1 个长圆形胼胝体并收狭成短爪，上面密布短毛，下面除中部以下外也密布短毛，唇盘两侧各具 1 个栗色斑块，具 1 条宽厚的脊从基部伸向中部。蕊柱长 4 mm。

花果期 花期 9～10 月。

生境 海拔 700～2 500 m 的林中树上或阴湿的岩石上。

束花石斛 *Dendrobium chrysanthum* 生境与植株（金效华）

束花石斛 *Dendrobium chrysanthum* 花序（金效华）

192. 鼓槌石斛 *Dendrobium chrysotoxum* Lindl.

国家重点保护级别　二级

IUCN 红色名录　易危（VU）

形态特征　附生植物。茎直立，纺锤形，长 6～30 cm，中部粗 1.5～5.0 cm，具 2～5 节，具多数圆钝的条棱，近顶端具 2～5 枚叶。叶片长圆形，长 19 cm，宽 2.0～3.5 cm，先端急尖而钩转，基部收狭但不抱茎。花序在近顶端发出，长 20 cm；花序轴粗，疏生多数花；花金黄色，唇瓣颜色稍深。花苞片卵状披针形，长 2～3 mm。中萼片长圆形，长 12～20 mm，宽 5～9 mm；侧萼片与中萼片近等大；萼囊近球形，宽 4 mm。花瓣倒卵形，等长于中萼片，宽为其 2 倍；唇瓣近肾状圆形，长 20 mm，宽 23 mm，先端浅 2 裂，基部两侧多少具红色条纹，边缘波状，上面密被短绒毛，唇盘通常隆起。蕊柱长 5 mm。

花果期　花期 3～5 月。

生境　海拔 500～1 600 m 的林中树上或岩石上。

鼓槌石斛 *Dendrobium chrysotoxum* 生境与植株（金效华）

鼓槌石斛 *Dendrobium chrysotoxum* 花序（金效华）

193. 玫瑰石斛 *Dendrobium crepidatum* Lindl. ex Paxton

国家重点保护级别 二级

IUCN 红色名录 濒危（EN）

形态特征 附生植物。茎悬垂，圆柱形，长 10~40 cm，直径 1 cm，不分枝，具多节，节间长 3~4 cm，被绿色和白色条纹的鞘。叶多枚 2 列着生于茎上，狭披针形，长 5~10 cm，宽 1.0~1.2 cm，基部具抱茎的鞘。花序短，从落叶的老茎上部发出，具 1~4 朵花；花萼片和花瓣白色，唇瓣中部以上淡紫红色，中部以下黄色。花苞片卵形，长 4 mm。中萼片椭圆形，长 21 mm，宽 10 mm；侧萼片卵状长圆形，与中萼片近等大，在背面中肋多少呈龙骨状突起；萼囊近球形，长 5 mm。花瓣宽倒卵形，长 21 mm，宽 12 mm；唇瓣近圆形，长宽近相等，约 20 mm，中部以下两侧围抱蕊柱，上面密布短柔毛。蕊柱长 3 mm，前面具 2 条紫红色条纹。

花果期 花期 3~4 月。

生境 海拔 1 000~1 800 m 的林中树上或岩石上。

玫瑰石斛 *Dendrobium crepidatum* 生境与植株（金效华）

玫瑰石斛 *Dendrobium crepidatum* 花序（金效华）

194. 密花石斛 *Dendrobium densiflorum* Lindl.

国家重点保护级别 二级

IUCN 红色名录 易危（VU）

形态特征 附生植物。茎直立，棒状，长 25～40 cm，直径 2 cm，不分枝，具数个节和 4 个纵棱，呈四方形，基部收狭成圆柱形。叶 3～4 枚近顶生，长圆状披针形，长 8～17 cm，宽 2.6～6.0 cm。花序从上年具叶的茎上端发出，下垂，密生多数花；花萼片和花瓣淡黄色，唇瓣金黄色。花苞片倒卵形，长 12～15 mm，宽 6～10 mm。中萼片卵形，长 17～21 mm，宽 8～12 mm；侧萼片卵状披针形，与中萼片近等大；萼囊近球形，宽 5 mm。花瓣近圆形，长 15～20 mm，宽 11～15 mm，基部收狭为短爪，中部以上边缘具啮齿；唇瓣圆状菱形，长 17～22 mm，宽 22 mm，基部具短爪，中部以下两侧围抱蕊柱，上面和下面的中部以上密被短绒毛。蕊柱长 4 mm。

花果期 花期 4～5 月。

生境 海拔 420～1 000 m 的林中树上或岩石上。

密花石斛 *Dendrobium densiflorum* 生境与植株（金效华）

密花石斛 *Dendrobium densiflorum* 花序（金效华）

195. 齿瓣石斛 *Dendrobium devonianum* Paxton

国家重点保护级别 二级

IUCN 红色名录 濒危（EN）

形态特征 附生植物。茎下垂，细圆柱形，长 50～70 cm，直径 0.3～0.5 cm，不分枝，具多数节，节间长 2.5～4.0 cm。叶 2 列互生于整个茎上，狭卵状披针形，长 8～13 cm，宽 1.2～2.5 cm，基部具抱茎的鞘，叶鞘常具紫红色斑点。花序数个，出自落了叶的老茎上，每个具 1～2 朵花；花白色，前部具紫红色晕，唇瓣中部以下两侧具紫红色条纹。花苞片卵形，长 4 mm。中萼片卵状披针形，长 25 mm，宽 9 mm；侧萼片与中萼片相似，但基部稍歪斜；萼囊近球形，长 4 mm。花瓣卵形，长 26 mm，宽 13 mm，基部收狭成短爪，边缘具短流苏；唇瓣近圆形，长 30 mm，基部收狭成短爪，边缘具复式流苏，上面密布短毛，唇盘两侧各具 1 个黄色斑块。蕊柱长 3 mm，两侧具紫红色条纹。

花果期 花期 4～5月。

生境 海拔 1 800 m 以下的林中树上。

齿瓣石斛 *Dendrobium devonianum* 生境与植株（金效华）

齿瓣石斛 *Dendrobium devonianum* 花序（金效华）

196. 串珠石斛 *Dendrobium falconeri* Hook.

国家重点保护级别 二级

IUCN 红色名录 易危（VU）

形态特征 附生植物。茎悬垂，细圆柱形，长 30～40 cm，直径 0.2～0.3 cm，近中部的节间常膨大，多分枝，在分枝的节上肿大而成念珠状，主茎节间较长，达 3.5 cm，分枝节间长约 1 cm。叶常 2～5 枚，互生于分枝的上部，狭披针形，长 5～7 cm，宽 0.3～0.7 cm，基部具鞘，鞘水红色，筒状。花单朵侧生；花萼片淡紫色。花瓣和唇瓣白色带紫色先端。花苞片卵形，长 3～4 mm。中萼片卵状披针形，长 30～36 mm，宽 7～8 mm；侧萼片卵状披针形，与中萼片等大，基部歪斜；萼囊近球形，长 6 mm。花瓣卵状菱形，长 29～33 mm，宽 14～16 mm；唇瓣卵状菱形，与花瓣等长而宽，边缘具细锯齿，基部两侧黄色，唇盘具 1 个深紫色斑块，上面密布短毛。蕊柱长 2 mm。

花果期 花期 5～6 月。

生境 海拔 800～1 900 m 的林中树上。

串珠石斛 *Dendrobium falconeri* 生境与植株（金效华）

串珠石斛 *Dendrobium falconeri* 花序（金效华）

197. 四角石斛 *Dendrobium farmeri* Paxton

国家重点保护级别 无

IUCN 红色名录 无

形态特征 附生植物。茎直立，棒形，长 10～18 cm，直径 2～4 cm。叶 2～3 枚，生于茎顶端，卵形披针形，革质，长 7～12 cm，宽 2～4 cm。总状花序，花生于茎顶端，下垂。萼片和花瓣呈均匀的淡粉色，唇瓣几乎为白色，基部有 1 个亮黄色斑点，几乎覆盖了花盘的一半。萼片卵状长圆形。花瓣比萼片宽，圆形，边缘有流苏。萼片和花瓣均有 3～5 条脉。唇瓣圆形，唇盘具短柔毛，边缘有流苏。

花果期 花期 2 月。

生境 海拔 700～3 000 m 的林中树上。

四角石斛 *Dendrobium farmeri* 花序（王翰臣）

198. 曲轴石斛 *Dendrobium gibsonii* Lindl.

国家重点保护级别 二级

IUCN 红色名录 濒危（EN）

形态特征 附生植物。茎斜立或下垂，圆柱形，长 35~100 cm，直径 0.7~0.8 cm，上部有时稍弯曲，不分枝，具多节，节间长 2.4~3.5 cm，具纵槽。叶 2 列互生在整个茎上，长圆形，长 10~15 cm，宽 2.5~3.5 cm，基部具鞘。花序出自落了叶的老茎上部；花序轴曲折，长 15~20 cm，疏生 10 余朵花；花黄色。花苞片披针形，舟状，长 5~7 mm。中萼片椭圆形，长 14~16 mm，宽 10~11 mm；侧萼片长圆形，长 14~16 mm，宽 9~10 mm，基部歪斜；萼囊近球形，长 4 mm。花瓣近椭圆形，长 14~16 mm，宽 8~9 mm；唇瓣近肾形，长 15 mm，宽 17 mm，先端微凹，基部收狭为爪，唇盘两侧各具 1 个圆形栗色斑块，上面密布细乳突状毛，边缘具短流苏。蕊柱长 3 mm。

花果期 花期 6~7 月。

生境 海拔 800~1 000 m 的疏林中树上。

曲轴石斛 *Dendrobium gibsonii* 生境与植株（金效华）

曲轴石斛 *Dendrobium gibsonii* 花序（金效华）

199. 杯鞘石斛 *Dendrobium gratiosissimum* Rchb. f.

国家重点保护级别 二级

IUCN 红色名录 易危（VU）

形态特征 附生植物。茎悬垂，圆柱形，长 20～50 cm，直径 0.5～1.0 cm，具许多肿大的节，上部多少回折状弯曲，节间长 2.0～2.5 cm。叶长圆形，长 8～11 cm，宽 1.5～1.8 cm，先端一侧钩转，基部具抱茎的鞘。花序从落了叶的老茎上部发出，具 1～2 朵花；花白色带淡紫色先端。花苞片宽卵形，长 7～10 mm。中萼片卵状披针形，长 23～25 mm，宽 7～8 mm；侧萼片与中萼片等大，近圆形，基部歪斜；萼囊小，近球形，长 3 mm。花瓣斜卵形，长 23～25 mm，宽 13～14 mm，基部收狭为短爪；唇瓣近宽倒卵形，长 23 mm，宽 20 mm，两侧具多数紫红色条纹，边缘具睫毛，上面密生短毛，唇盘中央具 1 个横生的淡黄色半月形斑块。蕊柱长 4 mm。

花果期 花期 4～5 月，果期 6～7 月。

生境 海拔 800～1 700 m 的林中树上。

杯鞘石斛 *Dendrobium gratiosissimum* 生境与植株（金效华）

杯鞘石斛 *Dendrobium gratiosissimum* 花序（金效华）

200. 疏花石斛 *Dendrobium henryi* Schltr.

国家重点保护级别 二级

IUCN 红色名录 无危（LC）

形态特征 附生植物。茎斜立，圆柱形，长 30~80 cm，直径 0.5~0.8 cm，不分枝，具多节，节间长 3.0~4.5 cm。叶 2 列，长圆形，长 8~11 cm，宽 1.7~3.0 cm，近先端处的两侧不对称，基部扩大为鞘。花序出自具叶的老茎中部，具 1~2 朵花；花黄色。花苞片卵状三角形，长 6~9 mm。中萼片卵状长圆形，长 23~30 mm，宽 10~12 mm；侧萼片卵状披针形，长 23~30 mm，宽 10~12 mm，基部歪斜；萼囊宽圆锥形，长 5 mm。花瓣稍斜宽卵形，比萼片短，但稍宽，基部具短爪；唇瓣近圆形，长 20~30 mm，基部具长约 3 mm 的爪，两侧围抱蕊柱，边缘具不整齐的细齿，唇盘凹陷，密布细乳突。蕊柱长 3 mm。

花果期 花期 6~9 月。

生境 海拔 600~1 700 m 的林中树上或林下岩石上。

疏花石斛 *Dendrobium henryi* 植株（金效华）

疏花石斛 *Dendrobium henryi* 花序（金效华）

201. 金耳石斛 *Dendrobium hookerianum* Lindl.

国家重点保护级别 二级

IUCN 红色名录 易危（VU）

形态特征 附生植物。茎下垂，圆柱形，长 30～80 cm，直径 0.4～0.7 cm，不分枝，具多节，节间长 2～5 cm。叶 2 列互生于整个茎上，卵状披针形，长 7～17 cm，宽 2.0～3.5 cm，上部两侧不对称，基部扩大为鞘。花序数个侧生于具叶的老茎中部，长 4～10 cm，疏生 2～7 朵花；花金黄色。花苞片卵状披针形，长 4～6 mm。中萼片椭圆状长圆形，长 24～35 mm，宽 9～16 mm；侧萼片长圆形，长 24～35 mm，宽 9～16 mm，基部歪斜；萼囊圆锥形，长 8 mm。花瓣长圆形，长 24～35 mm，宽 10～18 mm；唇瓣近圆形，宽 20～30 mm，基部具短爪，两侧围抱蕊柱，边缘具复式流苏，上面密布短绒毛，唇盘两侧各具1个紫色斑块，爪上具1枚胼胝体。蕊柱长 4 mm。

花果期 花期 7～9 月。

生境 海拔 1 000～2 300 m 的林中树上或林下岩石上。

金耳石斛 *Dendrobium hookerianum* 生境与植株（金效华）

金耳石斛 *Dendrobium hookerianum* 果（金效华）

202. 聚石斛 *Dendrobium lindleyi* Steud.

国家重点保护级别 二级

IUCN 红色名录 无危（LC）

形态特征 附生植物。茎假鳞茎状，密集或丛生，多少两侧压扁状，纺锤形，长 1~5 cm，直径 0.5~1.5 cm，顶生 1 枚叶，基部收狭，具 4 棱和 2~5 个节，节间长 1~2 cm。叶长圆形，长 3~8 cm，宽 0.6~3.0 cm，先端微凹，基部收狭，但不为鞘，边缘多少波状。花序从茎上端发出，比茎长，达 27 cm，疏生数朵花；花黄色。花苞片狭卵状三角形，长 2 mm。中萼片卵状披针形，长 20 mm，宽 7~8 mm；侧萼片与中萼片近等大；萼囊近球形，长 5 mm。花瓣宽椭圆形，长 20 mm，宽 10 mm；唇瓣横长圆形，长 15 mm，宽 20 mm，不裂，中部以下两侧围抱蕊柱，先端凹缺，唇盘在中部以下密被短柔毛。蕊柱长 4 mm。

花果期 花期 4~5月。

生境 海拔约 1 000 m 的林中树上。

聚石斛 *Dendrobium lindleyi* 植株（金效华）

聚石斛 *Dendrobium lindleyi* 花序（金效华）

203. 喇叭唇石斛 *Dendrobium lituiflorum* Lindl.

国家重点保护级别 二级

IUCN 红色名录 极危（CR）

形态特征 附生植物。茎下垂，圆柱形，长 30~40 cm，直径 0.7~1.0 cm，不分枝，具多节，节间长 3.0~3.5 cm。叶狭长圆形，长 7~18 cm，宽 1.2~1.5 cm，先端一侧钩转，基部具鞘。花序多个，出自落了叶的老茎上，具 1~2 朵花；花紫色。花苞片卵形，长 10~13 mm。中萼片长圆状披针形，长 35 mm，宽 7 mm；侧萼片与中萼片相似而等大，基部稍歪斜；萼囊近球形，长 4 mm。花瓣近椭圆形，长 40 mm，宽 15 mm；唇瓣近倒卵形，比花瓣短，内面有 1 条白色环带围绕的深紫色斑块，中部以下两侧围抱蕊柱而形成喇叭形，边缘具不规则的细齿，上面密布短毛。蕊柱长 4 mm。

花果期 花期 3 月。

生境 海拔 800~1 600 m 的林中树上。

喇叭唇石斛 *Dendrobium lituiflorum* 生境与植株（金效华）

喇叭唇石斛 *Dendrobium lituiflorum* 花序（金效华）

204. 长距石斛 *Dendrobium longicornu* Lindl.

国家重点保护级别 二级

IUCN 红色名录 濒危（EN）

形态特征 附生植物。茎丛生，圆柱形，长 7 ~ 35 cm，直径 0.2 ~ 0.4 cm，不分枝，具多节，节间长 2 ~ 4 cm。叶狭披针形，长 3 ~ 7 cm，宽 0.5 ~ 1.4 cm，先端不等侧 2 裂，基部下延为抱茎的鞘，两面和叶鞘均被黑褐色粗毛。花序从具叶的茎端发出，具 1 ~ 3 朵花；花白色，唇盘中央黄色。花苞片卵状披针形，长 5 ~ 8 mm。中萼片卵形，长 15 ~ 20 mm，宽 7 mm，在背面中肋稍隆起呈龙骨状；侧萼片斜卵状三角形，近蕊柱一侧等长于中萼片，中部宽 9 mm，在背面中肋稍隆起呈龙骨状；萼囊呈角状的距，稍短于花梗和子房。花瓣长圆形，长 15 ~ 20 mm，宽 4 mm，边缘具不整齐的细齿；唇瓣近倒卵形，前端 3 裂；侧裂片近倒卵形，围抱蕊柱，两侧裂片之间的宽比中裂片大得多；中裂片先端浅 2 裂，边缘具波状皱褶和不整齐的齿，有时呈流苏状，唇盘沿脉纹密被短而肥的流苏，中央具 3 ~ 4 条纵贯的龙骨脊。蕊柱长 5 mm；蕊柱齿三角形。

花果期 花期 9 ~ 11 月。

生境 海拔 1 200 ~ 2 500 m 的林中树上。

长距石斛 *Dendrobium longicornu* 生境与植株（金效华）

长距石斛 *Dendrobium longicornu* 花序（金效华）

205. 麦氏金石斛 *Dendrobium macraei* Lindl.

国家重点保护级别 无

IUCN 红色名录 无

形态特征 附生草本。根状茎匍匐，有明显节，黄绿色。茎具分枝。假鳞茎单生在茎上，梭形，长 2.5～5 cm，直径约 1 cm，顶生 1 枚叶。叶狭披针形，长 5.2～12.5 cm，宽 1.7～2.5 cm，先端微凹，基部稍收狭，具很短的柄。花序从叶的基部背侧生出，基部被覆 2～3 枚簇生的鳞片状鞘，具 1～2 朵花；花梗和子房长约 1 cm；花质地稍厚；萼片和花瓣黄白色；中萼片卵形，长约 1 cm，宽约 0.3 mm，先端钝，具 5 条脉；侧萼片斜卵形，下弯，与中萼片近等长，宽约 5 mm，先端钝，具 5 条脉。花瓣狭卵形，等长于萼片，宽约 2 mm，先端钝，具 3 条脉；唇瓣近卵形，先端收狭为楔形，长 1～1.2 cm，宽约 4 mm，3 裂；侧裂片卵状三角形，直立，全缘；中裂片完全展开后呈“T”形，边缘全缘，先端微凹；唇盘具 2 条黄色的褶脊，从唇瓣基部延伸至中部。蕊柱长约 3 mm，具长 5 mm 的蕊柱足；药帽白色，半球形。

花果期 花期 7～8 月。

生境 海拔约 970 m 的常绿阔叶林树干上。

麦氏金石斛 *Dendrobium macraei* 花序（李孟凯）

麦氏金石斛 *Dendrobium macraei* 生境与植株（李孟凯）

206. 细茎石斛 *Dendrobium moniliforme* (L.) Sw.

国家重点保护级别 二级

IUCN 红色名录 易危（VU）

形态特征 附生植物。茎细圆柱形，长 10 ~ 20 cm，直径 0.3 ~ 0.5 cm，具多节，节间长 2 ~ 4 cm。叶数枚 2 列互生于茎的中部以上，披针形，长 3.0 ~ 4.5 cm，宽 0.5 ~ 1.0 cm，先端不等侧 2 裂，基部下延为抱茎的鞘。花序数个生于具叶或落了叶的老茎中部以上，具 1 ~ 3 朵花；花白色。花苞片卵形，长 3 ~ 4 mm。萼片和花瓣相似，卵状长圆形，长 13 ~ 17 mm，宽 3 ~ 4 mm，侧萼片基部歪斜而贴生于蕊柱足上；萼囊圆锥形，长 4 ~ 5 mm。花瓣稍比萼片宽；唇瓣卵状披针形，中央带紫红色至浅黄色斑块，比萼片稍短，3 裂；侧裂片半圆形，直立，围抱蕊柱，边缘具不规则的齿；中裂片卵状披针形，唇盘在两侧裂片之间密被短柔毛，基部具 1 个椭圆形胼胝体，近中裂片基部具 1 个黄绿色斑块。蕊柱长 3 mm。

花果期 花期 3 ~ 5 月。

生境 海拔 590 ~ 3 000 m 的林中树上或林下岩石上。

细茎石斛 *Dendrobium moniliforme* 生境与植株（金效华）

细茎石斛 *Dendrobium moniliforme* 花序（金效华）

207. 藏南石斛 *Dendrobium monticola* P. F. Hunt & Summerh.

国家重点保护级别 二级

IUCN 红色名录 易危（VU）

形态特征 附生植物。植株矮小，茎直立，长 10 cm，从基部向上逐渐变细，当年生的茎被叶鞘所包，具数节，节间长 1 cm。叶 2 列互生于整个茎上，狭长圆形，长 2.5~4.5 cm，宽 0.5~0.6 cm，先端不等侧微 2 裂，基部扩大为偏鼓状的鞘。花序 1~4 个，顶生或从当年生具叶的茎上部发出，长 2.5~5.0 cm，具数朵小花；花白色。花苞片狭卵形，长 2~3 mm。中萼片狭长圆形，长 7~9 mm，宽 1.5~1.8 mm；侧萼片镰状披针形，长 7~9 mm，宽 3.5 mm，基部歪斜；萼囊短圆锥形。花瓣狭长圆形，长 6~8 mm，宽 1.8 mm；唇瓣近椭圆形，长 5.5~6.5 mm，宽 3.5~4.5 mm，中部稍缢缩，中部以上 3 裂，基部具短爪；侧裂片直立，先端渐狭为尖牙齿状，边缘梳状，具紫红色脉纹；中裂片卵状三角形，反折，边缘鸡冠状皱褶，唇盘除唇瓣先端白色外，其余具紫红色条纹，中央具 2~3 条褶片连成一体的脊突，脊突从唇瓣基部延伸到中裂片基部。蕊柱长 3 mm，上端的蕊柱齿不甚明显。

花果期 花期 7~8 月。

生境 海拔 1 700~2 200 m 的林中树上或林下岩石上。

藏南石斛 *Dendrobium monticola* 生境与植株（金效华）

藏南石斛 *Dendrobium monticola* 花序（金效华）

208. 杓唇石斛 *Dendrobium moschatum* (Buch.-Ham.) Sw.

国家重点保护级别 二级

IUCN 红色名录 濒危（EN）

形态特征 附生植物。茎圆柱形，长达 1 m，直径 6 ~ 8 mm，不分枝，具多节，节间长 3 cm。叶 2 列互生于茎的上部，长圆形，长 10 ~ 15 cm，宽 1.5 ~ 3.0 cm，先端不等侧 2 裂，基部具抱茎的鞘。花序出自上年具叶或落了叶的茎顶端，下垂，长 20 cm，疏生数朵花；花深黄色。花苞片长圆形，长 12 ~ 20 mm，宽 3 ~ 5 mm。中萼片长圆形，长 24 ~ 35 mm，宽 11 ~ 14 mm；侧萼片长圆形，长 24 ~ 35 mm，宽 9 ~ 10 mm，基部稍歪斜；萼囊圆锥形，短而宽，长 6 mm。花瓣斜宽卵形，长 26 ~ 35 mm，宽 17 ~ 23 mm；唇瓣圆形，边缘内卷而形成杓状，长 24 mm，宽 22 mm，上面密被短柔毛，唇盘基部两侧各具 1 个浅紫褐色斑块。蕊柱长 4 mm。

花果期 花期 4 ~ 6 月。

生境 海拔约 1 300 m 的疏林中树上。

杓唇石斛 *Dendrobium moschatum* 生境与植株（金效华）

杓唇石斛 *Dendrobium moschatum* 花序（金效华）

209. 石斛 *Dendrobium nobile* Lindl.

国家重点保护级别 二级

IUCN 红色名录 易危（VU）

形态特征 附生植物。茎稍扁，圆柱形，长 10～60 cm，直径 1.3 cm，上部多少回折状弯曲，不分枝，具多节，节有时稍肿大，节间多少呈倒圆锥状，长 2～4 cm。叶长圆形，长 6～11 cm，宽 1～3 cm，先端不等侧 2 裂，基部具抱茎的鞘。花序从具叶或落了叶的老茎中部以上发出，长 2～4 cm，具 1～4 朵花；花白色带淡紫色先端。花苞片卵状披针形，长 6～13 mm。中萼片长圆形，长 25～35 mm，宽 10～14 mm；侧萼片相似于中萼片，基部歪斜；萼囊圆锥形，长 6 mm。花瓣多少斜宽卵形，长 25～35 mm，宽 18～25 mm，基部具短爪；唇瓣宽卵形，长 25～35 mm，宽 22～32 mm，基部两侧具紫红色条纹并收狭为短爪，中部以下两侧围抱蕊柱，边缘具短睫毛，两面密布短绒毛，唇盘中央具 1 个紫红色大斑块。蕊柱长 5 mm。

花果期 花期 4～5 月。

生境 海拔 480～1 700 m 的林中树上或林下岩石上。

石斛 *Dendrobium nobile* 生境与植株（金效华）

石斛 *Dendrobium nobile* 花序（金效华）

210. 少花石斛 *Dendrobium parciflorum* Rchb. f. ex Lindl.

国家重点保护级别 二级

IUCN 红色名录 极危（CR）

形态特征 附生植物。茎直立，扁圆柱形，长达 37 cm，直径 0.6～0.7 cm，具多个节，有时分枝，节间呈棒状，长 1.5～2.0 cm，具纵条棱。叶 2 列，两侧压扁呈半圆柱形，长 17～30 mm，宽 3～4 mm，基部扩大呈抱茎的鞘，中部以上向外弯。花序侧生于具叶或落了叶的老茎顶端和中部以上的节上，具 1～2 朵花；花淡白色。花苞片卵形，长 1～2 mm。中萼片长圆形，长 12 mm，宽 5 mm；侧萼片卵状三角形，与中萼片等长，宽 8 mm，基部十分歪斜；萼囊长 20 mm，宽 10 mm，向前弯曲。花瓣长圆形，长 12 mm，宽 3 mm；唇瓣匙形，长 25 mm，宽 10 mm，先端凹缺，前部边缘波状，中央具 3～4 条纵贯的粗厚脉纹而终止于近唇瓣的先端，上面近先端处具黄色斑点并且密布乳突状毛。蕊柱长 3 mm。

花果期 花期 7～8 月。

生境 海拔约 1 500 m 的疏林中树上。

少花石斛 *Dendrobium parciflorum* 植株（金效华）

少花石斛 *Dendrobium parciflorum* 花序（金效华）

211. 紫瓣石斛 *Dendrobium parishii* Rchb. f.

国家重点保护级别 二级

IUCN 红色名录 濒危（EN）

形态特征 附生植物。茎下垂，圆柱形，长 10~30 cm，直径 1.0~1.3 cm，上部多少弯曲，不分枝，具数节，节间长 4 cm。叶狭长圆形，长 7.5~12.5 cm，宽 1.6~1.9 cm，先端不等侧 2 裂，基部被白色鞘。花序出自落了叶的老茎上部，具 1~3 朵花；花紫红色。花苞片卵状披针形，长 7 mm。中萼片倒卵状披针形，长 27 mm，宽 7 mm；侧萼片卵状披针形，与中萼片等长但稍狭；萼囊狭圆锥形，长 6 mm。花瓣宽椭圆形，比萼片短而宽，基部收狭为短爪，边缘具睫毛或细齿；唇瓣菱状圆形，长 20 mm，宽 16 mm，中部以下两侧围抱蕊柱，基部具短爪，两面密布绒毛，边缘密生睫毛，唇盘两侧各具 1 个深紫色斑块，在爪上具 1 个凹槽和其前方具隆起的脊状物。蕊柱长 7 mm。

花果期 花期 5~6 月。

生境 海拔 250~1 700 m 的低地原始林中。

紫瓣石斛 *Dendrobium parishii* 生境与植株（金效华）

紫瓣石斛 *Dendrobium parishii* 花序（金效华）

212. 肿节石斛 *Dendrobium pendulum* Roxb.

国家重点保护级别 二级

IUCN 红色名录 濒危（EN）

形态特征 附生植物。茎直立，圆柱形，长 22~40 cm，直径 1.0~1.6 cm，不分枝，具多节，节肿大呈算盘珠子样，节间长 2.0~2.5 cm。叶片长圆形，长 9~12 cm，宽 1.7~2.7 cm，基部具抱茎的鞘。花序出自落了叶的老茎上部，具 1~3 朵花；花白色，上部紫红色。花苞片宽卵形，长 8 mm。中萼片长圆形，长 30 mm，宽 10 mm；侧萼片与中萼片等大且同形，基部稍歪斜；萼囊近圆锥形，长 5 mm。花瓣阔长圆形，长 30 mm，宽 15 mm，边缘具细齿；唇瓣近圆形，中部以下金黄色，上部紫红色，长 25 mm，中部以下两侧围抱蕊柱，基部具很短的爪，边缘具睫毛，两面被短绒毛。蕊柱长 4 mm，背面稍被细乳突。

花果期 花期 3~4 月。

生境 海拔 1 000~1 600 m 的林中树上。

肿节石斛 *Dendrobium pendulum* 生境与植株（金效华）

肿节石斛 *Dendrobium pendulum* 花序（金效华）

213. 报春石斛 *Dendrobium polyanthum* Wall. ex Lindl.

国家重点保护级别 二级

IUCN 红色名录 易危（VU）

形态特征 附生植物。茎下垂，圆柱形，长 20~35 cm，直径 0.8~1.3 cm，不分枝，具多节，节间长 2.0~2.5 cm。叶 2 列，互生于整个茎上，披针形，长 8~11 cm，宽 2~3 cm，先端不等侧 2 裂，基部具鞘。花序从落了叶的老茎上部节上发出，具 1~3 朵花；花萼片和花瓣淡玫瑰色，唇瓣淡黄色带玫瑰色先端。花苞片卵形，长 5~9 mm。中萼片狭披针形，长 30 mm，宽 6~8 mm；侧萼片与中萼片同形而等大，基部歪斜；萼囊狭圆锥形，长 5 mm。花瓣狭长圆形，长 30 mm，宽 7~9 mm；唇瓣宽倒卵形，长小于宽，宽 35 mm，中部以下两侧围抱蕊柱，两面密布短柔毛，边缘具不整齐的细齿，唇盘具紫红色的脉纹。蕊柱长 3 mm。

花果期 花期 3~4 月。

生境 海拔 700~1 800 m 的林中树上。

报春石斛 *Dendrobium polyanthum* 花序（金效华）

214. 单莛草石斛 *Dendrobium porphyrochilum* Lindl.

国家重点保护级别 二级

IUCN 红色名录 濒危（EN）

形态特征 附生植物。茎直立，圆柱形，长 1.5~4.0 cm，直径 0.2~0.4 cm，基部稍收狭，中部以上向先端逐渐变细，具数个节间，当年生的茎被叶鞘包裹。叶 3~4 枚，2 列互生，狭长圆形，长 4.5cm，宽 0.6~1.0cm，先端不等侧 2 裂，基部收狭然后扩大为鞘。花序单个顶生，远高出叶，长达 8 cm，弯垂，具数朵花；花黄绿色。花苞片狭披针形，长 9 mm。中萼片狭卵状披针形，长 8~9 mm，宽 1.8~2.0 mm，先端呈尾状；侧萼片狭披针形，与中萼片等长而稍宽，基部歪斜；萼囊近球形。花瓣狭椭圆形，长 6.5~7.0 mm，宽 1.8 mm；唇瓣近菱形，暗紫褐色而边缘为淡绿色，凹陷，不裂，长 5 mm，宽 2 mm，唇盘中央具 3 条多少增厚的纵脊。蕊柱长 1 mm。

花果期 花期 6 月。

生境 海拔约 2 700 m 的林中树上或林下岩石上。

单莛草石斛 *Dendrobium porphyrochilum* 花序（金效华）

215. 西藏金石斛 *Dendrobium ritaeanum* King & Pantl.
Flickingeria ritaeana (King et Pantl.) A. D. Hawkes

国家重点保护级别 无

IUCN 红色名录 无

形态特征 附生植物。根状茎匍匐，具多分枝，每相距4~5个节间发出1个茎，有明显节间。假鳞茎黄绿色，细圆柱形，长3~4 cm，非常纤细，顶生1枚叶。叶革质，狭卵形，长5~8 cm，宽10~12 mm，先端锐尖，微凹，基部稍收狭，具很短的柄。花序通常为单朵花，生于叶基部的背侧，基部被覆2~3枚鳞片状鞘；花梗和子房长约8 mm；花很小；花期极短，仅开放半天；萼片和花瓣淡黄色；中萼片卵状椭圆形，长4~5 mm，宽约3 mm，先端钝，具5条脉；侧萼片斜三角形，比中萼片宽大，先端渐尖，具5条脉。花瓣狭卵形，长约5 mm，宽约2 mm，先端渐尖，具3条脉；唇瓣长卵形，长约1.4 cm，宽0.5 cm，3裂；侧裂片直立，先端近三角形，先端锐尖；中裂片近倒卵形，边缘全缘，前部深2裂；唇盘具2条紫色褶片，从唇瓣基部延伸至近先端。蕊柱长约3 mm，具长约7 mm的蕊柱足。

花果期 花期4~6月。

生境 海拔约1430 m的常绿阔叶林树干上。

西藏金石斛 *Dendrobium ritaeanum* 生境与植株（李孟凯）

西藏金石斛 *Dendrobium ritaeanum* 花序（李孟凯）

216. 独龙石斛 *Dendrobium praecinctum* Rchb. f.

国家重点保护级别 二级

IUCN 红色名录 无

形态特征 附生植物。茎圆柱状，顶端带分枝。叶狭披针形。花序腋生于老茎上，总状花序具1～2（～5）朵花；花不完全张开，黄色到黄白色，萼片和花瓣边缘具明显紫红色。中萼片披针形；侧萼片轻微镰刀状。花瓣卵状披针形，边缘通常具纤毛；唇瓣3裂，基部有爪，上半部边缘具糙毛状流苏；侧裂片狭窄，齿状；中裂片椭圆形，先端钝，中间具红色斑点，唇盘上有3条肉状突出增厚的脉。

花果期 花期6月。

生境 海拔约1 750 m的林中树上。

独龙石斛 *Dendrobium praecinctum* 生境与植株（金效华）

独龙石斛 *Dendrobium praecinctum* 花序（金效华）

217. 反唇石斛 *Dendrobium ruckeri* Lindl.

国家重点保护级别 无

IUCN 红色名录 数据缺乏（DD）

形态特征 附生植物。茎下垂，长 30～60 cm，具分枝，节间长 1.8～4.8 cm。叶 2 列，披针形，长 5～7 cm，宽 1.5～2.0 cm。花序与叶对生，具 1～2 朵花；花淡黄色，唇瓣中下部具多数紫褐色条纹。花苞片宽披针形，长 4～5 mm。萼片相似，椭圆形，长 10～20 mm，宽 5～8 mm，侧萼片稍宽；萼囊宽囊状，长 3～4 mm，先端浅 2 裂。花瓣长圆形，长 9～11 mm，宽 3 mm；唇瓣 3 裂，近菱形，长 13～16 mm，宽 12～18 mm；侧裂片较大；中裂片近圆形，先端浅 2 裂，稍向下弯，先端稍波状；唇盘上具 1 个长的被毛的脊从基部几乎延伸至先端。蕊柱和蕊柱足长 8～9 mm。

花果期 花期 2～5 月。

生境 海拔约 800 m 的林中树上。

反唇石斛 *Dendrobium ruckeri* 花（金效华）

反唇石斛 *Dendrobium ruckeri* 生境与植株（金效华）

反唇石斛 *Dendrobium ruckeri* 花序（金效华）

218. 剑叶石斛 *Dendrobium spatella* Rchb. f.

国家重点保护级别 二级

IUCN 红色名录 易危（VU）

形态特征 附生植物。茎直立，扁三棱形，长达 60 cm，直径 0.4 cm，基部收狭，向上变细，不分枝，具多个节，节间长 1 cm。叶 2 列，斜立，稍疏松的套叠呈互生状，两侧压扁呈短剑状，长 25～40 mm，宽 4～6 mm，基部扩大呈抱茎的鞘。花序侧生于无叶的茎上部，具 1～2 朵花；花白色。花苞片长 1 mm。中萼片近卵形，长 3～5 mm，宽 1.6～2.0 mm；侧萼片斜卵状三角形，近蕊柱一侧边缘长 3.5～6.0 mm，基部歪斜；萼囊长 5～7 mm。花瓣长圆形，与中萼片等长但稍窄；唇瓣近匙形，长 8～10 mm，宽 4～6 mm，前端边缘具圆钝的齿，唇盘中央具 3～5 条纵贯的脊突。蕊柱短。

花果期 花期 3～9 月，果期 10～11 月。

生境 海拔 260～1 000 m 的林中树上或林下岩石上。

剑叶石斛 *Dendrobium spatella* 生境与植株（金效华）

剑叶石斛 *Dendrobium spatella* 花序（金效华）

219. 梳唇石斛 *Dendrobium strongylanthum* Rchb. f.

国家重点保护级别 二级

IUCN 红色名录 近危（NT）

形态特征 附生植物。茎长 3~27 cm，直径 0.4~1.0 cm。叶 2 列互生于整个茎上，长圆形，长 4~10 cm，宽 1.7 cm，先端不等侧 2 裂，基部具鞘。花序 1~4 个，顶生和侧生于茎的上部，远高出叶外，长达 13 cm，具多数花；花白色或黄绿色。花苞片卵状披针形，长 2~4 mm。中萼片狭卵状披针形，长 11 mm，宽 2 mm；侧萼片镰状披针形，长 14 mm，宽 4 mm，基部歪斜，中部以上骤然收狭呈尾状；萼囊短圆锥形，长 4 mm。花瓣卵状披针形，比中萼片稍小，唇瓣长 8 mm，宽 4 mm，紫堇色，中部以上 3 裂；侧裂片卵状三角形，先端尖齿状，边缘具梳状的齿；中裂片三角形，边缘皱褶呈鸡冠状，唇盘具由 2~3 条褶片连成一体的脊突，脊突厚肉质，终止于中裂片的基部。蕊柱长 2 mm；蕊柱足边缘密被细乳突。

花果期 花期 9~10 月。

生境 海拔 1 000 ~2 100 m 的林中树上。

梳唇石斛 *Dendrobium strongylanthum* 生境与植株（金效华）

梳唇石斛 *Dendrobium strongylanthum* 花序（金效华）

220. 叉唇石斛 *Dendrobium stuposum* Lindl.

国家重点保护级别 二级

IUCN 红色名录 易危（VU）

形态特征 附生植物。茎圆柱形，长 5~30 cm，直径 0.3~0.6 cm，下部收狭，具 5~17 节，节间长 1.5~2.5 cm，具多数纵条棱。叶狭长圆状披针形，长 4~8 cm，宽 0.4~1.5 cm，先端一侧稍钩转，基部具抱茎的鞘。花序出自落了叶的老茎上部，长 1.0~2.5 cm，具 2~3 朵花；花白色。花苞片长圆形，长 5~9 mm。中萼片长圆形，长 8 mm，宽 3 mm；侧萼片斜卵状披针形，比中萼片大，在背面中肋呈翅状；萼囊圆锥形，长 4 mm。花瓣倒卵状椭圆形，长 8 mm，宽 3 mm，近先端处的两侧边缘有时具稀疏的短流苏；唇瓣倒卵状三角形，长 9 mm，前端 3 裂；侧裂片卵状三角形，先端尖牙齿状，边缘密布白色交织状的长绵毛；中裂片卵状三角形，边缘也密布白色交织状的长绵毛，唇盘密布长柔毛，从唇瓣基部至先端具 1 条宽的龙骨脊。蕊柱短；蕊柱齿三角形。

花果期 花期 6 月。

生境 海拔约 1 800 m 的林中树上。

叉唇石斛 *Dendrobium stuposum* 生境与植株（金效华）

叉唇石斛 *Dendrobium stuposum* 花序（金效华）

221. 具槽石斛 *Dendrobium sulcatum* Lindl.

国家重点保护级别 二级

IUCN 红色名录 濒危（EN）

形态特征 附生植物。茎直立，扁棒状，从基部向上逐渐增粗，长 24～38 cm，最粗处达 1.5 cm，下部收狭为细圆柱形，直径 0.3～0.4 cm，不分枝，具纵条纹和数个节，节间长 2～5 cm。叶数枚互生于茎的顶端，长圆形，长 18～21 cm，宽 4.5 cm，先端有时等侧 2 尖裂，基部收狭，但不为抱茎的鞘。花序从当年生具叶的茎上端发出，长 8～15 cm，下垂，密生多数花；花黄色。花苞片狭卵状披针形，长 5 mm。中萼片长圆形，长 25 mm，宽 9 mm；侧萼片与中萼片近等大；萼囊圆锥形，长 5 mm。花瓣近倒卵形，长 24 mm，宽 11 mm，基部收狭为短爪；唇瓣颜色稍深，近基部两侧各具 1 个褐色斑块，近圆形，长宽约 20 mm，两侧围抱蕊柱而使整个唇瓣呈兜状，先端微凹，基部具短爪，唇盘上面的前半部密被短柔毛，边缘具睫状毛。蕊柱长 5 mm。

花果期 花期 5～6 月。

生境 海拔 700～800 m 的沟谷密林中。

具槽石斛 *Dendrobium sulcatum* 生境与植株（金效华）

具槽石斛 *Dendrobium sulcatum* 花序（金效华）

222. 球花石斛 *Dendrobium thyrsiflorum* Rchb. f.

国家重点保护级别 二级

IUCN 红色名录 近危（NT）

形态特征 附生植物。茎直立，圆柱形，长 12~46 cm，直径 0.7~1.6 cm，基部收狭为细圆柱形，不分枝，具数节和数条纵棱。叶 3~4 枚互生于茎的上端，长圆形，长 9~16 cm，宽 2.4~5.0 cm。花序侧生于带叶的老茎上端，下垂，长 10~16 cm，密生多数花；花萼片和花瓣白色，唇瓣黄色。花苞片倒卵形，长 10~15 mm，宽 5~13 mm。中萼片卵形，长 15 mm，宽 8 mm；侧萼片斜卵状披针形，长 17 mm，宽 7 mm；萼囊近球形，宽 4 mm。花瓣近圆形，长 14 mm，宽 12 mm，基部具长约 2 mm 的爪，基部以上边缘具不整齐的细齿；唇瓣半圆状三角形，长 15 mm，宽 19 mm，基部具长 3 mm 的爪，上面密布短绒毛，背面疏被短绒毛，爪的前方具 1 枚倒向的舌状物。蕊柱长 4 mm。

花果期 花期 4~5 月。

生境 海拔 1 100~1 800 m 的林中树上。

球花石斛 *Dendrobium thyrsiflorum* 生境与植株（金效华）

球花石斛 *Dendrobium thyrsiflorum* 花序（金效华）

223. 绿花石斛 *Dendrobium vexabile* Rchb. f.

国家重点保护级别 二级

IUCN 红色名录 濒危（EN）

形态特征 附生植物。茎下垂，长 30～60 cm，具分枝，节间长 1.8～4.8 cm。叶 2 列，披针形，长 5～7 cm，宽 1.5～2.0 cm。花序与叶对生，具 1～2 朵花；花淡黄色，唇瓣中下部具多数紫褐色条纹。花苞片宽披针形，长 4～5 mm。萼片相似，椭圆形，长 10～20 mm，宽 5～8 mm；侧萼片稍宽；萼囊宽囊状，长 3～4 mm，先端浅 2 裂；花瓣长圆形，长 9～11 mm，宽 3 mm；唇瓣 3 裂，近菱形，长 13～16 mm，宽 12～18 mm；侧裂片较大；中裂片近圆形，先端浅 2 裂，稍向下弯，先端稍波状；唇盘上具 1 个长的、被毛的脊从基部几乎延伸至先端。蕊柱和蕊柱足长 8～9 mm。

花果期 花期 2～5 月。

生境 海拔约 800 m 的林中树上。

绿花石斛 *Dendrobium vexabile* 植株（金效华）

绿花石斛 *Dendrobium vexabile* 花序（金效华）

224. 大苞鞘石斛 *Dendrobium wardianum* R. Warner

国家重点保护级别 二级

IUCN 红色名录 易危（VU）

形态特征 附生植物。茎斜立，圆柱形，长 16～46 cm，直径 0.7～1.5 cm，不分枝，具多节，节间多少肿胀呈棒状，长 2～4 cm。叶 2 列，狭长圆形，长 5.5～15.0 cm，宽 1.7～2.0 cm，基部具鞘。花序从落了叶的老茎中部以上部分发出，具 1～3 朵花；花白色带紫色先端。花苞片宽卵形，长 20～30 mm，宽 15 mm。中萼片长圆形，长 45 mm，宽 18 mm；侧萼片与中萼片近等大，基部稍歪斜；萼囊近球形，长 5 mm。花瓣宽长圆形，与中萼片等长而较宽，宽 28 mm，基部具短爪；唇瓣宽卵形，长 35 mm，宽 32 mm，中部以下两侧围抱蕊柱，基部金黄色并具短爪，两侧密布短毛，唇盘两侧各具 1 个暗紫色斑块。蕊柱长 5 mm。

花果期 花期 3～5 月。

生境 海拔 1 300～1 900 m 的林中树上。

大苞鞘石斛 *Dendrobium wardianum* 生境与植株（金效华）

大苞鞘石斛 *Dendrobium wardianum* 花序（金效华）

225. 叠鞘石斛 *Dendrobium denneanum* Kerr

国家重点保护级别 无

IUCN 红色名录 易危（VU）

形态特征 附生植物。茎粗壮，长 40～100 cm，直径约 0.4 cm，不分枝，具多节，节间长 3～4 cm。叶线形，长 8～10 cm，宽 1.8～4.5 cm，基部具鞘。花序出自上年落了叶的老茎上端，长 8～14 cm，具 10 余朵花；花金黄色，唇瓣中部具 1 个大的紫色斑块。花苞片舟状，长 18～30 mm。中萼片长圆状椭圆形，长 23～25 mm，宽 10～15 mm；侧萼片长圆形，与中萼片等长但稍狭，基部歪斜；萼囊圆锥形，长 5 mm。花瓣椭圆形，长 24～26 mm，宽 14～17 mm；唇瓣近圆形，长 25 mm，宽 22 mm，中部以下两侧围抱蕊柱，上面密布绒毛，边缘具不整齐的细齿。蕊柱长 4 mm。

花果期 花期 4～6 月。

生境 海拔 600～2 500 m 的林中树上。

叠鞘石斛 *Dendrobium denneanum* 生境与植株（金效华）

叠鞘石斛 *Dendrobium denneanum* 花序（金效华）

（三十四）绒兰属 *Dendrolirium* Blume

226. 锈色绒兰 *Dendrolirium ferrugineum* (Lindl.) A. N. Rao

国家重点保护级别 无

IUCN 红色名录 无

形态特征 附生植物。根状茎粗壮。假鳞茎长圆形，长 8～17 cm，直径近 1 cm，具 1 节，顶端具 2～4 枚叶。叶厚肉质，长圆形，长 15～25 cm，宽 2～3 cm。花序自新的假鳞茎顶端发出，长约 24 cm，被黄棕色绒毛，疏生多朵花；花浅黄褐色，多少肉质。萼片背面密被黄棕色绒毛。中萼片长圆形，长 12～15 mm，宽 6～8 mm；侧萼片近三角形，长 10～12 mm，基部宽 8～10 mm。花瓣长圆形，长 12～15 mm，宽 4～5 mm；唇瓣 5 裂，基部 2 裂片多少耳形；前部 3 裂，两个侧裂片对折或半圆筒形；中裂片长圆形；唇盘具疣状突起。

花果期 花期 4～6 月。

生境 海拔 800～1 800 m 的林中树上或林下岩石上。

锈色绒兰 *Dendrolirium ferrugineum* 生境与植株（李孟凯）

锈色绒兰 *Dendrolirium ferrugineum* 花序（李孟凯）

227. 白绵绒兰 *Dendrolirium lasiopetalum* (Willd.) S. C. Chen & J. J. Wood

国家重点保护级别 无

IUCN 红色名录 易危（VU）

形态特征 附生植物。根状茎横走。假鳞茎彼此相距 1.5～5.0 cm，纺锤形，长 3.0～7.5 cm，直径 1.5～3.5 cm，顶端着生 3～5 枚叶。叶椭圆形，长 12～30 cm，宽 1.5～5.0 cm。花序 1～2 个，从假鳞茎基部发出，长 10～20 cm，不超出叶面；花黄绿色；花序轴、子房和萼片背面密被白色绵毛。花苞片卵状披针形，长 10 mm，宽 4～5 mm。中萼片披针形，长 12 mm，宽 2 mm；侧萼片三角状披针形，长 13 mm，宽 5 mm，与蕊柱足合生成萼囊；花瓣线形，长 14 mm，宽 1 mm；唇瓣卵形，长 11 mm，宽 5 mm，基部收缩成爪，3 裂，裂片边缘波浪状；侧裂片半倒卵形；中裂片长圆形，唇盘上具 1 个倒卵状披针形的加厚区，自基部延伸到中裂片上部；蕊柱长 4 mm。

花果期 花期 1～4 月，果期 8 月。

生境 海拔 1 000～1 700 m 的林中树上或林下岩石上。

白绵绒兰 *Dendrolirium lasiopetalum* 生境与植株（李孟凯）

白绵绒兰 *Dendrolirium lasiopetalum* 花序（李孟凯）

（三十五）双唇兰属 *Didymoplexis* Griff.

228. 双唇兰 *Didymoplexis pallens* Griff.

国家重点保护级别 无

IUCN 红色名录 近危（NT）

形态特征 菌类寄生植物，高6~25 cm，茎直立，淡褐色，根状茎多少呈念球状。花序具4~8朵花；花白色。花苞片卵形，长2 mm。中萼片与花瓣长4~7 mm，约1/2部分合生形成盔形，离生部分卵状三角形，凹陷；侧萼片长3.0~4.5 mm，合生部分达全长的1/2，与花瓣合生部分约3 mm；唇瓣倒三角状楔形，长4.5~5.0 mm，宽6~7 mm，先端多少呈啮蚀状，两侧直立，唇盘上有许多褐色疣状突起。

花果期 花期4~5月，果期4~5月。

生境 海拔500~1 000 m的密林下阴湿处。

双唇兰 *Didymoplexis pallens* 生境与植株（金效华）

双唇兰 *Didymoplexis pallens* 花序（金效华）

（三十六）密花兰属 *Diglyphosa* Blume

229. 密花兰 *Diglyphosa latifolia* Blume

国家重点保护级别　无

IUCN 红色名录　无危（LC）

形态特征　地生植物。假鳞茎圆柱形，长 13 cm，直径约 8 mm，顶生 1 枚叶。叶宽椭圆形，长达 37 cm，宽 11～17 cm，先端渐尖，基部渐狭为长约 16 cm 的柄，边缘波状，具折扇状的脉。花葶深紫色，不分枝，疏生 3～4 枚鞘；总状花序长约 20 cm，密生许多花；花苞片深紫色，狭披针形，反折，长约 1 cm，先端渐尖；花梗和子房纤细，长 1.3 cm；花质地厚，橘红色带紫色斑点，有令人不快的气味。中萼片狭长圆形，长 11～13 mm，宽 3～3.5 mm，先端渐尖，具 3 条主脉；侧萼片镰刀状长圆形，长 7～9 mm，宽 3 mm，先端渐尖，具 3 条主脉，基部贴生于蕊柱足上；萼囊不明显；花瓣相似于侧萼片而较大，基部大部分贴生于蕊柱足上；唇瓣近肉质，不裂，长约 5 mm，近中部稍缢缩而分为前后唇；后唇很厚，较小，中央凹陷；前唇近卵形，反折，宽约 2.5 mm，先端锐尖；褶片 2 条，从唇瓣基部向先端延伸，在到达前唇的基部处会合为 1 条龙骨状脊。蕊柱长约 5 mm，基部具长约 2 mm 的蕊柱足；蕊喙厚，近方形。

花果期　花期 6 月。

生境　海拔 1 200 m 的沟谷林下阴湿处。

密花兰 *Diglyphosa latifolia* 生境与植株（金效华）

密花兰 *Diglyphosa latifolia* 花序（金效华）

（三十七）合柱兰属 *Diplomeris* D. Don

230. 合柱兰 *Diplomeris pulchella* D. Don

国家重点保护级别 无

IUCN 红色名录 易危（VU）

形态特征 地生植物。高 7.5～22.5 cm，叶 2 枚，基生，1 枚大，之上有时具 1 枚苞片状小叶。叶片剑形，大叶片长 3～5 cm，宽 1.0～1.8 cm，基部收狭成抱茎的鞘。花单朵生于茎的顶端；花白色。花苞片宽卵形，略长于子房。萼片长圆状披针形，长 15～18 mm，宽 6 mm；花瓣张开，比萼片大，宽倒卵形，长 25～35 mm，宽 10～15 mm；唇瓣宽倒心形，长 18～28 mm，前部宽 15～22 mm，顶部凹处具 1 小尖头；距细圆筒状，长 3.5 cm，下垂，向前弯曲。

花果期 花期 7～9 月，果期 10 月。

生境 海拔 650～2 600 m 的山坡林下草地上。

合柱兰 *Diplomeris pulchella* 生境与植株（金效华）

合柱兰 *Diplomeris pulchella* 花序（金效华）

（三十八）蛇舌兰属 *Diploprora* Hook. f.

231. 蛇舌兰 *Diploprora championii* (Lindl.) Hook. f.

国家重点保护级别 无

IUCN 红色名录 无危（LC）

形态特征 附生植物。茎下垂，不分枝。叶镰状披针形，长 5～12 cm，宽 1.6～2.7 cm，先端具不等大的 2～3 个尖齿，基部具宿存的鞘。花序与叶对生，比叶长或短，具 2～5 朵花。花苞片卵状三角形，长 3～4 mm；花开展，萼片和花瓣淡黄色。萼片相似，长圆形，长 9 mm，宽 4 mm，背面中肋呈龙骨状突起；花瓣比萼片小；唇瓣白色带玫瑰色，中部以下凹陷成舟形，长 5～8 mm，宽 3～4 mm，稍 3 裂；中裂片较长，先端骤然收狭并叉状 2 裂，裂片尾状，上面中央具 1 条肥厚的脊。

花果期 花期 2～8 月，果期 3～9 月。

生境 海拔 250～1 500 m 的林中树上或沟谷岩石上。

蛇舌兰 *Diploprora championii* 生境与植株（金效华）

蛇舌兰 *Diploprora championii* 花序（金效华）

（三十九）厚唇兰属 *Epigeneium* Gagnep.

232. 宽叶厚唇兰 *Epigeneium amplum* (Lindl.) Summerh.

国家重点保护级别 无

IUCN 红色名录 无危（LC）

形态特征 附生植物。根状茎粗4～6 mm，分枝。假鳞茎在根状茎上疏生，彼此相距3～14 cm，卵形，长2～5 cm，直径0.7～2.0 cm，顶生2枚叶。叶片椭圆形，长6～23 cm，宽5.5 cm，先端稍凹入，基部收狭为长3 cm的柄。花序顶生于假鳞茎，比叶短，具1朵花；花黄绿色带深褐色斑点。花苞片长10～17 mm。中萼片披针形，长45 mm，宽8 mm；侧萼片镰状披针形，与中萼片等长，基部较宽，宽11～15 mm；花瓣披针形，与萼片等长，宽6 mm；唇瓣长26 mm，3裂；侧裂片短小，直立；中裂片近菱形，长6 mm，与两侧裂片先端之间的宽近相等，唇盘具3条褶片，其中央1条较长。蕊柱长15 mm。

花果期 花期11月。

生境 海拔1 000～1 900 m的林中树上或林下岩石上。

宽叶厚唇兰 *Epigeneium amplum* 生境与植株（金效华）

宽叶厚唇兰 *Epigeneium amplum* 花序（金效华）

233. 厚唇兰 *Epigeneium clemensiae* Gagnep.

国家重点保护级别 无

IUCN 红色名录 无危（LC）

形态特征 附生植物。根状茎匍匐，直径 2～3 mm，每相距 1.5 cm 生 1 个假鳞茎。假鳞茎斜立，一侧多少偏鼓，中部以下贴伏于根状茎上，近卵形，长 1.5 cm，直径 0.5～0.8 cm，顶生 1 枚叶。叶片倒卵形，长 2.5～4.7 cm，宽 0.9～1.3 cm，先端凹入，基部收狭成柄。花序生于假鳞茎顶端，具 1 朵花；花紫褐色。花苞片卵形，长 3 mm。中萼片卵形，长 10 mm，宽 6 mm；侧萼片斜卵状披针形，长 15 mm，宽 6 mm，基部贴于蕊柱足上而形成明显的萼囊，长约 5 mm；花瓣卵状披针形，比侧萼片小；唇瓣小提琴状，长 20 mm；后唇两侧直立，宽 11 mm，前唇伸展，圆形，先端浅凹，边缘多少波状，比后唇宽，唇盘具 2 条纵向的龙骨脊，其末端终止于前唇的基部并增粗呈乳头状。蕊柱长 5 mm。

花果期 花期 10～11 月。

生境 海拔 1 000～1 300 m 的林中树上或林下岩石上。

厚唇兰 *Epigeneium clemensiae* 生境与植株（金效华）

厚唇兰 *Epigeneium clemensiae* 花序（金效华）

234. 单叶厚唇兰 *Epigeneium fargesii* (Finet) Gagnep.

国家重点保护级别 无

IUCN 红色名录 无危（LC）

形态特征 附生植物。根状茎直径 2～3 mm，密被栗色筒状鞘。假鳞茎斜立，相距约 1 cm，一侧多少偏鼓，中部以下贴伏于根状茎，近卵形，长约 1 cm，直径 3～5 mm，顶生 1 枚叶。叶厚革质，干后栗色，卵形或宽卵状椭圆形，长 1～2.3 cm，宽 7～11 mm，先端圆形而中央凹入，基部收狭，近无柄或楔形收窄呈短柄。花序生于假鳞茎顶端，具单朵花；花序柄长约 1 cm，基部被 2～3 枚膜质鞘；花梗和子房长约 7 mm；花不甚张开，萼片和花瓣淡粉红色。中萼片卵形，长约 1 cm，宽 6 mm，先端急尖，具 5 条脉；侧萼片斜卵状披针形，长约 1.5 cm，宽 6 mm，先端急尖，基部贴生在蕊柱足上而形成明显的萼囊，萼囊长约 5 mm；花瓣卵状披针形，比侧萼片小，先端急尖，具 5 条脉；唇瓣几乎白色，小提琴状，长约 2 cm，前后唇等宽，宽约 11 mm；后唇两侧直立；前唇伸展，近肾形，先端深凹，边缘多少波状；唇盘具 2 条纵向的龙骨脊，其末端终止于前唇的基部并且增粗呈乳头状。蕊柱粗壮，长约 5 mm；蕊柱足长约 1.5 mm。

花果期 花期 4～5 月。

生境 海拔 400～2 400 m 的沟谷岩石上或山地林中树干上。

单叶厚唇兰 *Epigeneium fargesii* 生境与植株（金效华）

单叶厚唇兰 *Epigeneium fargesii* 花序（金效华）

235. 景东厚唇兰 *Epigeneium fuscescens* (Griff.) Summerh.

国家重点保护级别 无

IUCN 红色名录 濒危（EN）

形态特征 附生植物。根状茎常分枝，直径 4 mm。假鳞茎在根状茎上疏生，相距 4～6 cm，狭卵形，长 2.5 cm，直径 0.5 cm，顶生 2 枚叶。叶片长圆形，长 3.0～6.5 cm，宽 1.0～1.9 cm，先端稍凹入，基部收狭，近无柄。花序顶生于假鳞茎，具 1 朵花；花淡褐色。中萼片卵状披针形，长 25～30 mm，宽 5 mm；侧萼片镰状披针形，与中萼片等长，宽 8 mm，先端呈尾状；花瓣狭长圆形，与中萼片等长，宽 2.5～3.0 mm，先端呈尾状；唇瓣卵状长圆形，长 15 mm，3 裂；侧裂片直立，近长圆形；中裂片椭圆形，长 12 mm，宽 6 mm，先端具钩曲的芒，唇盘在两侧裂片之间具 3 条褶片，中央 1 条较短。蕊柱长 7 mm。

花果期 花期 10 月。

生境 海拔 1 800～2 100 m 的林中树上或林下阴湿的岩石上。

景东厚唇兰 *Epigeneium fuscescens* 生境与植株（金效华）

景东厚唇兰 *Epigeneium fuscescens* 花序（金效华）

236. 双叶厚唇兰 *Epigeneium rotundatum* (Lindl.) Summerh.

国家重点保护级别 无

IUCN 红色名录 近危（NT）

形态特征 附生植物。根状茎多分枝。假鳞茎彼此相距 3～11 cm，狭卵形，长 2～3 cm，直径 0.4～0.7 cm，顶生 2 枚叶。叶片长圆形，长 6～9 cm，宽 1.5～2.5 cm，先端稍凹入，基部收狭成长 0.5～1.0 cm 的柄。花序顶生于假鳞茎，具 1 朵花；花淡黄褐色。花苞片卵形，长 10 mm。中萼片卵状披针形，长 22～25 mm，宽 7 mm；侧萼片披针形，与中萼片等长，基部宽 10 mm；花瓣长圆状披针形，与萼片近等长，宽 5 mm；唇瓣倒卵状长圆形，长 20 mm，3 裂；侧裂片半卵形；中裂片近肾形，宽 11 mm，唇盘在两侧裂片之间具 3 条褶片，中央 1 条较短，在中裂片上面具 1 条三角形宽厚的脊突。蕊柱长 10 mm。

花果期 花期 3～5 月。

生境 海拔 1 300～2 500 m 的林中树上或林下阴湿的岩石上。

双叶厚唇兰 *Epigeneium rotundatum* 生境与植株（金效华）

双叶厚唇兰 *Epigeneium rotundatum* 花序（金效华）

237. 长爪厚唇兰 *Epigeneium treutleri* (Hook. f.) Ormer.

国家重点保护级别 无

IUCN 红色名录 易危（VU）

形态特征 附生植物。根状茎分枝。假鳞茎彼此相距 5~6 cm，狭卵形，长 2.0~2.5 cm，直径 0.4~0.5 cm，顶生 2 枚叶。叶片长圆形，长 4.0~6.5 cm，宽 1.2~1.4 cm，先端稍凹入，基部收狭，近无柄。花序生于假鳞茎顶端，具 1 朵花；花淡紫红色。花苞片近倒卵形，长 9 mm，宽 4 mm，先端具 1 个短凸。中萼片披针形，长 23 mm，宽 5 mm；侧萼片稍斜披针形，与中萼片近等长，宽 7 mm；花瓣线形，与萼片等长，宽 2.5 mm；唇瓣基部具长约 5 mm 的爪，长 14~16 mm，3 裂；侧裂片直立，狭长圆形；中裂片近圆形，宽 11 mm，先端具细尖，唇盘在两侧裂片之间具 3 条褶片，中央 1 条较短。蕊柱长 10~12 mm。

花果期 花期 10 月。

生境 海拔 1 900~2 300 m 的林中树上或林下阴湿的岩石上。

长瓜厚唇兰 *Epigeneium treutleri* 花序（金效华）

（四十）火烧兰属 *Epipactis* Zinn

238. 火烧兰 *Epipactis helleborine* (L.) Crantz

国家重点保护级别 无

IUCN 红色名录 无危（LC）

形态特征 地生植物。高 20 ~ 70 cm，茎直立，具 4 ~ 7 枚叶。叶互生，叶片卵圆形，长 3 ~ 13 cm，宽 1 ~ 6 cm，向上逐渐变狭成披针形。花序长 10 ~ 30 cm，具多数花；花绿色。花苞片叶状，线状披针形，下部的比花长 2 ~ 3 倍。中萼片卵状披针形，舟状，长 8 ~ 13 mm，宽 4 ~ 5 mm；侧萼片斜卵状披针形，长 9 ~ 13 mm，宽 4 mm；花瓣椭圆形，长 6 ~ 8 mm，宽 3 ~ 4 mm；唇瓣长 6 ~ 8 mm，中部明显缢缩，下唇兜状，长 3 ~ 4 mm，上唇近三角形，长 3 mm，宽 3 ~ 4 mm，在近基部两侧各有 1 枚长约 1 mm 的半圆形褶片。

花果期 花期 7 月，果期 9 月。

生境 海拔 250 ~ 3 600 m 的山坡林下、草丛或沟边。

火烧兰 *Epipactis helleborine* 生境与植株（金效华）

火烧兰 *Epipactis helleborine* 花序（金效华）

239. 大叶火烧兰 *Epipactis mairei* Schltr.

国家重点保护级别　无

IUCN 红色名录　近危（NT）

形态特征　地生植物。高 30～70 cm，茎直立，上部和花序轴被锈色柔毛，叶 5～8 枚。叶互生，中部叶较大，叶片卵圆形，长 7～16 cm，宽 3～8 cm，基部抱茎，上部的叶变为卵状技针形，再向上变为叶状苞片。花序长 10～20 cm，具多数花；花黄绿色带紫色。花苞片椭圆状披针形，下部的近等长于花。中萼片椭圆形，舟状，长 13～17 mm，宽 4.0～7.5 mm；侧萼片斜卵状披针形，长 14～20 mm，宽 5～9 mm；花瓣长椭圆形，长 11～17 mm，宽 5～9 mm；唇瓣中部稍缢缩，下唇长 6～9 mm，两侧裂片近斜三角形，近直立，高 5～6 mm，中央具 2～3 条鸡冠状褶片，褶片往上靠合逐渐增高；上唇肥厚，卵状椭圆形，长 5～9 mm，宽 3～6 mm。

花果期　花期 6～7 月，果期 9 月。

生境　海拔 1 200～3 200 m 的山坡灌丛中、草丛中、河滩等地。

大叶火烧兰 *Epipactis mairei* 生境与植株（金效华）

大叶火烧兰 *Epipactis mairei* 花序（金效华）

（四十一）虎舌兰属 *Epipogium* Gmelin ex Borkhausen

240. 裂唇虎舌兰 *Epipogium aphyllum* (F. W. Schmidt) Sw.

国家重点保护级别 无

IUCN 红色名录 无危（LC）

形态特征 菌类寄生植物，高 10～30 cm，茎直立，棕黄色，根状茎卵形。花序具 3～10 朵花，有时花序顶部下弯；花通常开展，也有向上翻转的；花白色，并具棕色和粉色的条纹。花苞片卵状披针形，长 10 mm，宽 4 mm。萼片卵状披针形，长 8～11 mm，宽 3～5 mm，边缘波状；花瓣同萼片；唇瓣心形或卵形，长 8～12 mm，宽 9～10 mm。距圆锥形，长 6～9 mm。

花果期 花期 9 月。

生境 海拔 2 200～3 000 m 的生有苔藓的常绿阔叶林下。

裂唇虎舌兰 *Epipogium aphyllum* 生境与植株（金效华）

裂唇虎舌兰 *Epipogium aphyllum* 花序（金效华）

241. 虎舌兰 *Epipogium roseum* (D. Don) Lindl.

国家重点保护级别 无

IUCN 红色名录 无危（LC）

形态特征 菌类寄生植物，高 20～50 cm，茎直立，白色，根状茎狭椭圆形。花序具多花；花白色，不甚开展，下垂。花苞片卵状披针形，长 7～12 mm，宽 4～7 mm。萼片线状披针形，长 8～11 mm，宽 2～3 mm；花瓣与萼片相似，但略短而宽于萼片；唇瓣凹陷，不裂，卵状椭圆形，长 8～12 mm，宽 6～7 mm，略长于萼片，唇盘上有 2 条密生小疣的纵脊。距圆筒状，长 3～5 mm，明显短于唇瓣。

花果期 花期 4～6 月，果期 4～6 月。

生境 海拔 500～1 600 m 的密林下阴湿处。

虎舌兰 *Epipogium roseum* 生境与植株（金效华）

虎舌兰 *Epipogium roseum* 花序（金效华）

（四十二）毛兰属 *Eria* Lindl.

242. 匍茎毛兰 *Eria clausa* King & Pantl.

国家重点保护级别 无

IUCN 红色名录 无危（LC）

形态特征 附生植物。根状茎纤细。假鳞茎彼此相距1~6 cm，卵球形，长1.5~3.0 cm，直径0.6~1.0 cm，顶生1~3枚叶。叶片椭圆形，长5~15 cm，宽1.5~3.0 cm，基部具长1~3 cm的柄。花序1个从叶内侧发出，长8~10 cm，疏生2~6朵花；花黄绿色。花苞片卵形，长4 mm，宽3 mm。中萼片长圆形，长8~10 mm，宽2~3 mm；侧萼片镰状披针形，长7~10 mm，宽3.0~3.5 mm，基部与蕊柱足合生成长4 mm的萼囊；花瓣镰状长圆形，长6~10 mm，宽2.0~2.5 mm；唇瓣倒卵形，长7 mm，宽5~7 mm，3裂；侧裂片近长圆形；中裂片宽卵形，长3 mm，宽2.0~2.5 mm，唇盘自基部至顶部具3条纵贯的高褶片，褶片基部约1/3以下整齐，向上内呈波浪状弯曲，两侧的褶片在中裂片近基部处各分出1条波浪状弧形褶片。蕊柱长4 mm。

花果期 花期3月，果期4~5月。

生境 海拔1000~1700 m的林中树上。

匍茎毛兰 *Eria clausa* 生境与植株（金效华）

匍茎毛兰 *Eria clausa* 花序（金效华）

243. 半柱毛兰 *Eria corneri* Rchb. f.

国家重点保护级别 无

IUCN 红色名录 无危（LC）

形态特征 附生植物。假鳞茎密集着生，卵状长圆形，长 2～5 cm，直径 1.0～2.5 cm，顶生 2～3 枚叶。叶片椭圆状披针形，长 15～45 cm，宽 1.5～6.0 cm，基部具长 2～3 cm 的柄。花序 1 个从假鳞茎近顶端叶外侧发出，长 6～22 cm，具数朵花；花白色略带黄色，萼片和花瓣上均具白色线状突起物。花苞片三角形，长 1 mm。中萼片卵状三角形，长 10 mm，宽 2 mm；侧萼片镰状三角形，长 10 mm，宽 5 mm，基部与蕊柱足合生成萼囊；花瓣线状披针形，与侧萼片近等长，宽 1.2 mm；唇瓣卵形，3 裂，长 10 mm，宽 6 mm；侧裂片半圆形；中裂片卵状三角形，长 3.0～3.5 mm，宽 2 mm，唇瓣上面具 3 条波状褶片，延伸至中裂片基部；中裂片上面具多条密集的鸡冠状褶片。蕊柱长 3 mm。

花果期 花期 8～9 月，果期 10～12 月。

生境 海拔 500～1 500 m 的林中树上或林下岩石上。

半柱毛兰 *Eria corneri* 花序（金效华）

244. 足茎毛兰 *Eria coronaria* (Lindl.) Rchb. f.

国家重点保护级别 无

IUCN 红色名录 无危（LC）

形态特征 附生植物。具根状茎。假鳞茎密集或相距1~2 cm着生，圆柱形，长5~15 cm，直径0.3~0.6 cm，顶生2枚叶，1大1小。叶片长椭圆形，长6~16 cm，宽1~4 cm，无柄。花序单生于两侧叶片之间，长10~30 cm，具2~6朵花；花白色，唇瓣上有紫色斑纹。花苞片披针形，长5 mm。中萼片椭圆披针形，长17 mm，宽5 mm；侧萼片镰状披针形，长15 mm，宽5 mm，基部与蕊柱足合生成明显的萼囊；花瓣长圆状披针形，与中萼片近等长，宽4.5 mm；唇瓣长圆形，长14~15 mm，宽11~12 mm，3裂；侧裂片半圆形，与中裂片成直角；中裂片三角形，长5 mm，宽4 mm，唇盘上具3条全缘的褶片，自基部延伸至中裂片顶部，并在中裂片分出2~4条圆齿状的褶片。蕊柱长5 mm。

花果期 花期5~6月。

生境 海拔1 300~2 000 m的林中树上。

足茎毛兰 *Eria coronaria* 生境与植株（金效华）

足茎毛兰 *Eria coronaria* 花序（金效华）

245. 香港毛兰 *Eria gagnepainii* Hawkes & Heller

国家重点保护级别 无

IUCN 红色名录 无危（LC）

形态特征 附生植物。根状茎明显。假鳞茎彼此相距 2～3 cm，细圆筒状，长 10～20 cm，直径 0.5 cm，顶生 2 枚叶。叶片长圆状披针形，长 15～25 cm，宽 3～6 cm，无柄。花序单生于假鳞茎顶端两叶之间，长 20～40 cm，具多数花；花黄色。花苞片卵状披针形，长 6～11 mm。中萼片长圆状椭圆形，长 16 mm，宽 5 mm；侧萼片镰状披针形，与中萼片近等长，宽 5 mm，基部与蕊柱足合生成萼囊；花瓣长圆状披针形，长 12 mm，宽 3 mm；唇瓣近圆形，长 9 mm，宽 8 mm，3 裂；侧裂片半圆形，与中裂片平行；中裂片近三角形，长 2～3 mm，宽 2 mm，唇盘自基部发出 2 条较高的弧形全缘褶片，在唇瓣 1/3 处增至 5 条波浪状褶片，外侧褶片延伸至中裂片基部，中间 3 条延伸至中裂片中部处合生，合生的褶片上着生 1～2 个齿状突起。蕊柱长 5 mm。

花果期 花期 2～4 月。

生境 海拔 900～1 600 m 的林中树上或林下岩石上。

香港毛兰 *Eria gagnepainii* 生境与植株（金效华）

香港毛兰 *Eria gagnepainii* 花序（金效华）

246. 香花毛兰 *Eria javanica* (Sw.) Bl.

国家重点保护级别 无

IUCN 红色名录 濒危（EN）

形态特征 附生或半附生植物。假鳞茎圆柱形，长 6～7 cm，直径 1.2～1.5 cm，顶生 2 枚叶。叶片椭圆状披针形，长 36 cm，宽 5～6 cm，基部渐狭但无柄。花序顶生，长 50 cm，具多花；花白色。花苞片卵状披针形，长 12～15 mm。萼片背面被锈色短柔毛；中萼片披针形，长 15～20 mm，宽 4 mm；侧萼片镰状披针形，比中萼片稍短，宽 4～5 mm，基部与蕊柱足合生成长 5 mm 的萼囊；花瓣披针形，长 15～20 mm，宽 4 mm；唇瓣卵状披针形，长 14 mm，宽 7～9 mm，3 裂；侧裂片长圆形，长 6～7 mm；中裂片长圆状披针形，长 7～8 mm，唇盘上具 3 条纵贯的褶片，基部上方两侧褶片各分叉出 1 条较低的褶片并延伸至中裂片先端。蕊柱长 5 mm。

花果期 花期 8～10 月。

生境 海拔 300～1 000 m 的林中树上或林下岩石上。

香花毛兰 *Eria javanica* 生境与植株（金效华）

香花毛兰 *Eria javanica* 花序（金效华）

247. 条纹毛兰 *Eria vittata* Lindl.

国家重点保护级别 无

IUCN 红色名录 无危（LC）

形态特征 附生植物。根状茎纤细。假鳞茎彼此相距 2.0～2.5 cm，圆柱形，长 6～7 cm，直径 0.6～0.8 cm，顶生 2 枚叶。叶片椭圆形，长 14～19 cm，宽 2～4 cm。花序从假鳞茎顶端叶的外侧发出，下垂，长 14～18 cm，具数朵花；花灰绿色，萼片和花瓣上具紫褐色条纹。花苞片披针形，长 3～4 mm，向上渐小。中萼片长圆形，长 12 mm，宽 3 mm；侧萼片斜三角状长圆形，镰状，长 10 mm，宽 4 mm，基部与蕊柱足合生成长 5mm 的萼囊；花瓣披针状长圆形，长 12 mm，宽 5 mm；唇瓣长圆形，不裂，长 12 mm，宽 5 mm，基部渐狭，从基部发出 5 条波浪状的褶片直达顶部。蕊柱长 7 mm。

花果期 花期 11 月。

生境 海拔 1 500～1 900 m 的林中树上或林下岩石上。

条纹毛兰 *Eria vittata* 生境与植株（金效华）

条纹毛兰 *Eria vittata* 花序（金效华）

（四十三）钳唇兰属 *Erythrodes* Blume

248. 硬毛钳唇兰 *Erythrodes hirsuta* (Griff.) Ormer.

国家重点保护级别 无

IUCN 红色名录 无

形态特征 植株 15～30 cm 高。茎直立，绿色，直径约 2 mm，具 6 或 7 枚叶。叶具叶柄，绿色，卵形，斜，长 4～6 cm，宽 2～3 cm，背面通常具 3 条明显的叶脉，基部钝，先端锐尖；叶柄 2～3 cm，基部膨大成抱柄鞘。花梗 11～20 cm，具短柔毛，具 2～5 枚不育苞片；轴 1～6 cm，短柔毛，密被很少到几朵花；花苞片披针形，长 6～10 mm，宽 1.2～2.5 mm，短柔毛，先端渐尖。花小；萼片短柔毛，外面淡红棕色，里面白色微带粉红色；子房稍扭曲，圆柱状，具短柔毛，包括花梗长 5～10 mm。背侧萼片向前展开，凹，长圆状披针形，长 6～6.5 mm，宽约 2 mm，先端近锐尖；侧萼片平展，长圆状披针形，长 6～6.5 mm，宽约 2.5 mm，先端锐尖。花瓣颜色与萼片相似，匙形，长约 6 mm，宽 1.5 mm，先端钝；唇白色，长 5.5～6 mm，宽约 2.4 mm，在先端有不明显 3 浅裂；侧面裂片直立，小；中裂片反折，近圆形或横椭圆形，先端圆形和有时短具细尖；距水平展开，圆筒状，长 3～4.5 mm，先端以下膨大，无毛，先端明显 2 浅裂和有时近 4 浅裂。蕊柱近直立，长 3～4 mm。

花果期 花期 1～3 月。

生境 海拔 100～1 500 m 的常绿阔叶林中。

硬毛钳唇兰 *Erythrodes hirsuta* 花序（金效华）

（四十四）花蜘蛛兰属 *Esmeralda* Rchb. f.

249. 口盖花蜘蛛兰 *Esmeralda bella* Rchb. f.

国家重点保护级别 无

IUCN 红色名录 易危（VU）

形态特征 附生植物。茎长 20 ~ 30 cm，直径约 1 cm，具多数节间和二列疏生的叶。叶革质，长圆形，长 13 ~ 16 cm，宽 2.5 ~ 3 cm。花序斜立，常 2 ~ 3 个，长 12 ~ 18 cm，总状花序疏生 2 ~ 3 朵花；花序柄长 5 ~ 12 cm，直径 4 ~ 5 mm，具 3 ~ 6 枚长 5 ~ 20 mm 的筒状鞘；花梗和子房长约 3 cm；花大，伸展成蜘蛛状，黄色带红棕色横纹。中萼片多少倒卵状长圆形，长 3cm，宽 1cm，先端钝；侧萼片多少倒卵状长圆形，长 2.7cm，宽 8 mm，先端钝。花瓣狭长圆形，长 2.7 cm，宽 7 mm；唇瓣提琴形，长 14 mm，3 裂，基部具长 2 mm 的爪和 1 个可活动的关节；侧裂片直立，近方形，长、宽均 4 mm，先端斜截形，两侧裂片之间具 1 个上面凹槽状的肥厚肉突，摊平后宽 1.3 cm；中裂片近倒卵状菱形，长 8 mm，宽 9 mm，基部收狭，先端钝而凹缺并且其中央具 1 个下垂的肉突，边缘具不整齐的细齿，从基部至先端纵贯 1 条肥厚的龙骨脊；龙骨脊的基部（在距口前方）稍 2 裂，其上面被覆 1 个半圆形并且可动的“盖”；距较小，长 3 mm，直径约 2 mm，末端稍向后弯曲。

花果期 花期 11 月。

生境 海拔 1 700 ~ 1 800 m 的山地疏林中树干上。

口盖花蜘蛛兰 *Esmeralda bella* 花序（李孟凯）

250. 白唇花蜘蛛兰 *Esmeralda cathcartii* Lindl.

国家重点保护级别 无

IUCN 红色名录 无

形态特征 附生植物。植株悬垂。茎直径 4～6 mm，被叶鞘所包。叶片长圆形、椭圆形，先端不等侧 2 裂，基部具抱茎的鞘，长 9～24 cm，宽 0.9～5.0 cm。花序疏生 3～6 朵花，无毛。花大，直径 6～9 cm，花梗连子房长 2.5～3.2 cm。萼片和花瓣外部白色，内部巧克力色、棕色；唇瓣白色。花苞片宽卵形，长 9～12 mm。中萼片椭圆形，基部变窄，长 3.4～4.5 cm，宽 1.9～2.4 cm；侧萼片长圆形、椭圆形，基部变窄，长 3.2～4.0 cm，宽 1.6～2.3 cm。花瓣椭圆形，长 2.9～3.6 cm，宽 2.1～2.6 cm；唇瓣长圆形，基部具爪，长 17 mm，4 裂；后唇宽长圆形，两侧为侧裂片直立，宽为 0.9～1 cm；前唇宽卵形，边缘向上直立形成囊状结构；唇盘具 3～5 条脊，并具 1 漏斗形凹陷。蕊柱基部膨大，长 1.6～2 cm。

花果期 花期 3～6 月。

生境 海拔 600～2 000 m 的林中树上。

白唇花蜘蛛兰 *Esmeralda cathcartii* 植株（金效华）

251. 花蜘蛛兰 *Esmeralda clarkei* Rchb. f.

国家重点保护级别 无

IUCN 红色名录 易危（VU）

形态特征 附生植物。茎粗壮，稍坚硬，长 20～100 cm，直径 1 cm，具多数节间，疏生二列的叶。叶片长圆形，长 13～16 cm，宽 2.5～3.0 cm，先端不等侧 2 裂，基部具抱茎的鞘。花序斜出，2～3 个，长 12～18 cm，疏生 2～3 朵花；花大，黄色带红棕色横纹。花苞片宽卵形，长 10～17 mm。中萼片倒卵状长圆形，长 30 mm，宽 10 mm；侧萼片倒卵状长圆形，长 27 mm，宽 8 mm；花瓣狭长圆形，长 27 mm，宽 7 mm；唇瓣提琴形，长 14 mm，3 裂，基部具长 2 mm 的爪和 1 个活动关节；侧裂片直立，近方形，长、宽约 4 mm，两侧裂片之间具 1 个上面凹槽状的肥厚肉突；中裂片近倒卵状菱形，长 8 mm，宽 9 mm，先端具凹缺且其中央具 1 个下垂的肉突，边缘具不整齐的细齿，从基部至先端纵贯 1 条肥厚的龙骨脊，龙骨脊的基部稍 2 裂，其上面被覆 1 个半圆形且可动的“盖”；距小，长 3 mm，末端稍向后弯曲。蕊柱长 8 mm。

花果期 花期 10 月，果期 11～12 月。

生境 海拔 500～1 000 m 的林中树上或悬崖边上。

花蜘蛛兰 *Esmeralda clarkei* 生境与植株（金效华）

花蜘蛛兰 *Esmeralda clarkei* 植株（程庆）

（四十五）美冠兰属 *Eulophia* R. Br. ex Lindl.

252. 台湾美冠兰 *Eulophia bicallosa* (D. Don) P. F. Hunt & Summerh.

国家重点保护级别 无

IUCN 红色名录 近危（NT）

形态特征 假鳞茎形状变化较大，通常近球形，带白色，位于地下，外有少数鞘。叶线形，长可达 50 cm，宽约 1.2 cm，先端急尖或渐尖。花叶同时；花葶侧生，高达 75 cm；总状花序直立，长约 10 cm，密生多花；花苞片短于花梗和子房；花直径约 2.5 cm。萼片淡绿色而具 5 条紫色脉；花瓣亦淡绿色，近顶端有淡紫红色晕，唇瓣淡紫红色并有深色脉。萼片披针形，长约 1.3 cm，宽约 6 mm，先端急尖；花瓣与萼片近等长，宽 7～8 mm，先端急尖，基部收狭；唇瓣近卵形，长约 1.5 cm，3 裂；侧裂片直立；中裂片外弯，先端凹陷；唇盘上具 2 条明显的紫红色纵脊，其间还有 1 条不甚明显的脊；唇瓣基部的距囊状，长约 4 mm。

花果期 花期 6 月。

生境 海拔 200 m 的草地。

台湾美冠兰 *Eulophia bicallosa* 标本（Kew 标本馆）

253. 无叶美冠兰 *Eulophia zollingeri* (Rchb. f.) J. J. Sm.

国家重点保护级别 无

IUCN 红色名录 无危（LC）

形态特征 菌类寄生植物，无绿叶。假鳞茎块状，长圆形，长 3 ~ 8 cm，直径 1.5 ~ 2.0 cm，具节。花葶褐红色，长 40 ~ 80 cm，具多枚鞘；花序疏生多数花；花黄褐色。花苞片狭披针形，长 10 ~ 25 mm。中萼片椭圆形，长 15 ~ 18 mm，宽 4 ~ 7 mm；侧萼片近长圆形，明显长于中萼片，稍歪斜；花瓣倒卵形，长 11 ~ 14 mm，宽 5 ~ 7 mm；唇瓣倒卵形，长 14 ~ 15 mm，3 裂；侧裂片近卵形，多少围抱蕊柱；中裂片卵形，长 4 ~ 5 mm，宽 3 ~ 4 mm，上面有 5 ~ 7 条粗脉下延至唇盘上部，脉上密生乳突状腺毛，唇盘上基部部分疏生乳突状腺毛，中央有 2 条近半圆形的褶片；基部的圆锥形囊长 2 mm。蕊柱长 5 mm。

花果期 花期 4 ~ 6 月。

生境 海拔 400 ~ 500 m 的林下或草丛中。

无叶美冠兰 *Eulophia zollingeri* 生境与植株（金效华）

无叶美冠兰 *Eulophia zollingeri* 花序（金效华）

（四十六）盔花兰属 *Galearis* Raf.

254. 二叶盔花兰 *Galearis spathulata* (Lindl.) P. F. Hunt

国家重点保护级别 无

IUCN 红色名录 无危（LC）

形态特征 地生植物。高 8～15 cm，根纤细，茎基部具 1～2 枚管状鞘，基生 2 枚叶。叶片近对生，匙状倒披针形，长 2.3～9.0 cm，宽 0.5～3.0 cm。花序具 1～5 朵常偏向一侧的花；花紫色。花苞片近长圆形，基部的1枚近等长于花。萼片近长圆形，长 7～10 mm，宽 2.5～4.0 mm；中萼片直立，凹陷；侧萼片张开，稍偏斜；花瓣直立，卵状长圆形，长6.5~8.0mm，宽 2.5～3.5 mm，与中萼片黏合呈兜状；唇瓣长圆形，长 8～11 mm，宽 4.0～6.5 mm，不裂，比花瓣长，基部收狭成短爪，边缘全缘，距直而短，明显短于子房。

花果期 花期 7～8 月，果期 7～9 月。

生境 海拔 2 300～4 300 m 的灌丛或高山草甸上。

二叶盔花兰 *Galearis spathulata* 生境与植株（金效华）

二叶盔花兰 *Galearis spathulata* 花序（金效华）

255. 斑唇盔花兰 *Galearis wardii* (W. W. Sm.) P. F. Hunt

国家重点保护级别 无

IUCN 红色名录 易危（VU）

形态特征 地生植物。高 12～25 cm，根短，肉质，茎基部具 2～3 枚管状鞘，基生 2 枚叶。叶片长圆状披针形，长 7～15 cm，宽 2.5～4.5 cm。花序具多花；花淡粉色至紫色。花苞片披针形，基部的 1 枚常比花长。萼片内面常具深紫色斑点，长 8～9 mm，宽 3.0~3.5mm；中萼片直立，近卵状披针形；侧萼片张开，卵状披针形，镰状；花瓣卵状披针形，长 7 mm，宽 2.5 mm，与中萼片黏合呈兜状；唇瓣不裂，宽卵形，长 8～9 mm，宽 8～9 mm，具深紫色斑点，比花瓣长，基部凹陷，边缘啮蚀状，距下垂，稍内弯，与子房近等长。

花果期 花期 6～7 月，果期 7～8 月。

生境 海拔 2 400～4 500 m 的林下或高山草甸上。

斑唇盔花兰 *Galearis wardii* 花序（金效华）

（四十七）山珊瑚属 *Galeola* Lour.

256. 反瓣山珊瑚 *Galeola cathcartii* Hook. f.

国家重点保护级别 无

IUCN 红色名录 数据缺乏（DD）

形态特征 菌类寄生植物，藤木状，高达 10 m，茎直立，红褐色，被锈色鳞片或无。圆锥花序，具毛；花黄色。萼片线状椭圆形，长 18 ~ 22 mm，宽 3.0 ~ 4.5 mm，背面被短绒毛；侧萼片较中萼片大；花瓣与萼片相似，长 18 ~ 25 mm，宽 2.0 ~ 3.5 mm，顶端圆；唇瓣卵圆形，凹陷，长 10 ~ 16 mm，宽 8 ~ 12 mm，凹陷，两侧边缘内弯，内面具多个分散的胼胝体。

花果期 花期 3 ~ 7 月。

生境 海拔 900 ~ 1 000 m 的常绿阔叶林中。

反瓣山珊瑚 *Galeola cathcartii* 生境与植株（叶德平）

反瓣山珊瑚 *Galeola cathcartii* 花序（叶德平）

257. 山珊瑚 *Galeola faberi* Rolfe

国家重点保护级别 无

IUCN 红色名录 无危（LC）

形态特征 菌类寄生植物，半灌木状，高达 2 m，根状茎粗壮，横走，茎直立，红褐色，仅上部被锈色短柔毛。花序顶生和侧生，侧生花序长 5 ~ 10 cm，通常具 4 ~ 7 朵花；花黄色。萼片狭椭圆形，长 28 ~ 30 mm，宽 6 ~ 8 mm，背面被短绒毛；花瓣与萼片相似，但无毛；唇瓣倒卵形，长约 2 cm，宽约 1.2 cm，不裂，下部凹陷，两侧边缘内弯，边缘具不规则缺刻并多少波状，内面具多条粗厚的纵脉，脉上生有不规则的褶片，上部较多。

花果期 花期 5 ~ 7 月。

生境 海拔 1 800 ~ 2 300 m 的林下多腐殖质和湿润处。

山珊瑚 *Galeola faberi* 生境与植株（金效华）

山珊瑚 *Galeola faberi* 花序（金效华）

258. 直立山珊瑚 *Galeola falconeri* Hook. f.

国家重点保护级别 无

IUCN 红色名录 易危（VU）

形态特征 较高大植物，半灌木状。茎直立，黄棕色，高 1 m 以上，下部近无毛，上部疏被锈色短毛。圆锥花序由顶生与侧生总状花序组成；侧生总状花序长 5 ~ 12 cm；总状花序基部的不育苞片狭卵形，长 2 ~ 2.5 cm，无毛；花苞片狭椭圆形，长 1 ~ 1.5 cm，常与花序轴垂直，背面密被锈色短绒毛；花梗和子房长 2~2.8cm，密被锈色短绒毛；花黄色。萼片椭圆状长圆形，长约 2.2 cm，宽 8 ~ 9 mm，背面密被锈色短绒毛；花瓣稍狭于萼片，无毛；唇瓣宽卵形或近圆形，长达 2 cm，宽 1.6 ~ 1.8 cm，不裂，凹陷，下部两侧多少围抱蕊柱，近基部处变狭并缢缩而形成小囊，边缘有细流苏与不规则齿，内面密生乳突状毛。蕊柱长 7 ~ 8 mm。果实不详。

花果期 花期 6 ~ 7 月。

生境 海拔 800 ~ 2 300 m 的林中透光处、竹林下、阳光强烈的伐木迹地。

直立山珊瑚 *Galeola falconeri* 花序（金效华）

259. 毛萼山珊瑚 *Galeola lindleyana* (Hook. f. & Thomson) Rchb. f.

国家重点保护级别　无

IUCN 红色名录　无危（LC）

形态特征　菌类寄生植物，半灌木状，高 1～3 m，根状茎粗厚，茎直立，红褐色，多少被毛，节上具宽卵形鳞片。花序顶生和侧生，侧生花序较短，长 2～5 cm，具 10 余朵花；花黄色。萼片椭圆形，长 16～20 mm，宽 9～11 mm，背面密被锈色短绒毛并具龙骨状突起，侧萼片比中萼片稍长；花瓣宽卵形，略短于中萼片，宽 12～14 mm；唇瓣凹陷成杯状，直径约 13 mm，近半球形，不裂，边缘具短流苏，内面被乳突状毛，近基部有 1 个平滑的胼胝体。

花果期　花期 5～8 月，果期 9～10 月。

生境　海拔 700～2 200 m 的林下、沟边多腐殖质、湿润和多石处。

毛萼山珊瑚 *Galeola lindleyana* 花序（金效华）

（四十八）盆距兰属 *Gastrochilus* D. Don

260. 二脊盆距兰 *Gastrochilus affinis* (King & Pantl.) Schltr.

国家重点保护级别 无

IUCN 红色名录 近危（NT）

形态特征 附生植物。植株簇生，高 3.0～5.0 cm，纤细。根白色、纤细。茎被叶鞘包裹。叶数枚，2 列，肉质，窄的椭圆形，具紫斑，顶端具 2～3 个细锯齿，长约 1.5 cm，宽约 0.5 cm。总状花序近顶生，具 2～3 朵花。花直径约 0.6 cm。萼片、花瓣和上唇鲜绿色稍带棕色，下唇黄色；花瓣和子房长约 0.5cm，细长。萼片椭圆形，长约 3.5mm。中萼片凹陷，侧萼片展开；花瓣展开，椭圆形，长约 3.5 mm；唇瓣 3 裂，下唇囊状，长约 3.5 cm；侧裂片较窄；中裂片三角形，向下弯曲，基部边缘齿状，中央具 2 条厚的褶皱从基部延伸到顶部；囊距状，圆锥形，顶端稍 2 裂。蕊柱较宽，长约 0.2 cm。

花果期 花期 5～6 月。

生境 海拔 2 000～3 000 m 的林中树上。

二脊盆距兰 *Gastrochilus affinis* 生境与植株（金效华）

二脊盆距兰 *Gastrochilus affinis* 花序（金效华）

261. 盆距兰 *Gastrochilus calceolaris* (Buch.-Ham. ex J. E. Sm.) D. Don

国家重点保护级别　无

IUCN 红色名录　无危（LC）

形态特征　附生植物。茎长 5~30 cm，常弧形弯曲，具多数叶。叶二列互生，常镰状狭长圆形，长达 23 cm，宽 1.5~2.5 cm，先端不等侧 2 圆裂。花序伞形，长 1.3~2.0 cm，多个，侧生于茎的上部并与叶对生，具多数花，萼片和花瓣黄色带紫褐色斑点，唇瓣黄绿色。萼片相似，倒卵状长圆形，长 7~8 mm，中上部宽 4 mm；花瓣与萼片相似但较小；前唇半圆状三角形，长 2~3 mm，宽 5~7 mm，边缘具不整齐的流苏，上面中央增厚的垫状物黄色带紫色斑点，其余密生乳突状白色长毛，垫状物基部具 1 个穴窝；后唇盔状，长宽相等，约 5 mm，上端具截形的口缘，明显比前唇高，前端具 1 个凹口，其两侧边缘直立。

花果期　花期 3~4 月。

生境　海拔 1 000~2 100 m 的山地林中树上。

盆距兰 *Gastrochilus calceolaris* 生境与植株（金效华）

盆距兰 *Gastrochilus calceolaris* 花序（金效华）

262. 列叶盆距兰 *Gastrochilus distichus* (Lindl.) Kuntze

国家重点保护级别 无

IUCN 红色名录 无危（LC）

形态特征 附生植物。茎悬垂，纤细，长 1.5~20.0 cm，常分枝，具多数叶。叶二列互生，与茎成锐角而伸展，披针形，长 1.5~3.0 cm，宽 4~6 mm，先端具 2~3 小裂，裂片刚毛状。花序伞形，长 1~3 cm，具 2~4 朵花；花萼片和花瓣淡绿色带红褐色斑点。花苞片卵状披针形，长 1~2 mm。萼片相似而等大，长圆状椭圆形，长 4.5~5.0 mm，宽 2.5~3.0 mm；花瓣近倒卵形，比萼片稍小；前唇近半圆形，长 3 mm，宽 5 mm，边缘全缘，上面光滑而中央增厚成垫状，近基部具 2 枚圆锥形的胼胝体；后唇近杯状，长 4 mm，末端圆形，口径 2~3 mm，上端口缘抬起并向前唇基部歪斜，其前端无明显的凹口。

花果期 花期 1~5 月。

生境 海拔 1 100~2 700 m 的山地林中树上。

列叶盆距兰 *Gastrochilus distichus* 生境与植株（金效华）

列叶盆距兰 *Gastrochilus distichus* 花序（金效华）

263. 细茎盆距兰 *Gastrochilus intermedius* (Griff. ex Lindl.) Kuntze

国家重点保护级别 无

IUCN 红色名录 濒危（EN）

形态特征 附生植物。茎细长，稍扁，长 15 cm，直径 3 ~ 4 mm，分枝，节间长 5 ~ 8 mm。叶二列互生，狭披针形，长 5 ~ 6 cm，宽 7 ~ 10 mm，先端渐尖并且具 2 ~ 3 裂，裂片刚毛状。伞形花序常具 2 ~ 3 朵花；花序柄长约 1 cm。花苞片卵形，长约 1.5 mm，先端锐尖；花梗和子房长约 1 cm；花小，浅黄色。萼片近相似，椭圆形，长 5.5 mm，宽 2.5 mm，先端稍钝，具 3 条脉；花瓣倒卵形，长 5 mm，宽 2 mm，先端圆形，具 3 条脉；前唇半圆状三角形，长 2 mm，宽 5 mm，先端圆形，边缘啮蚀状或具不整齐的齿，上面光滑无毛，中央增厚的垫状物延伸到后唇内壁；后唇半球形或盔形，长等于宽，约 4 mm，末端圆形并且外侧具 2~3 条脊突，上端口缘比前唇高；口缘前端具 1 个凹口，其两侧边缘垂直；药帽前端稍收狭，先端钝。

花果期 花期 10 月。

生境 海拔约 1 500 m 的林中树上。

细茎盆距兰 *Gastrochilus intermedius* 花序（金效华）

264. 狭叶盆距兰 *Gastrochilus linearifolius* Z. H. Tsi & Garay

国家重点保护级别 无

IUCN 红色名录 极危（CR）

形态特征 附生植物。茎下垂，细长，稍高，长 15 ~ 32 cm，直径约 5 mm，通常分枝，节间长 1.5 ~ 2 cm。叶二列，彼此疏离，线形或狭镰刀状，长 8 ~ 15 cm，宽 5 ~ 8 mm，先端长渐尖并且具 2 ~ 3 条似刚毛状、不等长的裂片。伞形花序侧生于茎，具 3 ~ 10 朵花；花序柄纤细，长 1 ~ 1.5 cm；花苞片卵形，长约 2 mm，先端锐尖；花梗和子房长 5 mm；花小，开展。中萼片近卵形，长约 5 mm，宽 2.5 mm，先端钝；侧萼片与中萼片相似而较狭；花瓣长圆形，比萼片小，先端钝；前唇半圆形，长 2.2 mm，宽约 4 mm，先端圆形，边缘具不规则的流苏，前端内侧具长柔毛，上面中央的垫状物被细乳突；后唇近杯状，长 3.5 mm，宽 2.5 mm，末端圆形而外侧具 1 条脊突，上端口缘抬起而比前唇高，前端具 1 个凹口，其两侧边缘几乎垂直。

花果期 花期 9 月。

生境 海拔约 1 600 m 的林中树上。

狭叶盆距兰 *Gastrochilus linearifolius* 生境与植株（金效华）

狭叶盆距兰 *Gastrochilus linearifolius* 花序（金效华）

265. 无茎盆距兰 *Gastrochilus obliquus* (Lindl.) Kuntze

国家重点保护级别 无

IUCN 红色名录 易危（VU）

形态特征 附生植物。茎粗短，长 1~2 cm，具 3~5 枚 2 列的叶。叶片长圆形，长 8~20 cm，宽 1.7~6.0 cm，先端不等侧 2 裂。花序伞形，长 1~2 cm，1~4 个出自茎的基部侧，具 3~8 朵花，萼片和花瓣黄色带紫红色斑点，唇瓣白色。花苞片宽卵形，长约 3 mm。萼片近等大，椭圆形，长 6 ~ 12 mm，宽 3.5 ~ 6.0 mm；花瓣匙形，比萼片小；前唇近三角形，长约 5 mm，宽 8 ~ 10 mm，先端钝而其背面具 1 个乳头状突起，边缘撕裂状，中央具 1 个增厚的垫状物；后唇兜状，两侧压扁，末端外侧黄色带紫红色斑点，具 3 条脊，上端具几乎平截的口缘，与前唇几同一水平面。

花果期 花期 10 月。

生境 海拔 800 ~ 1 400 m 的山地林缘树干上、石灰岩山树上或岩石上。

无茎盆距兰 *Gastrochilus obliquus* 生境与植株（金效华）

无茎盆距兰 *Gastrochilus obliquus* 花序（金效华）

266. 小唇盆距兰 *Gastrochilus pseudodistichus* (King & Pantl.) Schltr.

国家重点保护级别 无

IUCN 红色名录 近危（NT）

形态特征 附生植物。茎下垂，细长，长达 28 cm，有时分枝，具多数呈 2 列互生的叶。叶片卵状披针形，长 15～27 mm，宽 5～6 mm，绿色带紫红色斑点，先端 2～3 小裂呈短芒状，中央 1 条较长。花序伞形，长约 2 cm，具 5～6 朵花。花苞片卵状披针形，长 1～2 mm。萼片和花瓣黄色带紫红色斑点，萼片近等大，长约 3.5 mm，宽 1.8 mm，倒披针状长圆形；花瓣近倒卵形，比萼片小；前唇黄色带紫红色，近半圆形，凹陷，全缘，宽约 2 mm；后唇兜状，淡黄色带紫红色斑点，长 3 mm，宽 4 mm，上端具与前唇在同一水平面上的截平状口缘。

花果期 花期 6 月。

生境 海拔 1 300～1 900 m 的山地林中树干上。

小唇盆距兰 *Gastrochilus pseudodistichus* 花序（金效华）

267. 吉氏盆距兰 *Gastrochilus tsii* (King & Pantl.) Schltr.

国家重点保护级别 无

IUCN 红色名录 数据缺乏（DD）

形态特征 附生植物。茎下垂，细长，长达15~30cm。叶互生，卵形，长2.2~1.3cm，宽0.3~0.5cm。花序近伞形，从茎上多处发出，具3~4朵花。花黄绿色，萼片和花瓣具红褐色斑点。中萼片长圆形、椭圆形，长3.2~3.8mm，宽2.0~2.2mm；侧萼片长3.2~4.2mm，宽2.0~2.4mm；花瓣卵形，长3.0~3.2mm，宽1.5~1.6mm；唇瓣分为前唇和后唇；前唇近三角形，长2.8~3.0mm，宽5.0~5.5mm，无毛，先端圆形；后唇近杯状，具紫色条纹，囊底有红棕色斑点，高4.0~4.5mm，直径4.0~4.2mm。

花果期 花期6月。

生境 海拔1 300~1 900 m的山地林中树干上。

吉氏盆距兰 *Gastrochilus tsii* 植株（金效华）

吉氏盆距兰 *Gastrochilus tsii* 花序（金效华）

268. 云南盆距兰 *Gastrochilus yunnanensis* Schltr.

国家重点保护级别 无

IUCN 红色名录 易危（VU）

形态特征 附生植物。茎伸长，达 20 cm，叶多枚呈 2 列互生。叶片舌形，长 6～16 cm，宽 1.5～2.5 cm，先端具 2～3 条芒。花序伞形，长 1.5～6.0 cm，具多花。花苞片卵状三角形，长 1～2 mm；花萼片和花瓣淡黄色带淡褐色先端，萼片近等大，长 5～7 mm，宽 2.7～3.5 mm，舌状长圆形；花瓣与萼片相似但较小；唇瓣前端宽三角形，长 2.5 mm，宽 5 mm，边缘撕裂状，上面中央垫状增厚，垫状物黄色带少数紫红色斑点，外围被乳突状毛；后唇白色带紫红色斑点，近兜状，口缘比前唇高，前端具 1 个宽的凹口，其两侧边缘多少斜立而上方两侧呈齿状三角形。

花果期 花期 10 月。

生境 海拔约 1 500 m 的密林中树干上。

云南盆距兰 *Gastrochilus yunnanensis* 生境与植株（金效华）

云南盆距兰 *Gastrochilus yunnanensis* 花序（金效华）

（四十九）天麻属 *Gastrodia* R. Br.

269. 墨脱天麻 *Gastrodia motuoensis*（待发表）

国家重点保护级别 无

IUCN 红色名录 易危（VU）

形态特征 菌类寄生植物，高6～15 cm，果期高可达30～60 cm，根状茎近纺锤形，长2.0～4.5 cm，5～8节，每节均有数枚鳞片状鞘。茎下部具鞘，无绿叶。花序短，具3～10朵花；花浅褐色。花苞片卵形，长6～8 mm。萼片和花瓣合生成花被筒，近钟形，长11～12 mm，外面具小疣状突起，外轮裂片与合生部分近等长，内轮裂片贴生于筒的中部，近椭圆形；唇瓣卵形，长7～8 mm，宽4 mm，黄色，边缘有不规则细齿，基部的爪基部有2枚鸡冠状胼胝体。蒴果纺锤形，长32～35 mm。

花果期 花期9～10月。

生境 海拔约1 200 m的竹林下。

墨脱天麻 *Gastrodia motuoensis* 花序（金效华）

墨脱天麻 *Gastrodia motuoensis* 根状茎（金效华）

270. 天麻 *Gastrodia elata* Bl.

国家重点保护级别 二级

IUCN 红色名录 数据缺乏（DD）

形态特征 菌类寄生植物，高 30～100 cm，根状茎椭圆形，长 8～12 cm，宽 3～5 cm，具较密的节，节上被许多三角状宽卵形的鞘。茎下部被数枚膜质鞘，无绿叶。花序长 5～30 cm，具多数花；花橙黄色。花苞片长圆状披针形，长 1.0～1.5 cm。萼片和花瓣合生成的花被筒长 10 mm，直径 5～7 mm，近斜卵状圆筒形，顶端具 5 枚裂片，两枚侧萼片合生处的裂口深 5 mm，外轮裂片卵状三角形，内轮裂片近长圆形；唇瓣长圆状卵圆形，长 6～7 mm，宽 3～4 mm，3 裂，基部贴生于蕊柱足末端与花被筒内壁上并有 1 对肉质胼胝体，上面具乳突，边缘有不规则短流苏。蒴果倒卵状椭圆形，长 14～18 mm，宽 8～9 mm。

花果期 花期 5～7 月，果期 5～7 月。

生境 海拔 400～3 200 m 的疏林下、林缘、灌丛或林中空地上。

天麻 *Gastrodia elata* 生境与植株（金效华）

天麻 *Gastrodia elata* 花序（金效华）

271. 葡萄天麻 *Gastrodia putaoensis* X. H. Jin

国家重点保护级别 无

IUCN 红色名录 无危（LC）

形态特征 菌类寄生植物。植株通常无叶，高 20～45 cm。根状茎直径 5～8 mm。花序长 10～15 cm，疏生 3～6 朵花。花梗连子房长 3 mm。花灰白色，下垂，多少钟状；萼管长 1.3 cm，先端 3 裂。萼片裂片三角形，边缘全缘，长 3 mm，宽 3 mm；花瓣裂片在萼片筒顶端，卵形，长 2 mm，宽 2 mm；唇瓣狭三角形，基部具爪，长 5～6 mm，宽 3～4 mm，在 2/3 处强烈收缩为前唇和后唇；后唇椭圆形；前唇密被黄色毛发，顶端密被红色乳突；唇瓣爪短，具 2 个黄色、近球形胼胝体。蕊柱长 5 mm，侧面有翅，顶端有 2 个长而直立的齿。

花果期 花期 6～7 月。

生境 海拔 2 000～2 200 m 的常绿阔叶林下。

葡萄天麻 *Gastrodia putaoensis* 花序（金效华）

（五十）地宝兰属 *Geodorum* Jacks.

272. 地宝兰 *Geodorum densiflorum* (Lam.) Schltr.

国家重点保护级别 无

IUCN 红色名录 无危（LC）

形态特征 地生植物。假鳞茎块茎状，不规则的椭圆形，多个连接，直径 1.5～2.0 cm，具节。叶 2～3 枚，在花期已经长成，椭圆形，长 16～29 cm，宽 3～7 cm，基部具柄，叶柄套叠成假茎，具关节。花葶从植株基部鞘中发出，与叶近等长，长 30～40 cm；花序俯垂，果期直立，长 2.5～3.0 cm，具 2～5 朵花；花白色。花苞片线状披针形，长 5～9 mm。萼片长圆形，长 10 mm，宽 3～4 mm；侧萼片略歪斜；花瓣近倒卵状长圆形，与萼片近等长，宽 5 mm；唇瓣宽卵状长圆形，长 10 mm，宽 9 mm，先端略有裂缺；唇盘中央有不规则的乳突区或有 1～2 条肥厚的纵脊，基部凹陷成浅囊状。蕊柱长 3 mm。

花果期 花期 6～7 月。

生境 海拔 1 500 m 以下的林缘、草坡或溪旁。

地宝兰 *Geodorum densiflorum* 生境与植株（金效华）

地宝兰 *Geodorum densiflorum* 花序（金效华）

（五十一）斑叶兰属 *Goodyera* R. Br.

273. 大花斑叶兰 *Goodyera biflora* (Lindl.) Hook. f.

国家重点保护级别 无

IUCN 红色名录 近危（NT）

形态特征 地生植物。高 5～15 cm，根状茎伸长，匍匐，具节。茎直立，具 4～5 枚叶。叶片卵形，长 2～4 cm，宽 1.0～2.5 cm，正面具白色细脉连接成的网状脉纹，背面有时带紫红色，基部扩大成抱茎的鞘。花序通常具 2 朵花，偏向一侧；花白色。花苞片披针形，长 1.5～2.5 cm，宽 0.6～0.7 cm。萼片线状披针形，长 2.0～2.5 cm，宽 0.3～0.4 cm，背面被短柔毛；中萼片和花瓣黏合呈兜状；花瓣稍斜菱状线形，长 2.0～2.5 cm，宽 0.3～0.4 cm；唇瓣线状披针形，长 1.8～2.0 cm，基部凹陷呈囊状，前面伸长，舌状。

花果期 花期 2～7 月。

生境 海拔 560～2 200 m 的林下阴湿处。

大花斑叶兰 *Goodyera biflora* 生境与植株（金效华）

大花斑叶兰 *Goodyera biflora* 花序（金效华）

274. 脊唇斑叶兰 *Goodyera fusca* (Lindl.) Hook. f.

国家重点保护级别 无

IUCN 红色名录 近危（NT）

形态特征 植株高 12～22 cm。根状茎短或稍长，茎状，匍匐，具节。茎短，粗壮，基部具多枚集生呈莲座状的叶。叶片卵形或卵状椭圆形，长 2～3.5 cm，宽 0.8～2 cm，绿色，无白色斑纹，先端钝或急尖，基部具柄；叶柄长 0.8～1.5 cm，下部扩大成鞘。花茎粗壮，直立，长 9～18 cm，被腺状柔毛；总状花序具多数、密生、近偏向同一侧的花，长 5.5～11 cm，下部具 3～5 枚鞘状苞片；花苞片卵状披针形或披针形，先端渐尖，下部的长于花，背面被腺状柔毛；子房圆柱状纺锤形，密被腺状柔毛，连花梗长 6～7 mm；花小，白色，半张开。萼片长圆形，长（5～）7 mm，具 1 条脉，背面被腺状柔毛；中萼片宽 2 mm，先端钝，凹陷，与花瓣黏合呈兜状；侧萼片偏斜，宽约 2.2 mm，先端稍尖；花瓣线状偏斜的长圆形，呈镰状，长（5～）7 mm，宽约 2 mm，先端钝，具 1 条脉，无毛；唇瓣宽卵形，后部凹陷，囊状，内面中脉两侧各具 1 条纵向脊状隆起，无毛，前部骤狭，狭长圆形，向下弯曲，先端钝，上面无细乳突。蕊柱很短；蕊喙直立，2 裂；柱头 1 个，位于蕊喙之下。

花果期 花期 8～9 月。

生境 海拔 2 600～4 500 m 的林下、高山草甸。

脊唇斑叶兰 *Goodyera fusca* 生境与植株（金效华）

脊唇斑叶兰 *Goodyera fusca* 花序（金效华）

275. 多叶斑叶兰 *Goodyera foliosa* (Lindl.) Benth. ex C. B. Clarke

国家重点保护级别 无

IUCN 红色名录 无危（LC）

形态特征 地生植物。高 15～25 cm，根状茎伸长，匍匐，具节。茎直立，具 4～6 枚叶。叶疏生于茎上，叶片卵形，偏斜，长 2.5～7.0 cm，宽 1.6～2.5 cm，叶柄基部扩大成抱茎的鞘。花茎直立，具多朵花，密集而偏向一侧；花白色带粉红色。花苞片披针形，长 1.0～1.5 cm，宽 0.2～0.3 cm。萼片狭卵形，长 5～8 mm，宽 3.5～4.0 mm，凹陷；花瓣斜菱形，长 5～8 mm，宽 3.5～4.0 mm，与中萼片黏合呈兜状；唇瓣基部凹陷呈囊状，长 6～8 mm，宽 3.5～4.5 mm，前面舌状，先端略反曲，背面有时具红褐色斑块。

花果期 花期 7～9 月。

生境 海拔 300～1 500 m 的林下或沟谷阴湿处。

多叶斑叶兰 *Goodyera foliosa* 生境与植株（金效华）

多叶斑叶兰 *Goodyera foliosa* 花序（金效华）

276. 烟色足宝兰 *Goodyera fumata* Thwaites
Salacistis fumata (Thwaites) M. C. Pace

国家重点保护级别 无

IUCN 红色名录 无

形态特征 植株高达 90 cm；根状茎长；茎稍粗壮，具 6 枚叶。叶椭圆状披针形，有时两侧不等，长 16～19 cm，向先端渐窄，短渐尖，基部收窄，背面淡绿色；叶柄长 5~7cm。花茎直立，具数枚鞘状苞片，密被棕红色柔毛；花序疏生 40 余朵不偏向一侧的花，长达 30 cm 以上；花苞片窄披针形，长 1～1.2 cm，背面被短柔毛；子房圆柱形，扭转，被柔毛，连花梗长 1.1~1.2cm；花黄色，芳香；萼片背面被柔毛；中萼片窄卵状长圆形，长 7～8 mm，与花瓣黏合呈兜状；侧萼片张开，斜卵状披针形，长 7～8 mm；花瓣斜线状倒披针形，长 8～9 mm，宽 1～1.5 mm；唇瓣淡褐色，长 6～7 mm，内面具多数腺毛，前部线形，长约 3 mm，先端尖，向下卷曲；花药卵形。

花果期 花期 7～9 月。

生 境 海拔 1 100～1 300 m 的林下。

烟色足宝兰 *Goodyera fumata* 生境与植株（金效华）

烟色足宝兰 *Goodyera fumata* 花序（金效华）

277. 光萼斑叶兰 *Goodyera henryi* Rolfe

国家重点保护级别 无

IUCN 红色名录 易危（VU）

形态特征 地生植物。高 10 ~ 15 cm，根状茎伸长，匍匐，具节。茎直立，具 4 ~ 6 枚叶。叶片偏斜的卵形，长 2 ~ 5 cm，宽 1.6 ~ 2.0 cm，常集生于茎的上半部。花序梗极短，密生 3 ~ 9 朵花；花白色或略呈浅粉红色。花苞片披针形，长 1.8 ~ 2.2 cm，宽 0.4 ~ 0.5 cm。中萼片长圆形，长 10 ~ 12 mm，宽 4.0 ~ 4.5 mm，凹陷，与花瓣黏合呈兜状；侧萼片斜卵状长圆形，长 13 ~ 14 mm，宽 4.5 ~ 5.0 mm，凹陷；花瓣菱形，长 11 ~ 13 mm，宽 3.5 ~ 4.0 mm；唇瓣卵状舟形，长约 10 mm，宽 4 ~ 5 mm，基部凹陷呈囊状，前部舌状，几乎不弯曲。

花果期 花期 8 ~ 9 月。

生境 海拔 400 ~ 2 400 m 的林下阴湿处。

光萼斑叶兰 *Goodyera henryi* 生境与植株（金效华）

光萼斑叶兰 *Goodyera henryi* 生境与植株（金效华）

278. 硬毛斑叶兰 *Goodyera hispida* Griff.

国家重点保护级别 无

IUCN 红色名录 易危（VU）

形态特征 陆生草本植物；根状茎细长，具节，节上生根；叶 3～5 片，叶柄基部成管状鞘，先端锐尖；总状花序，具许多花；花瓣长圆披针形，等长于萼片；唇瓣短于萼片，基部具囊；中裂片稍下弯，里面有许多刚毛。该种与麻栗坡斑叶兰 *Goodyera malipoensis* 相近，主要区别是后者花梗上有浓密的棕绿色短柔毛，下唇瓣深凹，囊状，内部两侧各形成两排乳突；而前者花梗背棕紫色短柔毛；花瓣圆披针形，下唇瓣近球形囊状，具许多硬毛，这也是区别于其他斑叶兰属植物的典型特征。

花果期 花期 7～8 月。

生境 海拔约 1 300 m 的常绿阔叶林树下的腐殖质中。

硬毛斑叶兰 *Goodyera hispida* 花序（金效华）

279. 墨脱斑叶兰 *Goodyera alveolata* var. *medogensis* (H. Z. Tian, Y. H. Tong & B. M. Wang) Av. Bhattacharjee, Tsering, Layola, F. Banu & Anant Kumar

国家重点保护级别 无

IUCN 红色名录 数据缺乏（DD）

形态特征 地生植物。植株高12~25cm。根状茎长4~6cm，直径1.5~3mm。茎直立，4~9cm，直径2.7~4mm。叶3~7枚，叶片长1.9~4.2cm，宽1.5~2.6cm，具白色脉纹。花序顶生，疏生（6~）12~15花；花略开展。萼片绿色，被棒状毛；中萼片卵状披针形，长8~9mm，宽2~3mm；侧萼片卵状披针形，长8~9mm，宽3.5~4mm。花瓣斜倒卵菱形，长8~8.5mm，宽3~3.5mm，白色，中部略带红色或褐色；唇瓣长圆状卵形，长6~7mm，黄色或淡黄色；后唇囊状，内具腺毛，长1.5~2.5mm，宽2.5~3.5mm；前唇长圆形、长圆状披针形，长5~6.5mm，宽2~3mm。

花果期 花期7~8月。

生境 海拔1 600~2 300 m的常绿阔叶林下。

墨脱斑叶兰 *Goodyera alveolata* 花序（金效华）

280. 高斑叶兰 *Goodyera procera* (Ker Gawl.) Hook.

国家重点保护级别　无

IUCN 红色名录　无

形态特征　地生植物。植株高达 80 cm；根状茎粗短；茎无毛，具 6～8 枚叶。叶长圆形或窄椭圆形，长 7～15 cm，先端渐尖，基部渐窄，下面淡绿色；叶柄长 3～7 cm。花苞片卵状披针形，无毛，长 5～7 mm；子房圆柱形，扭转，被毛，连花梗长 3～5 mm；花白色或带淡绿色，芳香，不偏向一侧。萼片先端尖，无毛；中萼片卵形或椭圆形，长 3～3.5 mm，与花黏贴呈兜状；侧萼片斜卵形，长 2.5～3.2 mm。花瓣白色，匙形，长 3～3.3 mm，上部宽 1～1.2 mm，无毛；唇瓣宽卵形，厚，长 2.2～2.5 mm，基部囊状，内面有多数腺毛，前部反卷，唇盘上具 2 枚胼胝体；花药宽卵状三角形。

花果期　花期 4～5 月。

生境　海拔 250～1 550 m 的林下。

高斑叶兰 *Goodyera procera* 生境与植株（金效华）

281. 小斑叶兰 *Goodyera repens* (L.) R. Br.

国家重点保护级别 无

IUCN 红色名录 无危（LC）

形态特征 地生植物。高 10～25 cm，根状茎伸长，匍匐，具节。茎直立，具 5～6 枚叶。叶片卵形，长 1～2 cm，宽 0.5～1.5 cm，正面具白色斑纹，叶柄基部扩大成抱茎的鞘。花序长 4～15 cm，具 10 余朵花，密集，多少偏向一侧；花小，白色或带粉红色。花苞片披针形，长 5 mm。中萼片卵形，长 3～4 mm，宽 1.2～1.5 mm，与花瓣黏合呈兜状；侧萼片斜卵形，长 3～4 mm，宽 1.5～2.5 mm；花瓣斜匙形，长 3～4 mm，宽 1.0～1.5 mm；唇瓣卵形，长 3.0～3.5 mm，基部凹陷成囊状，宽 2.0～2.5 mm，前部呈短的舌状，略外弯。

花果期 花期 7～8 月。

生境 海拔 700～3 800 m 的山坡、沟谷林下。

小斑叶兰 *Goodyera repens* 生境与植株（金效华）

小斑叶兰 *Goodyera repens* 花序（金效华）

282. 滇藏斑叶兰 *Goodyera robusta* Hook. f.

国家重点保护级别 无

IUCN 红色名录 易危（VU）

形态特征 地生植物。高 17～20 cm，根状茎伸长，匍匐，具节，茎粗壮，具 5～6 枚叶。叶片卵形，长 4～8 cm，宽 1.5～3.0 cm。花茎长 12～15 cm；花序顶生，具 13 朵偏向一侧的花；花白色。花苞片披针形，长 8～10 mm。中萼片长圆形，长 7 mm，宽 2.8～3.0 mm，凹陷，与花瓣黏合呈兜状；侧萼片斜卵形，长 7 mm，宽 3.0～3.5 mm；花瓣斜菱形，长 7 mm，宽 3 mm；唇瓣宽卵形，长 6 mm，宽 4 mm，后部凹陷，囊状，长 3 mm，上面具 2 枚隆起的褶片。

花果期 花期 11～12 月。

生境 海拔 1 000～2 500 m 的林下潮湿处。

滇藏斑叶兰 *Goodyera robusta* 生境与植株（金效华）

滇藏斑叶兰 *Goodyera robusta* 花序（金效华）

283. 红花足宝兰 *Goodyera rubicunda* (Blume) M. C. Pace

国家重点保护级别　无

IUCN 红色名录　无

形态特征　地生植物。植株高 30 ~ 60 cm。根状茎茎状，匍匐。茎直立，具 7 ~ 9 枚叶。叶片稍偏斜的长圆形、椭圆形或卵状长圆形，长 9 ~ 15 cm，宽 4 ~ 6 cm。花葶直立，长 15 ~ 20 cm，上部红褐色；总状花序具多数花，长 10 ~ 15 cm；子房圆柱形，红褐色，被短柔毛，连花梗长 6 ~ 8 mm。花中等大，张开。萼片红褐色，具 1 条脉，背面被短柔毛；中萼片线状长圆形，长 7 ~ 8.5 mm，宽 2.3 ~ 2.5 mm，与花瓣黏合呈兜状；侧萼片张开，斜长圆形，长 7 ~ 8.5 mm，宽 2.5~3mm，先端钝；花瓣匙形，长 7~8mm，宽 1.8~2mm；唇瓣长 6 ~ 6.5 mm，内面白色，背面黄色，基部囊状，内面有腺毛，前部渐狭成尾状。蕊柱长 4 ~ 4.5 mm，白色，前面柱头之下具 1 条棒状的隆起。

花果期　花期 7 ~ 8 月。

生境　海拔 400 ~ 1 500 m 的山地林中。

红花足宝兰 *Goodyera rubicunda* 生境与植株（黄明忠）

红花足宝兰 *Goodyera rubicunda* 花序（黄明忠）

284. 斑叶兰 *Goodyera schlechtendaliana* Rchb. f.

国家重点保护级别 无

IUCN 红色名录 近危（NT）

形态特征 地生植物。高 15～35 cm，根状茎伸长，匍匐，具节，茎直立，具 4～6 枚叶。叶片卵形，长 3～8 cm，宽 0.8～2.5 cm，正面具不规则的点状斑纹，叶柄基部扩大成抱茎的鞘。花茎直立，长 10～28 cm；花序顶生，长 8～20 cm，具多朵偏向一侧的花；花白色。花苞片披针形，长约 12 mm，宽 4 mm。中萼片狭椭圆状披针形，长 7～10 mm，宽 3.0～3.5 mm，舟状，与花瓣黏合呈兜状；侧萼片卵状披针形，长 7～9 mm，宽 3.5～4.0 mm；花瓣菱状倒披针形，长 7～10 mm，宽 2.5～3.0 mm；唇瓣卵形，基部凹陷呈囊状，长 6.0～8.5 mm，宽 3～4 mm，前部舌状，略向下弯。

花果期 花期 8～10 月。

生境 海拔 500～2 800 m 的山坡或沟谷阔叶林下。

斑叶兰 *Goodyera schlechtendaliana* 生境与植株（金效华）

斑叶兰 *Goodyera schlechtendaliana* 花序（金效华）

285. 绿花斑叶兰 *Goodyera viridiflora* (Blume) Lindl. ex D. Dietr.
Eucosia viridiflora (Blume) M. C. Pace

国家重点保护级别 无

IUCN 红色名录 无

形态特征 植株高达 20 cm；根状茎长；茎具 2~3（~5）枚叶。叶斜卵形、卵状披针形或椭圆形，长 1.5~6 cm，基部圆，骤窄成柄，叶柄长 1~3 cm；花苞片卵状披针形，长 2 cm，淡红褐色，边缘撕裂；子房圆柱形，扭转，淡红褐色，上部被柔毛，连花梗长 1.4~1.5 cm；绿色，张开，无毛。萼片椭圆形，绿色或带白色，长 1.25~1.5cm；中萼片与花瓣粘贴呈兜状，侧萼片极张开，向外伸展；花瓣斜菱形，白色，先端带红褐色，长 1.25~1.5 cm，基部渐窄；唇瓣卵形，较薄，舟状，长 1.2~1.4 cm，基部绿褐色，囊状，内面具密腺毛，前部白色，舌状，向下之字形弯曲，先端前伸；花药披针形。

花果期 花期 8~9 月。

生 境 海拔 300~2 600 m 的林下、沟边阴湿处。

绿花斑叶兰 *Goodyera viridiflora* 生境与植株（金效华）

墨脱柱兰 绿花斑叶兰 *Goodyera viridiflora* 花序（金效华）

286. 秀丽斑叶兰 *Goodyera vittata* Benth. ex Hook. f.

国家重点保护级别 无

IUCN 红色名录 易危（VU）

形态特征 地生植物。高约12 cm，根状茎伸长，匍匐，具节，茎粗壮，直立，具5～6枚叶。叶片卵形，长1.5～2.5 cm，宽1.2～2.0 cm，正面深绿色，沿中肋具1条白色的带，背面带红紫色。花茎长6.5 cm；花序具9朵偏向一侧的花；花萼片粉红色而基部白色；花瓣及唇瓣白色。花苞片披针形，长1.0～1.1 mm，粉红色。中萼片长圆状披针形，长8 mm，宽3 mm，凹陷，与花瓣黏合呈兜状；侧萼片斜卵形，长8 mm，宽4 mm；花瓣斜倒披针形，长8 mm，宽2.5 mm，近镰状；唇瓣宽卵状披针形，长8.5 mm，宽5 mm，稍3裂，基部凹陷，长囊状，前部骤狭呈长圆状披针形裂片，先端稍向下弯，上面中部具2条褶片。

花果期 花期7～9月。

生境 海拔约2 100 m的针阔混交林下阴湿处。

秀丽斑叶兰 *Goodyera vittata* 生境与植株（金效华）

秀丽斑叶兰 *Goodyera vittata* 花序（金效华）

287. 川滇斑叶兰 *Goodyera yunnanensis* Schltr.

国家重点保护级别 无

IUCN 红色名录 近危（NT）

形态特征 地生植物。高 10~23 cm，根状茎匍匐，具节。茎直立，基部具 6~7 枚叶。叶片椭圆形，长 1.5~3.5 cm，宽 0.7~1.5 cm，正面无白色脉纹，基部具长 0.8~1.0 cm 的柄。花茎直立，长 8~19 cm，具多数偏向一侧的花；花白色，半张开。花苞片披针形，下部的长于花。萼片狭卵形，长 5 mm，宽 2 mm，侧萼片偏斜而稍宽；花瓣斜舌状，长 5mm，宽 1.5mm，与中萼片靠合呈兜状；唇瓣半球状兜形，长 4 mm，后部凹陷呈囊状，宽 4 mm，上面具极细的乳头状突起。

花果期 花期 8~10 月。

生境 海拔 2 600~3 900 m 的林下或灌丛下。

川滇斑叶兰 *Goodyera yunnanensis* 生境与植株（金效华）

川滇斑叶兰 *Goodyera yunnanensis* 花序（金效华）

288. 小小斑叶兰 *Goodyera pusilla* Bl.

国家重点保护级别 无

IUCN 红色名录 易危（VU）

形态特征 植株高约8.0cm。具3～5枚疏生的叶。叶片长1.5～2.6cm，宽0.9～1.6cm，正面具白色由均匀细脉连接成的网脉纹。花茎长约4.0cm，具12朵密生的花，无毛；花苞片基部边缘具细锯齿；子房红色，无毛；花小，红褐色，偏向一侧。萼片背面无毛；中萼片椭圆形，凹陷，长约3.8mm，与花瓣黏合呈兜状；侧萼片长约4.5mm；花瓣斜菱状倒披针形，长约0.3cm，前部边缘具细锯齿，无毛；唇瓣肉质，凹陷呈深囊状，内面具腺毛，前部边缘具不规则的细锯齿或全缘。

花果期 花期8～9月。

生境 海拔约1 000 m的林下阴湿处。

小小斑叶兰 *Goodyera pusilla* 生境与植株（金效华）

小小斑叶兰 *Goodyera pusilla* 花序（金效华）

（五十二）手参属 *Gymnadenia* R. Br.

289. 角距手参 *Gymnadenia bicornis* Tang & K. Y. Lang

国家重点保护级别 无

IUCN 红色名录 易危（VU）

形态特征 地生植物。高 50～70 cm，茎直立，下部疏生 6～8 枚叶。叶片椭圆形，长 9～13 cm，宽 2～4 cm，基部收狭成抱茎的鞘。花序长 8～12 cm；花淡黄绿色。花苞片卵状披针形，下部的长于花。萼片宽卵形；中萼片长 2.5 mm，宽 2 mm；侧萼片基部反折，长 3 mm，宽 2.3 mm；花瓣菱状卵形，长 3 mm，宽 2.3 mm；唇瓣菱状卵形，长 3 mm，宽 2.5 mm，不裂；距下垂，细圆筒状，长 3.0～3.5 mm，约为子房长的 1/2。

花果期 花期 7～8 月。

生境 海拔 3 200～3 600 m 的山坡灌丛下。

角距手参 *Gymnadenia bicornis* 生境与植株（金效华）

角距手参 *Gymnadenia bicornis* 花序（金效华）

290. 西南手参 *Gymnadenia orchidis* Lindl.

国家重点保护级别 二级

IUCN 红色名录 易危（VU）

形态特征 地生植物。植株高 17～35 cm。块茎卵状椭圆形，长 1～3 cm，肉质，下部掌状分裂。茎直立，圆柱形，具 3～5 枚叶。叶片椭圆形或椭圆状长圆形，长 4～16 cm，宽（2.5～）3～4.5 cm，先端钝或急尖，基部收狭成抱茎的鞘。总状花序具多数密生的花，圆柱形，长 4～14 cm；花苞片披针形，直立伸展，先端渐尖，不成尾状，最下部的明显长于花；子房连花梗长 7～8 mm；花紫红色或粉红色，极罕为带白色。中萼片直立，卵形，长 3~5mm，宽 2~3.5mm；侧萼片斜卵形，较中萼片稍大；花瓣直立，斜宽卵状三角形；唇瓣宽倒卵形，长 3~5mm，前部 3 裂；中裂片较侧裂片稍大或等大，三角形，先端钝或稍尖；距细而长，狭圆筒形，下垂，长 7～10 mm，稍向前弯，向末端略增粗或稍渐狭，通常长于子房或等长。

花果期 花期 7～9 月。

生境 海拔 2 800～4 100 m 的山坡林下、灌丛下和高山草地中。

西南手参 *Gymnadenia orchidis* 生境与植株（金效华）

西南手参 *Gymnadenia orchidis* 花序（金效华）

291. 短距手参 *Gymnadenia crassinervis* Finet

国家重点保护级别　无

IUCN 红色名录　易危（VU）

形态特征　地生植物。高 23～55 cm，茎直立，下部具 3～5 枚叶，之上具 1～2 枚苞片状小叶。叶片椭圆状长圆形，长 4.5～10.0 cm，宽 1.2～2.3 cm，基部收狭成抱茎的鞘。花序长 4～7 cm；花粉红色。花苞片披针形，比子房长很多。中萼片卵状披针形，舟状，长 3.5 mm，宽 2 mm；侧萼片张开，斜卵状披针形，长 4.5 mm，宽 2.0～2.3 mm；花瓣宽卵形，长 3.5 mm，宽 2.5 mm，与中萼片相靠合，比侧萼片稍宽，边缘具细锯齿；唇瓣向前伸展，宽倒卵形，长 3.5 mm，宽 2.5 mm，前部 3 裂；中裂片三角形，比侧裂片长；距圆筒状，长为子房的 1/2。

花果期　花期 6～7 月。

生 境　海拔 3 500～3 800 m 的山坡杜鹃林下或山坡岩石缝中。

短距手参 *Gymnadenia crassinervis* 生境与植株（金效华）

短距手参 *Gymnadenia crassinervis* 花序（金效华）

（五十三）玉凤花属 *Habenaria* Willd.

292. 凸孔坡参 *Habenaria acuifera* Wall. ex Lindl.

国家重点保护级别 无

IUCN 红色名录 易危（VU）

形态特征 地生植物。高 14～38 cm，茎直立，具 3～4 枚疏生叶，之上具多枚披针形、边缘具缘毛的苞片状小叶。叶片长圆形，长 4～12 cm，宽 1.0～1.5 cm，基部抱茎。花序长 3～8 cm，具多数密生的花；花黄色。花苞片披针形，长于子房。中萼片宽卵形，长 3.0～4.5 mm，宽 3.0～3.5 mm；侧萼片反折，斜卵状椭圆形，长 5～6 mm，宽 3.5～4.0 mm；花瓣斜长圆形，长 3～4 mm，宽 1.8～2.0 mm，与中萼片靠合呈兜状；唇瓣长 9～10 mm，向前伸展，基部 3 裂；中裂片线形，长 7～8 mm，宽 1 mm；侧裂片钻状，稍叉开，长 1.5～3.5 mm；距细圆筒状棒形，长 10～17 mm，中部膝曲状弯曲，末端稍增粗。

花果期 花期 6～8 月。

生境 海拔 200～2 000 m 的山坡林下或草地上。

凸孔坡参 *Habenaria acuifera* 生境与植株（金效华）

凸孔坡参 *Habenaria acuifera* 花序（金效华）

293. 落地金钱 *Habenaria aitchisonii* Rchb. f.

国家重点保护级别 无

IUCN 红色名录 无危（LC）

形态特征 地生植物。植株高 12～33 cm，茎直立，被乳突状柔毛，基部具 2 枚近对生的叶，之上具 1～5 枚鞘状苞叶。叶片平展，卵圆形，长 2～5 cm，宽 1.5～4.0 cm，基部圆，收狭并抱茎，正面 5 条脉有时稍带黄白色。花序长 5～15 cm，具多数密生的花；花黄绿色。花苞片卵状披针形，与子房近等长。中萼片卵形，舟状，长 3～5 mm，宽 2.5～3.5 mm；侧萼片反折，斜卵状长圆形，长 3.5～5.5 mm，宽 2～3 mm；花瓣与中萼片靠合呈兜状，2 裂，上裂片斜镰状披针形，长 3～5 mm，宽 1.5～2.0 mm，基部前侧具 1 枚齿状的小裂片；唇瓣比萼片长，基部之上 3 深裂；中裂片线形，反折，长 5～9 mm，宽 1.0～1.2 mm；侧裂片近钻形，镰状向上弯曲，角状，长 6～12 mm；距圆筒状棒形，长 6～9 mm，下部稍膨大且向前弯。

花果期 花期 7～9 月。

生境 海拔 2 100～4 300 m 的山坡林下、灌丛下或草地上。

落地金钱 *Habenaria aitchisonii* 生境与植株（金效华）

落地金钱 *Habenaria aitchisonii* 花序（金效华）

294. 毛瓣玉凤花 *Habenaria arietina* Hook. f.

国家重点保护级别 无

IUCN 红色名录 近危（NT）

形态特征 地生植物。植株高 57～65 cm，干后变成黑色。块茎肉质，长圆形，长 3～5 cm，直径 1～2 cm。茎较粗壮，具 5～7 枚疏生的叶。叶片卵状披针形或长圆状披针形，长 5.5～10 cm，宽 2～3 cm。总状花序具多数较密生的花，长达 30 cm；子房圆柱形，扭转，无毛，连花梗长 3～3.5 cm；花较大，白色或绿白色；萼片边缘具缘毛，具 5 条脉。中萼片长圆形，凹陷呈舟状，长 19 mm，宽 6 mm；侧萼片反折，斜镰状披针形，长 20 mm，宽 6 mm，先端急尖；花瓣直立，斜半卵状镰形，不裂，长 19 mm，外侧边缘强烈鼓出，宽 8 mm，具 5 条脉，内侧有柔毛，边缘具缘毛，与中萼片靠合呈兜状；唇瓣较萼片长，长约 3 cm，基部不裂，在基部以上 3 深裂，裂片近等长，边缘具缘毛；侧裂片线形，外侧边缘为篦齿状深裂，其细裂片约 10 条，丝状；中裂片线形，长 22 mm，宽约 2 mm；距圆筒状棒形，下垂，长 3.5～4 cm，中部以下稍膨大，末端钝，与子房等长或较子房稍长；花药直立，药隔顶部近截平，宽 3.5～4 mm；药室叉开，基部伸长的沟与蕊喙臂伸长的沟两者靠合成细管，管上举，与药室等长；花粉团卵球形，具线形细长且向上弯曲的柄和黏盘，黏盘小，圆形；蕊喙小，具伸长的臂；柱头的突起并伸长，棒状，较药室长，前部镰状膨大且向上弯曲；退化雄蕊小，椭圆形。

花果期 花期 8 月。

生境 海拔 2 300～2 400 m 的山坡草丛中。

毛瓣玉凤花 *Habenaria arietina* 花序（金效华）

295. 鹅毛玉凤花 *Habenaria dentata* (Sw.) Schltr.

国家重点保护级别 无

IUCN 红色名录 无危（LC）

形态特征 地生植物。高 35～87 cm，茎直立，具 3～5 枚疏生的叶，之上具数枚苞片状小叶。叶片长圆形，长 5～15 cm，宽 1.5～4.0 cm，基部抱茎。花序长 5～12 cm，具多数密集的花；花白色。花苞片披针形，长 2～3 cm。中萼片宽卵形，长 10～13 mm，宽 7～8 mm；侧萼片张开，斜卵形，长 14～16 mm；花瓣镰状披针形，长 8～9 mm，宽 2.0～2.5 mm，与中萼片靠合呈兜状；唇瓣宽倒卵形，长 15～18 mm，宽 12～16 mm，3 裂；侧裂片近菱形，宽 7～8 mm，前部边缘具锯齿；中裂片线状披针形，长 5～7 mm，宽 1.5～3.0 mm；距细圆筒状棒形，下垂，长 4 cm；柱头 2 个，隆起呈长圆形，向前伸展。

花果期 花期 8～10 月。

生境 海拔 190～2 300 m 的山坡林下或沟边。

鹅毛玉凤花 *Habenaria dentata* 生境与植株（金效华）

鹅毛玉凤花 *Habenaria dentata* 花序（金效华）

296. 大花玉凤花 *Habenaria intermedia* D. Don

大花玉凤花 *Habenaria intermedia* 生境与植株（金效华）

国家重点保护级别 无

IUCN 红色名录 无危（LC）

形态特征 地生植物。高 23 ~ 30 cm，茎直立，具 3~5 枚疏生的叶。叶片卵状披针形，长 3.5 ~ 8.0 cm，宽 2 ~ 4 cm，基部抱茎。花序长 6 ~ 15 cm，具 1 ~ 4 朵花；花白色。花苞片卵形，长 4 ~ 5 cm，宽 1.7~2.5 cm。中萼片卵状长圆形，舟状，长 2.2 cm，宽 1.2 cm；侧萼片反折，斜镰状披针形，长 3 cm，宽 0.6 cm；花瓣斜半卵状镰形，长 2.2 cm，宽 0.8 cm，与中萼片靠合呈兜状；唇瓣比萼片长，长 2.8 ~ 3.0 cm，基部不裂，中部 3 深裂，裂片边缘具缘毛；侧裂片线形，外侧边缘为篦齿状深裂，其裂片 10 余条，丝状；中裂片线形，长 1.8 ~ 2.0 cm；距圆筒状，下垂，长 7.0 ~ 8.5 cm，近末端膨大；柱头突起 2 个，伸长，棒状。

花果期 花期 7 月。

生境 海拔 2 600 ~ 3 000 m 的林下。

大花玉凤花 *Habenaria intermedia* 花序（金效华）

297. 坡参 *Habenaria linguella* Lindl.

国家重点保护级别 无

IUCN 红色名录 近危（NT））

形态特征 地生植物。高 20～50 cm，茎直立，具 3～4 枚疏生的叶，向上具 3～9 枚披针形的苞片状小叶。叶片狭长圆形，长 5～12 cm，宽 1.2～2.0 cm，基部抱茎。花序长 2.5～6.0 cm，具多数密生的花；花黄色。花苞片线状披针形，长 1.2～2.5 cm。中萼片宽椭圆形，长 4～5 mm，宽 3.0～3.5 mm；侧萼片反折，斜宽倒卵形，长 6～7 mm，宽 4.0～4.5 mm；花瓣斜狭卵形，长 4～5 mm，宽 2.0～2.5 mm，与中萼片靠合呈兜状；唇瓣长 9～10 mm，基部 3 裂；中裂片线形，长 8～9 mm；侧裂片钻状，叉开，长 1.5～2.7 mm；距细圆筒状，下垂，长 2.0～2.8 cm；柱头 2 个，突起呈长圆形，长 1.5 mm。

花果期 花期 6～8 月。

生境 海拔 500～2 500 m 的山坡林下或草地上。

坡参 *Habenaria linguella* 生境与植株（金效华）

坡参 *Habenaria linguella* 花序（金效华）

298. 棒距玉凤花 *Habenaria mairei* Schltr.

国家重点保护级别 无

IUCN 红色名录 近危（NT）

形态特征 地生植物。高 18 ~ 65 cm，茎直立，具 5 ~ 6 枚叶。叶片椭圆状舌形，长 2.5 ~ 12 cm，宽 1.5 ~ 4.0 cm，基部抱茎。花序长 6 ~ 18 cm，具多数密生的花；花绿白色。花苞片椭圆状披针形，下部的与花等长。中萼片狭卵形，舟状，长 13 ~ 15 mm，宽 6 ~ 7 mm；侧萼片张开，稍斜卵状披针形，长 14 ~ 17 mm，宽 5.5 ~ 6.0 mm；花瓣斜长圆形，长 13 ~ 15 mm，宽 4 mm，与中萼片靠合呈兜状；唇瓣长 20 ~ 25 mm，基部不裂，之上 3 深裂，裂片近等长；中裂片线形，长 18 ~ 20 mm；侧裂片线形，长 19 ~ 22 mm，外侧边缘为篦齿状深裂，其裂片 8 ~ 10 条，丝状；距圆筒状棒形，下垂，长 20 ~ 24 mm，向末端增粗；柱头突起 2 个，伸长，棒状。

花果期 花期 7 ~ 8 月。

生境 海拔 2 400 ~ 3 400 m 的山坡林下或灌丛草地上。

棒距玉凤花 *Habenaria mairei* 生境与植株（金效华）

棒距玉凤花 *Habenaria mairei* 花序（金伟涛）

299. 丝瓣玉凤花 *Habenaria pantlingiana* Kraenzl.

国家重点保护级别 无

IUCN 红色名录 无危（LC）

形态特征 地生植物。植株高 40～70 cm，茎直立，上部具 6～7 枚稍集生的叶，向上有 2～7 枚苞片状小叶。叶片长圆状披针形，长 13～15 cm，宽 3.5～4.5 cm，基部收狭并抱茎。花序长 8～20 cm，具多数密生的花；花绿色。花苞片披针形，长 18～24 mm，宽 2.5～4.0 mm。中萼片卵状披针形，舟状，长 12～15 mm，宽 3.5～6.0 mm，先端呈弯曲的尾状；侧萼片反折，稍斜卵状披针形，长 14～15 mm，宽 3.5～6.0 mm，先端呈弯曲的尾状；花瓣基部 2 深裂，裂片长，丝状，上裂片长 11～14 mm，靠近中萼片，下裂片长 18～20 mm，宽约 0.8 mm；唇瓣基部 3 深裂，裂片相似，丝状，长 18～25 mm，宽约 0.8 mm；距细圆筒状，下垂，长 18～23 mm。柱头 2 个，隆起，棒状。

花果期 花期 8～10 月。

生境 海拔 400～700 m 的阔叶林下。

丝瓣玉凤花 *Habenaria pantlingiana* 花序（金效华）

300. 剑叶玉凤花 *Habenaria pectinata* (J. E. Sm.) D. Don

国家重点保护级别 无

IUCN 红色名录 易危（VU）

形态特征 地生植物。高 55~70cm，茎直立，上部具多枚叶。叶片长圆形，剑状，长 6~15cm，宽 1.5~2.0cm，基部抱茎。花序长 10 ~ 20 cm，具 6 ~ 13 朵花；花绿白色。花苞片披针形，长 2.5 ~ 3.2 cm。中萼片披针形，舟状，长 17 mm，宽 5 mm；侧萼片张开，斜长圆形，近镰状，长 19 mm，宽 5 mm；花瓣斜镰形，长 17 mm，宽 3 mm，与中萼片靠合呈兜状；唇瓣白色，比萼片稍长，基部之上 3 深裂；侧裂片线形，长 2 cm，外侧边缘为篦齿状深裂，细裂片 6 ~ 7 条，丝状；中裂片线形，长 18 mm；距圆筒状棒形，长 17 ~ 18 mm，下垂；柱头隆起呈细棒状。

花果期 花期 8 月。

生境 海拔约 1 800 m 的山坡林下。

剑叶玉凤花 *Habenaria pectinata* 生境与植株（金效华）

剑叶玉凤花 *Habenaria pectinata* 花序（金效华）

301. 反瓣玉凤花 *Habenaria reflexa* Blume

国家重点保护级别 无

IUCN 红色名录 易危（VU）

形态特征 地生植物。植株高34~70cm，茎直立，下部光滑，上部具粗毛。叶聚生在茎下部1/3处，椭圆形、披针形，剑状，长13~18cm，宽2.5~4.4cm，基部抱茎。花序长14~25cm，疏生10~17朵花；花直径1.7cm，淡绿色或者白色。花苞片披针形，长1.5~1.8cm。中萼片近圆形，长3~5mm，宽3~4mm；侧萼片反折，形成1个假的先端，长8~11mm，宽4~4.5mm。花瓣宽三角形，长2.5~4mm，宽1.5~2mm，与中萼片靠合呈兜状；唇瓣长10~15mm，基部之上3深裂；侧裂片线形，长6~11mm，宽0.6~1mm；中裂片线形，长15~18mm，内卷；距圆柱形，长15~18mm，向前弯曲。柱头2个，隆起呈细棒状。

花果期 花期8月。

生境 海拔约1800m的山坡林下。

反瓣玉凤花 *Habenaria reflexa* 生境与植株（金效华）

反瓣玉凤花 *Habenaria reflexa* 花序（金效华）

302. 狭瓣玉凤花 *Habenaria stenopetala* Lindl.

国家重点保护级别 无

IUCN 红色名录 近危（NT）

形态特征 地生植物。高 40～90 cm，茎直立，近中部具 5～8 枚叶，向上具多枚苞片状小叶。叶片椭圆形，长 8～16 cm，宽 3.0～3.5 cm，基部收狭并抱茎。花序长 10～20 cm，具多数密生的花；花绿色。花苞片披针形，长 15～28 mm，宽 4～6 mm。中萼片卵状椭圆形，舟状，长 14～16 mm，宽 4～5 mm，先端呈丝状；侧萼片反折，斜卵形，长 16～18 mm，宽 5.0～5.5 mm；花瓣比中萼片稍短而狭，2 裂，上裂片线形，长 10～13 mm，宽 1.0～1.8 mm，与中萼片靠合呈兜状，下裂片较小，狭镰形，长 2.5 mm；唇瓣带褐色，长 10～15 mm，基部 3 深裂，裂片均为线形，形状多变；距细圆筒状，下垂，长 15～26 mm；柱头 2 个，隆起，长圆状棒形。

花果期 花期 8～10 月。

生境 海拔 300～1 700 m 的阔叶林下或林缘。

狭瓣玉凤花 *Habenaria stenopetala* 植株（金效华）

狭瓣玉凤花 *Habenaria stenopetala* 花序（金效华）

（五十四）舌喙兰属 *Hemipilia* Lindl.

303. 紫斑兰 *Hemipilia purpureopunctata* (K. Y. Lang) X. H. Jin, Schuit. & W. T. Jin

国家重点保护级别 无

IUCN 红色名录 易危（VU）

形态特征 地生植物。高 20～50 cm，全株具紫色斑点，块茎椭圆形，茎基部具 1 枚叶，叶之上具 2～5 枚鞘状退化叶。叶片椭圆形，长 2～15 cm。花序长 8～20 cm，具 2～20 朵花；花淡紫色。花苞片比子房短。萼片宽卵形，长 5～6 mm，宽 2～4 mm；中萼片凹陷呈舟状；花瓣圆形，长 5 mm，宽 4 mm；唇瓣近扇形，长 10～11 mm，宽 9～10 mm，3 裂；侧裂片长圆形，比中裂片大，边缘不规则波状；中裂片卵形；距囊状，长 9～10 mm，口部较大，末端球状。

花果期 花期 6～7 月，果期 8～9 月。

生境 海拔 2 100～3 400 m 的常绿阔叶林下、草地上或河边多沙的土壤上。

紫斑兰 *Hemipilia purpureopunctata* 生境与植株（金效华）

紫斑兰 *Hemipilia purpureopunctata* 花序（金效华）

（五十五）角盘兰属 *Herminium* L.

304. 凸孔阔蕊兰 *Herminium coeloceras* (Finet) Schltr.
Peristylus coeloceras Finet

国家重点保护级别 无

IUCN 红色名录 无危（LC）

形态特征 地生植物。高 9 ~ 35 cm，茎直立，下部具 2 ~ 4 枚叶，之上具 1 ~ 5 枚苞片状小叶。叶片狭椭圆状披针形，长 4 ~ 10 cm，宽 1 ~ 2 cm。花序具多数密集的小花；花白色。花苞片披针形，比子房稍长。中萼片阔卵形，长 2.0 ~ 2.2 mm，宽 1.8 ~ 2.0 mm；侧萼片楔状卵形，比中萼片稍长而狭；花瓣斜卵形，前面具 2 齿，与中萼片等长；唇瓣楔形，前伸，前部 3 裂，裂片半椭圆形；侧裂片比中裂片稍短，唇盘上具明显隆起的半球形的胼胝体；距圆球状。

花果期 花期 6 ~ 8 月。

生境 海拔 2 000 ~ 3 900 m 的山坡针阔混交林下。

凸孔阔蕊兰 *Herminium coeloceras* 生境与植株（金效华）

凸孔阔蕊兰 *Herminium coeloceras* 花序（金效华）

305. 西藏阔蕊兰 *Herminium elisabethae* (Duthie) Tang & F. T. Wang
Peristylus elisabethae (Duthie) Gupta

国家重点保护级别 无

IUCN 红色名录 数据缺乏（DD）

形态特征 地生植物。植株高 9～28 cm，茎直立，下部具 2～3 枚叶，之上具 1～2 枚苞片状小叶。叶密集，叶片椭圆状披针形，长 4.5～12.0 cm，宽 0.7～2.0 cm，基部收狭成抱茎的鞘。花序长 2.5～14.0 cm，具多数密集的小花；花黄绿色。花苞片披针形，下部的和子房近等长。中萼片宽卵形，长 2 mm，宽 1.8 mm；侧萼片卵形，张开，偏斜，长 2 mm，宽 1.5 mm；花瓣斜卵状披针形，长 1.5 mm，宽 1.2 mm；唇瓣长 3 mm，中部以下凹陷呈舟状，中部 3 裂；中裂片长圆形，比侧裂片稍宽；侧裂片线形；距倒卵形，长约 1 mm。

花果期 花期 7～9 月。

生境 海拔 3 100～4 100 m 的山坡针阔混交林下。

西藏阔蕊兰 *Herminium elisabethae* 生境与植株（金效华）

西藏阔蕊兰 *Herminium elisabethae* 花序（金效华）

306. 盘腺阔蕊兰 *Herminium fallax* (Lindl.) Hook. f.
Peristylus fallax Lindl.

国家重点保护级别 无

IUCN 红色名录 数据缺乏（DD）

形态特征 地生植物。植株高 14～28 cm，茎直立，下部具 1 枚叶，之上具 1 枚苞片状小叶。叶片狭长圆形，长 6～13 cm，宽 1～2 cm，基部成抱茎的鞘。花序长 5～14 cm，具多数密集的小花；花黄绿色。花苞片披针形，下部的与花等长。中萼片长圆形，长 4 mm，宽 2 mm；侧萼片向前伸展，斜卵状披针形，长 4.5 mm，宽 1.5 mm；花瓣卵状披针形，长 3.2 mm，宽 1.5 mm；唇瓣上面具多数细乳突，近中部 3 裂；中裂片长圆形；侧裂片比中裂片短很多，长圆形；距长圆形，长 1.5 mm。

花果期 花期 7～9 月。

生境 海拔 3 000～3 300 m 的山坡林下、林缘草丛中或山坡高山草甸上。

盘腺阔蕊兰 *Herminium fallax* 生境与植株（金效华）

盘腺阔蕊兰 *Herminium fallax* 花序（金效华）

307. 叉唇角盘兰 *Herminium lanceum* (Thunb. ex Sw.) Vuijk

国家重点保护级别 无

IUCN 红色名录 无危（LC）

形态特征 地生植物。高 10 ~ 80 cm，茎直立，细长，中部具 3 ~ 4 枚疏生的叶。叶互生，叶片线状披针形，长达 15 cm，宽 1 cm，基部收狭成抱茎的鞘。花序长达 43 cm；花黄绿色。花苞片披针形，短于子房。中萼片卵状长圆形，舟状，长 2 ~ 4 mm，宽 1.0 ~ 1.5 mm；侧萼片张开，长圆形，长 2.2 ~ 4.0 mm，宽 1 ~ 2 mm；花瓣线形，长 2 ~ 4 mm，宽 0.2 ~ 1.0 mm；唇瓣长圆形，长 3 ~ 7 mm，宽 1 ~ 2 mm，基部扩大，无距，近基部上面有 1 条短的脊状隆起，中部以上呈叉状 3 裂；侧裂片线形，比中裂片长；中裂片披针形。

花果期 花期 6 ~ 8 月。

生境 海拔 730 ~ 3 400 m 的山坡杂木林至针叶林下、竹林下、灌丛下或草地上。

叉唇角盘兰 *Herminium lanceum* 生境与植株（金效华）

叉唇角盘兰 *Herminium lanceum* 花序（金效华）

308. 白鹤参 *Herminium latilabre* (Lindl.) X. H. Jin, Schuit., Raskoti & Lu Q. Huang
Platanthera latilabre Lindl.

国家重点保护级别 无

IUCN 红色名录 无危（LC）

形态特征 地生植物。高 18～55 cm，茎直立，具 3～6 枚叶，上部具 1～4 枚苞片状小叶。叶片卵形，长 5～13 cm，宽 2～5 cm，基部成抱茎的鞘。花序长 7～30 cm，具多数花；花黄绿色。花苞片披针形，与子房近等长。萼片边缘具缘毛；中萼片舟状，宽卵形，长 6～7 mm，宽 4.0～4.5 mm；侧萼片反折，稍偏斜的卵形，长 7.5～8.0 mm，宽 3.5 mm；花瓣稍偏斜的半卵形，长 6～7 mm，宽 4～5 mm，与中萼片相靠合；唇瓣线形，长 6.5～13.0 mm，宽约 1 mm；距圆筒状，比子房长。

花果期 花期 7～8 月。

生境 海拔 1 600～3 500 m 的山坡林下、灌丛或草地上。

白鹤参 *Herminium latilabre* 生境与植株（金效华）

白鹤参 *Herminium latilabre* 花序（金效华）

309. 一掌参 *Herminium forceps* (Finet) Schltr.
Peristylus forceps Finet

国家重点保护级别 无

IUCN 红色名录 无危（LC）

形态特征 地生植物。植株高 15 ~ 45 cm，茎直立，下部疏生 3 ~ 5 枚叶。叶片狭椭圆形，长 4 ~ 10 cm，宽 0.8 ~ 1.5 cm，基部收狭成抱茎的鞘。花序长 8 ~ 18 cm，具多数小花；花绿色。花苞片披针形，长于子房。中萼片卵形，长 2~3 mm，宽 2 mm；侧萼片长圆形，与中萼片等长，宽 1.5 mm；花瓣斜披针形，和萼片近等长，宽约 1.5 mm；唇瓣舌状披针形，不裂，比中萼片稍长；距倒卵球形，长 0.7 ~ 1.0 mm。

花果期 花期 6 ~ 8 月。

生境 海拔 1 200 ~ 3 400 m 的山坡草地、沟边或山坡栎林下。

一掌参 *Herminium forceps* 生境与植株（金效华）

一掌参 *Herminium forceps* 花序（金效华）

310. 角盘兰 *Herminium monorchis* (L.) R. Br., W. T. Aiton

国家重点保护级别 无

IUCN 红色名录 近危（NT）

形态特征 地生植物。高 5~35 cm，茎直立，下部具 2~3 枚叶，之上具 1~2 枚苞片状小叶。叶片狭椭圆形，长 2.8~10.0 cm，宽 0.8~2.5 cm，基部收狭并略抱茎。花序长 15 cm，具多数花；花黄绿色。花苞片线状披针形，长 2.5 mm。中萼片椭圆形，长 2.2 mm，宽 1.2 mm；侧萼片长圆状披针形，长 2.2 mm，宽约 1 mm；花瓣近菱形，比萼片稍长，有时在中部多少 3 裂；唇瓣与花瓣等长，近中部 3 裂；中裂片线形，长 1.5 mm；侧裂片三角形，比中裂片短很多；距浅囊状。

花果期 花期 6~7月。

生境 海拔 600~4 500 m 的山坡阔叶林至针叶林下、灌丛下、草地上或河滩沼泽草地中。

角盘兰 *Herminium monorchis* 生境与植株（金效华）

角盘兰 *Herminium monorchis* 花序（金效华）

311. 墨脱角盘兰 *Herminium motuoensis* X. H. Jin

国家重点保护级别 无

IUCN 红色名录 濒危（EN）

形态特征 地生植物。植株高 10～15 cm。块茎球形，直径 0.3～0.5 cm，宽 0.2～0.4 cm。茎直立，具 1 枚基生叶。叶长圆状椭圆形，长 3.0～4.0 cm，宽 0.3～0.5 cm。花序长 2～3 cm，具 5～7 朵花；花黄绿色；花梗连子房长 5.0～6.0 mm。中萼片卵形，长 1.5～1.8 mm，宽 1.0～1.3 mm；侧萼片斜卵形，长 2.4～2.7 mm，宽 1.0～1.5 mm，先端近尖，1 条脉。花瓣斜卵形，长 1.9～2.2 mm，宽 0.8～1.2 mm；唇瓣宽卵形，长 4.0～5.0 mm，宽 1.9～2.3 mm，基部胼胝体，近中部 3 裂；侧裂片三角形，长 1.9～2.2 mm，宽 0.4 mm；中裂片长圆形，长 2.0～2.3 mm，宽 0.9 mm。

花果期 花期 6～8 月。

生境 海拔约 3 600 m 的高山草甸。

墨脱角盘兰 *Herminium motuoensis* 生境与植株（金效华）

墨脱角盘兰 *Herminium motuoensis* 花序（金效华）

312. 秀丽角盘兰 *Herminium quinquelobum* King & Pantl.

国家重点保护级别 无

IUCN 红色名录 近危（NT）

形态特征 地生植物。高 25～29 cm。茎直立，下部具 2 枚叶。叶片近对生，线状披针形，长 13～18 cm，宽 1.5～2.0 cm。花序长 13～20 cm，具多数稍密集的花；花绿色。花苞片披针形，长 3～8 mm，比子房稍长。中萼片长圆形，长 1.8～2.0 mm，宽 0.5～0.8mm；侧萼片张开，长圆形，长 1.8～2.0 mm，宽 0.8～1.0 mm；花瓣线形，长 1.6～1.8 mm，宽约 0.3 mm；唇瓣长圆形，5 裂，长 2.2 mm，稍比萼片长，基部裂片三角形；侧裂片三角形；中裂片三角状披针形，长约 0.6 mm。

花果期 花期 8～9 月。

生境 海拔约 2 200 m 的常绿阔叶林下。

秀丽角盘兰 *Herminium quinquelobum* 生境与植株（金效华）

秀丽角盘兰 *Herminium quinquelobum* 花序（金效华）

313. 藏东南角盘兰 *Herminium tibeticum* X. H. Jin, Schuit. & Raskoti

国家重点保护级别 无

IUCN 红色名录 无

形态特征 地生植物。植株高13~16cm。块茎近球形，直径4~8mm，高4~6mm。茎直立，具1~2枚叶。叶茎生，长4.0~5.0cm，宽0.8~1.0cm。花葶长7~8cm；花序轴长2.5~5.5cm。花下垂，绿色，直径4~5mm；子房连花梗长4~7mm。中萼片卵形，长3.0mm，宽1.9mm；侧萼片开展，卵形，偏斜，长3.0mm，宽1.3mm，先端钝。花瓣披针形，镰刀状，长3.0~5.0mm，宽1.0~1.5mm，1条脉，中部具细锯齿，先端锐尖；唇瓣楔形，长5.5~6.0mm，宽1.5~2.5mm，3裂；基部囊状，具两胼胝体；侧裂片三角形，长1.0mm，宽0.4mm；中裂片狭三角形，长1.2mm，宽1.0mm。蕊柱长约1.4mm；柱头横向，长约2.8mm。

花果期 花期7月。

生境 海拔3 600~3 700 m的常绿阔叶林下。

藏东南角盘兰 *Herminium tibeticum* 生境与植株（金效华）

藏东南角盘兰 *Herminium tibeticum* 花序（金效华）

（五十六）爬兰属 *Herpysma* Lindl.

314. 爬兰 *Herpysma longicaulis* Lindl.

国家重点保护级别 无

IUCN 红色名录 无危（LC）

形态特征 地生植物。高 18～30 cm，根状茎伸长，匍匐，茎状，具节，节上生根，茎直立，具多数叶。叶片椭圆形，长 5～10 cm，宽 2.8～3.5 cm，互生在整个茎上。花序顶生，长 3～4 cm，密具多数花；花白色，萼片白色，中上部为橙黄色，具粉红色条纹。花苞片长圆状披针形，长 1.5～2.0 cm。中萼片卵形，凹陷成舟状，长 8～9 mm，宽 4.0～4.5 mm，与花瓣黏合呈兜状；侧萼片张开，狭长圆形，长 10～11 mm，宽 2.0～2.5 mm，凹陷；花瓣狭菱状倒卵形，长 9～10 mm，宽 4.5～4.7 mm；唇瓣长圆形，从中部向下反折，基部具 2 枚圆形齿状、直立的侧裂片；中裂片近四方形，唇盘在中间具 1 条纵褶片，两侧各具 1 枚扁平的胼胝体。距圆筒状，下垂，末端 2 浅裂。

花果期 花期 8～9 月。

生境 海拔 1 200～1 900 m 的山坡密林下。

爬兰 *Herpysma longicaulis* 生境与植株（金效华）

爬兰 *Herpysma longicaulis* 花序（金效华）

（五十七）翻唇兰属 *Hetaeria* Blume

315. 滇南翻唇兰 *Hetaeria affinis* (Griff.) Seidenf. & Ormerod

国家重点保护级别 无

IUCN 红色名录 无危（LC）

形态特征 地生植物。高 25～45 cm，具 6～8 枚叶。叶片卵形，较大，长 7.5～13.0 cm，宽 3.5～5.5 cm，稍偏斜，在茎上近于等距着生，叶柄在基部扩大成抱茎的鞘。花序顶生，长 16～28 cm，被毛，具多花。萼片绿色，先端带淡粉色，外侧被毛；花瓣和唇瓣白色。花苞片披针形，长 7～8 mm，宽约 3 mm；中萼片宽卵形，舟状，长 5 mm，宽 3.5 mm；侧萼片宽卵形，长 4.2 mm，宽 3.2 mm，凹陷；花瓣偏斜的片状，长 4.5 mm，宽 1.6 mm；唇瓣长 3.5 mm，分 2 唇，上唇宽卵形，下唇阔大，凹陷，具方形、具 2～4 裂的肉质胼胝体。

花果期 花期 3～4 月。

生境 海拔 600～1 000 m 的密林下。

滇南翻唇兰 *Hetaeria affinis* 生境与植株（金效华）

滇南翻唇兰 *Hetaeria affinis* 花序（金效华）

316. 四腺翻唇兰 *Hetaeria anomala* Lindl.

国家重点保护级别 无

IUCN 红色名录 无危（LC）

形态特征 地生植物。高 28～34 cm，具 3～7 枚叶。叶片卵状披针形，长 3.5～7.0 cm，宽 1.1～2.0 cm，分散着生在茎上，基部扩大成抱茎的鞘。花序顶生，长 2～10 cm，被毛，具多数花；花白色。子房不扭转；花苞片披针形，长约 7 mm。萼片长约 5 mm；中萼片椭圆形，宽约 2 mm，凹陷；侧萼片卵形，宽约 2.4 mm；花瓣线形，长 5 mm，宽 0.6 mm；唇瓣长 5 mm，分 3 唇，上唇膨大，2 裂，裂片近圆形，外卷，中唇短，下唇凹陷成囊状，具 2 枚薄的、近方形、钩状胼胝体。

花果期 花期 2～3 月。

生境 海拔 800～1 000 m 的密林下。

四腺翻唇兰 *Hetaeria anomala* 花序（金效华）

（五十八）槽舌兰属 *Holcoglossum* Schltr.

317. 喜马悬生兰 *Holcoglossum himalaicum* (Deb, Sengupta & Malick) Aver.

国家重点保护级别 无

IUCN 红色名录 无

形态特征 附生植物。悬垂，具许多窄而扁的气生根，茎长 9～24 cm，茎上部互生 3～5 枚叶。叶片半圆柱形，长可达 50 cm，基部扩大成鞘且具关节，近轴面具 1 条纵沟。花序从茎下部的叶腋发出，具多数花；花萼片和花瓣淡红色，唇瓣白色。花苞片卵形，反折，长约 4 mm。萼片椭圆形，长 4～5 mm，宽 2.0～2.3 mm，背面中肋增粗为龙骨状；侧萼片稍宽；花瓣与侧萼片相似；唇瓣 3 裂；侧裂片直立，近方形，长约 2 mm，宽 1.5 mm，基部在两侧裂片之间具 1 枚胼胝体；中裂片向前伸展，近倒卵状楔形，长 3～4 mm，宽 2～2.3 mm；距细圆筒形。

花果期 花期 11 月，果期 12 月至次年 1 月。

生境 海拔约 1 900 m 的林中树上。

喜马悬生兰 *Holcoglossum himalaicum* 生境与植株（金效华）

喜马悬生兰 *Holcoglossum himalaicum* 花序（金效华）

（五十九）旗唇兰属 *Kuhlhasseltia* J. J. Sm.

318. 墨脱旗唇兰 *Kuhlhasseltia motuoensis* X. H. Jin & C. Ye

国家重点保护级别 无

IUCN 红色名录 极危（CR）

形态特征 地生植物。植株高约 5 cm。茎直立，具 3～10 枚叶。叶卵形，长 0.5～1.5 cm，宽 0.3～0.8 cm，互生。花序顶生，红紫色，具 1～5 朵花。花小，萼片绿白色；花瓣白色，中唇黄色；花梗连同子房长 9～10 mm。中萼片长圆状卵形，长 5～7 mm，宽 2～3 mm；侧萼片镰刀形，长 4～5 mm，宽 1～2 mm。花瓣披针形，长 5～6 mm，宽 1.5～2 mm；唇瓣 T 形，长约 14 mm；后唇囊状，内部具 2 个胼胝体；中唇每侧边缘具 11～13 枚小齿；前唇 2 裂，小裂片近圆形，长 3～4 mm，宽 3～4 mm，小裂片间有 1 个绿点。

花果期 花期 7～8 月。

生境 海拔约 1 300 m 的针阔混交林中。

墨脱旗唇兰 *Kuhlhasseltia motuoensis* 植株（金效华）

墨脱旗唇兰 *Kuhlhasseltia motuoensis* 花序（金效华）

319. 旗唇兰 *Kuhlhasseltia yakushimensis* (Yamam.) Ormerod

国家重点保护级别 无

IUCN 红色名录 极危（CR）

形态特征 地生植物。植株高 8～13 cm。茎直立，具 4～5 枚叶。叶片卵形，长 8～20 mm，宽 6～11 mm。花茎顶生，具白色柔毛，具 3～7 朵花；子房连花梗长 7～8 mm；花小。萼片粉红色，背面基部被疏柔毛。中萼片长圆状卵形，长 3.5～4 mm；侧萼片斜镰状长圆形，长 5～6 mm，宽 2 mm，基部合生成 1 个 2 浅裂的囊；囊包住唇瓣基部囊状距，合生部分的长度至囊状距的口部。花瓣白色，具紫红色斑块，偏斜的半卵形，与中萼片等长且与中萼片紧贴呈兜状；唇瓣白色，呈“T”字形，长 8 mm，前部扩大呈倒三角形的片；中唇两边各具 1～4 枚小齿；后唇具长 1.5 mm 的囊状距，其末端 2 浅裂；距内具 2 个角状突起、先端尖、不裂的胼胝体。蕊柱短。

花果期 花期 8～9 月。

生境 海拔约 1 300 m 的针阔混交林中。

旗唇兰 *Kuhlhasseltia yakushimensis* 花序（金效华）

（六十）羊耳蒜属 *Liparis* Rich.

320. 扁茎羊耳蒜 *Liparis assamica* King & Pantl.

国家重点保护级别 无

IUCN 红色名录 无危（LC）

形态特征 附生植物。假鳞茎密集，卵状梭形，长 1.5~2.5 cm，直径 0.6~1.0 cm，上部具 3~4 枚互生的叶。叶片狭长圆形，长 3.5~6.0 cm，宽 0.5~1.0 cm，上部边缘略呈皱波状，基部具短柄和关节。花葶长 10~13 cm，具 10 余朵花；花橘黄色。花苞片披针形，长 2~3 mm。中萼片狭卵状长圆形，长 4.5~5.0 mm，宽 1.6 mm，背面有龙骨状突起；侧萼片长圆状卵形，宽 2 mm，背面略有龙骨状突起；花瓣线形，长 5.0~5.5 mm，宽 0.7 mm；唇瓣宽倒卵状长圆形，长 4 mm，先端微凹，在基部上方 1 mm 处的两侧收狭并有皱褶，形似胼胝体，基部两侧为半圆形的裂片，中央有 1 个肥厚的、中央凹陷的胼胝体。蕊柱长 3 mm。

花果期 花期 11 月。

生境 海拔 800 m 的林中树上。

扁茎羊耳蒜 *Liparis assamica* 生境与植株（金效华）

扁茎羊耳蒜 *Liparis assamica* 花序（金效华）

321. 圆唇羊耳蒜 *Liparis balansae* Gagnep.

国家重点保护级别 无

IUCN 红色名录 易危(VU)

形态特征 附生植物。假鳞茎密集，近狭卵形，长 1.0 ~ 1.5 cm，直径 0.4 ~ 0.7 cm，顶生 1 枚叶。叶片倒披针形，长 10 ~ 17 cm，宽 1.0 ~ 2.8 cm，基部收狭成长 2 ~ 4 cm 的柄。花葶长 11 ~ 25 cm，两侧具狭翅，疏生 3 ~ 5 朵花；花绿色。花苞片披针形，长 7 ~ 15 mm，向上渐小。中萼片长圆状披针形，长 10 ~ 11 mm，宽 2.0~2.5mm；侧萼片披针形，比中萼片稍宽；花瓣近丝状，长 10 mm，宽 0.7 mm，先端略有不规则缺刻；唇瓣扇状扁圆形，长 8 ~ 10 mm，宽 10 ~ 11 mm，边缘有不规则细齿，基部具 2 个胼胝体。蕊柱长 5 mm，上部在柱头两侧具翅，翅下弯成长 1.1 mm 的钩。

花果期 花期 9 ~ 11 月。

生境 海拔 500 ~ 1 600 m 的林中树上或林下阴湿的岩石上。

圆唇羊耳蒜 *Liparis balansae* 生境与植株（金效华）

圆唇羊耳蒜 *Liparis balansae* 花序（金效华）

322. 须唇羊耳蒜 *Liparis barbata* Lindl.

国家重点保护级别 无

IUCN 红色名录 无

形态特征 地生植物。植株高约30cm。根状茎圆柱状。茎圆柱状，肉质，上半部具2~4枚叶，长50~150 mm，厚5~8 mm。叶斜卵状椭圆形，长50~80 mm，宽25~40 mm。花序顶生，长60~150 mm；具5~15朵花，长20~110 mm。花黄绿色，唇瓣通常有两条平行的红棕色条纹。中萼片长圆形，长7.5~8 mm，宽2~2.3 mm；侧萼片斜长圆状披针形，长约6.5 mm，宽2.5 mm。花瓣线形，长7~8 mm，宽0.8~1 mm；唇瓣长圆形楔形，长6.5~7 mm，宽3~5 mm，基部具2个平行的胼胝体，先端2裂，裂片边缘具齿，流苏状。

花果期 花期7月。

生境 海拔500~1 400 m的林中树上或林下阴湿的岩石上。

须唇羊耳蒜 *Liparis barbata* 生境与植株（金效华）

须唇羊耳蒜 *Liparis barbata* 花序（金效华）

323. 折唇羊耳蒜 *Liparis bistriata* Par. & Rchb. f.

国家重点保护级别 无

IUCN 红色名录 无危（LC）

形态特征 附生植物。假鳞茎密集，圆柱形，长 9～12 cm，直径 0.5～0.7 cm，顶生 2 枚叶。叶片近椭圆形，长 6.5～9.0 cm，宽 2.6～3.4 cm，基部具短柄和关节。花葶长 18～24 cm；花序柄无翅，具 20 余朵花；花淡绿色。花苞片披针形，长 3～4 mm。萼片近狭长圆形，长 5.0～5.5 mm，宽 1.5 mm，边缘外卷；花瓣线形，长 4.5～5.0 mm，宽 0.5 mm；唇瓣长圆形，长 4.5～5.0 mm，宽 2.5 mm，先端呈啮蚀状，中央微缺，中部以下皱缩而使上部外折，基部具 1 个多少 2 裂的胼胝体。蕊柱长 3.5 mm，上部有狭翅。

花果期 花期 6～7 月，果期 8～9 月。

生境 海拔约 800 m 的林中树上或林下岩石上。

折唇羊耳蒜 *Liparis bistriata* 生境与植株（金效华）

折唇羊耳蒜 *Liparis bistriata* 花序（金效华）

324. 波密羊耳蒜 *Liparis bomiensis* X. H. Jin & C. Ye

国家重点保护级别 无

IUCN 红色名录 无危（LC）

形态特征 地生植物。植株高 8～10 cm。假鳞茎卵形，长 1 cm，直径约 5 mm，被宿存的叶鞘包围。叶 2 枚；叶柄形成假茎，长约 2 cm；叶片卵形，长 5～6 cm，宽 2～3 cm。花序从假茎长出，长 6～10 cm，沿花序具翅。花苞片三角形，1 mm 长。花绿色，唇紫色。子房连花梗长 7～9 mm。萼片线形，长 16 mm，宽 1.2 mm。中萼片直立；侧萼片在唇下平行。花瓣线形，长 15mm，宽 0.8mm；唇瓣菱形，长 15 mm，宽 8 mm，中脉深色，盘上无胼胝体。蕊柱长 7 mm，强烈弯曲，基部扩张，有 2 个厚的乳头状突起，顶端有翅。

花果期 花期 6～7月，果期 8～9 月。

生境 海拔约 800 m 的林中树上或林下岩石上。

波密羊耳蒜 *Liparis bomiensis* 生境与植株（金效华）

波密羊耳蒜 *Liparis bomiensis* 花序（金效华）

325. 镰翅羊耳蒜 *Liparis bootanensis* Griff.

国家重点保护级别 无

IUCN 红色名录 无危（LC）

形态特征 附生植物。假鳞茎密集，卵形，长 0.8～1.8 cm，直径 0.4～0.8 cm，顶生 1 枚叶，叶片狭长圆状倒披针形，长 8～22 cm，宽 1.1～1.3 cm，基部收狭成长 1～7 cm 的柄，具关节。花葶长 7～24 cm，两侧具狭翅，具数朵花；花黄绿色。花苞片狭披针形，长 3～8 mm。中萼片近长圆形，长 3.5～6.0 mm，宽 1.3～1.8 mm；侧萼片与中萼片近等长但稍宽；花瓣狭线形，长 3.5～6.0 mm，宽 0.4～0.7 mm；唇瓣宽长圆状倒卵形，长 3～6 mm，宽 2.5～5.5 mm，先端有凹缺，整个前缘具不规则细齿，基部有 2 个胼胝体，有时合二为一。蕊柱长 3 mm，上部两侧各有 1 翅，前部下弯成钩状。

花果期 花期8~10月，果期次年3~5月。

生境 海拔 800～2 300 m 的林中树上或林下阴湿的岩壁上。

镰翅羊耳蒜 *Liparis bootanensis* 生境与植株（金效华）

镰翅羊耳蒜 *Liparis bootanensis* 花序（金效华）

326. 二褶羊耳蒜 *Liparis cathcartii* Hook. f.

国家重点保护级别 无

IUCN 红色名录 近危（NT）

形态特征 地生草本。假鳞茎较小，卵形，长 5～6 mm，直径 4～5 mm，外被白色的薄膜质鞘。叶 2 枚，椭圆形、卵形或卵状长圆形，长 3.5～8 cm，宽 1.7～4 cm，先端急尖或钝，边缘稍皱波状或近全缘，基部收狭并下延成鞘状柄，无关节；鞘状柄长 2～5.5 cm，多少围抱花葶基部或下部。花葶长 7～25 cm；花序柄略呈扁圆柱形，两侧具狭翅；总状花序具数朵至 10 余朵花；花苞片很小，长约 1 mm；花梗和子房长 7～8 mm；花粉红色，偶见绿色与紫色。萼片狭长圆形，长 7～9 mm，宽约 2.5 mm，先端钝，具不明显的 3 脉；侧萼片稍斜歪；花瓣近丝状，长 7～9 mm，宽约 0.4 mm，具 1 条脉；唇瓣倒卵形至椭圆状倒卵形，长 8～9 mm，宽 7～8 mm，先端近截形并有短尖，边缘具不规则齿缺，基部收狭，通常有 2 条短的纵褶片，较少纵褶片不明显。蕊柱长 3～3.5mm，向前弯曲，顶端有翅，基部扩大而肥厚。蒴果倒卵状长圆形，长 1.1～1.3cm，直径约 5 mm；果梗长 6～9 mm。

花果期 花期 6～7 月，果期 10 月。

生境 海拔 1 900～2 100 m 的山谷旁湿润处或草地上。

二褶羊耳蒜 *Liparis cathcartii* 植株（Tirtha）

327. 丛生羊耳蒜 *Liparis cespitosa* (Thouars) Lindl.
Cestichis cespitosa (Lam.) Ames

国家重点保护级别 无

IUCN 红色名录 无危（LC）

形态特征 附生草本，较矮小。假鳞茎密集，卵形、狭卵形至近圆柱形，长 8～20 (～30)mm，宽 2～6 mm，顶端具 1 枚叶。叶倒披针形或线状倒披针形，纸质，先端渐尖，基部逐渐收狭成柄，连柄长 5～17 cm，中部宽 5～8 (～15)mm，有关节。花葶长 5～16 cm；花序柄为稍扁的圆柱形，两侧具很狭的翅，下部无不育苞片；总状花序具（7～）10～40 朵花；花绿色或绿白色，很小；花苞片钻形，长 3～5 mm，在花序基部的有时长可达 8 mm；花梗和子房长 3～4 mm。中萼片近长圆形，长 1.5～1.8 mm，宽约 0.7 mm，先端钝，具 1 条脉；侧萼片卵状长圆形，略斜歪，长 1.3～1.5 mm，宽 0.9～1 mm，亦具 1 条脉。花瓣狭线形，长 1.5～1.8 mm，宽约 0.3 mm，先端钝；唇瓣近宽长圆形，有时中部或下部略宽于上部，长约 1.8 mm，宽约 1.2 mm，先端近截形而有短尖，边缘有时稍呈波状，基部有 1 对向后延伸的耳，无明显的胼胝体。蕊柱长 0.8～1.2 mm，稍向前弯曲，顶端扩大，有宽阔的药床。

花果期 花期 6～10 月，果期 10～11 月。

生境 海拔 500～2 400 m 的林中或荫蔽处的树上、岩壁上或岩石上。

丛生羊耳蒜 *Liparis cespitosa* 生境与植株（金效华）

丛生羊耳蒜 *Liparis cespitosa* 花序（金效华）

328. 平卧羊耳蒜 *Liparis chapaensis* Gagnep.

国家重点保护级别 无

IUCN 红色名录 易危（VU）

形态特征 附生植物。假鳞茎密集，多少平卧，近卵状长圆形，长 4～6 mm，直径 5～10 mm，顶生 1 枚叶。叶片狭椭圆形，长 3～5 cm，宽 0.8～1.1 cm，基部具柄和关节。花葶长 4～7 cm，两侧具狭翅，疏生数朵花；花黄绿色。花苞片狭披针形，长 4～5 mm。中萼片狭长圆状披针形，长 4～6 mm，宽 1.5～2.0 mm，边缘外卷；侧萼片狭长圆状披针形，略宽于中萼片。花瓣狭线形，长 4 mm，宽 0.5 mm；唇瓣倒卵状长圆形，长 4 mm，宽 3 mm，先端在中央具细尖，近基部具 1 个 2 裂的胼胝体。蕊柱长 3 mm，上部具狭翅。

花果期 花期 10 月。

生境 海拔 800～2 000 m 的石灰岩山林中树上或林下岩石上。

平卧羊耳蒜 *Liparis chapaensis* 生境与植株（金效华）

平卧羊耳蒜 *Liparis chapaensis* 花序（金效华）

329. 心叶羊耳蒜 *Liparis cordifolia* Hook. f.

国家重点保护级别 无

IUCN 红色名录 无危（LC）

形态特征 地生植物。假鳞茎聚生，密集，卵形，长 2～3 cm，直径 0.5～1.2 cm，叶 1 枚，心形，长 6～10 cm，宽 3.5～8.0 cm，基部心形并下延为长 2～3 cm 的鞘状柄，无关节。花葶长 6～12 cm，两侧有狭翅，具 10 余朵花；花绿色。花苞片三角状披针形，长 1 mm。萼片线状披针形，长 6～7 mm，宽 1.8 mm，边缘外卷；花瓣丝状，长 6～7 mm，宽 0.5 mm；唇瓣倒卵状三角形，与萼片近等长，宽 6 mm，两侧边缘多少皱波状，上部边缘具啮蚀状细齿，近基部处具 1 凹穴，其上方有 1 对不明显的胼胝体。蕊柱长 4 mm，上部有宽翅。

花果期 花期 10～12 月。

生境 海拔 1 000～2 000 m 的林下腐殖质丰富的地方。

心叶羊耳蒜 *Liparis cordifolia* 生境与植株（金效华）

心叶羊耳蒜 *Liparis cordifolia* 花序（金效华）

330. 小巧羊耳蒜 *Liparis delicatula* Hook. f.

国家重点保护级别 无

IUCN 红色名录 近危（NT）

形态特征 附生植物。假鳞茎密集，长圆形，长 5～9 mm，直径 3～5 mm，顶生 2 枚叶。叶片匙状长圆形，长 12～35 mm，宽 5～11 mm，基部具短柄和关节。花葶长 4～10 cm，上部有时具狭翅，具花 10 余朵；花白色。花苞片卵状披针形，长 2～3 mm。中萼片卵状长圆形，长 2.5～3.0 mm，宽 1.5～1.8 mm，背面有龙骨状突起；侧萼片卵形，宽 2 mm；花瓣线状披针形，长 2.5～3.0 mm，宽 0.5 mm；唇瓣宽椭圆形，长 2.5 mm，先端具生尾，中部以下两侧明显皱缩并扭曲，使上部强烈外折，基部两侧各有 1 个圆形的耳状皱褶，形似胼胝体，近基部中央有 1 个中央凹陷的胼胝体。蕊柱长 2.2 mm，前面上部有 2 翅，两侧下部又有 2 翅。

花果期 花期 10 月，果期次年 1 月。

生境 海拔 500～2 900 m 的林中树上。

小巧羊耳蒜 *Liparis delicatula* 生境与植株（金效华）

小巧羊耳蒜 *Liparis delicatula* 花序（金效华）

331. 大花羊耳蒜 *Liparis distans* C. B. Clarke

国家重点保护级别 无

IUCN 红色名录 无危（LC）

形态特征 附生植物。假鳞茎密集，近圆柱形，长 3～9 cm，直径 0.3～1.0 mm，顶生 2 枚叶。叶片倒披针形，长 15～35 cm，宽 1.0～2.8 cm，基部具长 2～6 cm 的柄和关节。花葶长 14～39 cm，两侧有狭翅，具数朵花；花黄绿色。花苞片钻形，长 6～12 mm。萼片线形，长 10～16 mm，宽 2 mm，边缘外卷；侧萼片略短于中萼片；花瓣近丝状，长 12～16 mm，宽 0.3～0.5 mm；唇瓣宽长圆形，长 10～14 mm，宽 10～11 mm，边缘略有不规则的细齿，基部具 1 个具槽的胼胝体。蕊柱长 5～6 mm，上部具狭翅。

花果期 花期 10 月至次年 2 月，果期次年 6～7 月。

生境 海拔 1 000～2 400 m 的林下或沟谷旁岩石上。

大花羊耳蒜 *Liparis distans* 生境与植株（金效华）

大花羊耳蒜 *Liparis distans* 花序（金效华）

332. 扁球羊耳蒜 *Liparis elliptica* Wight

国家重点保护级别 无

IUCN 红色名录 无危（LC）

形态特征 附生植物。假鳞茎密集，长圆形，压扁，长 1~3 cm，直径 0.6~1.5 cm，顶生 2 枚叶。叶片狭椭圆形，长 4~12 cm，宽 1.2~2.8 cm，基部具短柄和关节。花葶长 7~18 cm，具数朵花；花淡黄绿色。花苞片披针形，长 1.5~3.0 mm。萼片长圆状披针形，长 4~5 mm，宽 1.5~1.8 mm；花瓣狭线形，长 3.5~4.5 mm，宽 0.5 mm；唇瓣近圆形，先端短尾状，长 4~5 mm，边缘多少皱波状，中上部两侧常有耳状皱折而形似 3 裂，无胼胝体。蕊柱长 1.5~2.0 mm，无翅。

花果期 花期 11 月至次年 2 月，果期次年 5 月。

生境 海拔 200~1 500 m 的林中树上。

扁球羊耳蒜 *Liparis elliptica* 生境与植株（金效华）

扁球羊耳蒜 *Liparis elliptica* 花序（金效华）

333. 巨花羊耳蒜 *Liparis gigantea* C. L. Tso

国家重点保护级别 无

IUCN 红色名录 无

形态特征 地生草本，较高大。茎（或假鳞茎）圆柱状，肥厚，肉质，有数节，长 8～20 cm，直径可达 1 cm，绿色，下部被数枚薄膜质鞘。叶 3～6 枚，椭圆形、卵状椭圆形或卵状长圆形，膜质或草质，常稍斜歪，长 9～17 cm，宽 3.5～9 cm，先端渐尖、短尾状或近急尖，基部斜歪并收狭成鞘状柄，无关节；鞘状柄长 2～5 cm，初时几乎全部抱茎，老鞘仅基部抱茎。花葶生于茎顶端，长 18～45 cm；总状花序长 6～16 cm，具数朵至 20 余朵花；花序轴具很狭的翅；花苞片很小，卵形，长 1～2 mm；花梗和子房长 1.6～1.8 cm；花深紫红色，较大。中萼片线状披针形，长 1.6～2 cm，宽 2.5～3 mm，先端钝，具 3 条脉；侧萼片卵状披针形，长 1.5～1.7 cm，宽 4～5 mm，先端钝，具 5 条脉；花瓣线形或狭线形，长 1.6～1.8 cm，宽约 0.8 mm，具 1 条脉；唇瓣倒卵状椭圆形或宽倒卵状长圆形，长 1～1.5 cm，宽 1.2～1.8 cm，先端截形或有时有短尖，边缘有明显的细齿，基部骤然收狭并有一对向后方延伸的耳，近基部有 2 个胼胝体；胼胝体三角形，高 0.8～1 mm。蕊柱长 6～8 mm，两侧有狭翅；药帽长约 2 mm。蒴果倒卵状长圆形，长约 2.8 cm，宽约 1 cm；果梗长 6～9 mm。

花果期 花期 2～5 月，果期 11 月。

生境 海拔 500～1 700 m 的常绿阔叶林下或阴湿的岩石覆土上或地上。

巨花羊耳蒜 *Liparis gigantea* 生境与植株（金效华）

巨花羊耳蒜 *Liparis gigantea* 花（金效华）

334. 黄花羊耳蒜 *Liparis luteola* Lindl.

国家重点保护级别 无

IUCN 红色名录 易危（VU）

形态特征 附生植物。假鳞茎稍密集，多少斜卧，近卵形，长 6～7 mm，宽 4～5 mm，顶生 2 枚叶。叶片线形，长 6～14 cm，宽 0.4～0.9 cm，基部具长 1.0～1.5 cm 的柄，具关节。花葶长 6～16 cm，两侧有狭翅，具数朵花；花乳白绿色。花苞片披针形，长 3～4 mm。萼片披针形，长 4 mm，宽 1 mm，中脉在背面稍隆起；侧萼片略宽于中萼片；花瓣丝状，长 4 mm，宽 0.3mm；唇瓣长圆状倒卵形，长 3.5mm，宽 2.8 mm，先端微缺并在中央具细尖，近基部有 1 条肥厚的纵脊，脊的前端有 1 个 2 裂的胼胝体。蕊柱长 2.5 mm，上部具翅。

花果期 花期 12 月至次年 2 月，果期 12 月至次年 2 月。

生境 海拔 800 m 的林中树上。

黄花羊耳蒜 *Liparis luteola* 生境与植株（金效华）

黄花羊耳蒜 *Liparis luteola* 花序（金效华）

335. 三裂羊耳蒜 *Liparis mannii* Rchb. f.

国家重点保护级别 无

IUCN 红色名录 易危（VU）

形态特征 附生植物。假鳞茎狭卵形，长 1~2 cm，直径 0.4~0.7 cm，顶生 1 枚叶。叶片狭长圆形，长 7~15 cm，宽 0.6~1.2 cm，基部具短柄和关节。花葶长 9~13 cm，两侧有狭翅，具数朵花。花苞片狭披针形，长 1.5~2.5 mm。萼片狭卵状椭圆形，长 1.5~1.8 mm，宽 0.7 mm；花瓣狭线形，长 1.3~1.6 mm，宽 0.2 mm；唇瓣卵形，3 裂，长 1.8 mm，宽 1.5 mm；侧裂片近卵形；中裂片扁圆形，长 0.6~0.8 mm，宽 1 mm，前方边缘有不规则细齿。蕊柱长 1.2 mm。

花果期 花期 10~11 月，果期次年 3 月。

生境 海拔 750~1 200 m 的林中树上。

三裂羊耳蒜 *Liparis mannii* 生境与植株（金效华）

三裂羊耳蒜 *Liparis mannii* 花序（金效华）

336. 见血青 *Liparis nervosa* (Thunb. ex A. Murray) Lindl.

国家重点保护级别 无

IUCN 红色名录 无危（LC）

形态特征 地生植物。茎圆柱形，具数节，长 2~8 cm，直径 0.5~0.7 cm。叶 3~5 枚，卵状椭圆形，长 5~11 cm，宽 3~5 cm，基部下延成长 2~3 cm 的鞘状柄，无关节。花葶从茎顶端发出，长 10~20 cm，具数朵花；花紫色。花苞片三角形，长 1 mm。中萼片线形，长 8~10 mm，宽 1.5~2.0 mm，边缘外卷；侧萼片狭卵状长圆形，稍歪斜，长 6~7 mm，宽 3.0~3.5 mm；花瓣丝状，长 7~8 mm，宽 0.5 mm；唇瓣长圆状倒卵形，长 6 mm，宽 5 mm，先端微凹，基部具 2 个长圆形的胼胝体。蕊柱长 4~5 mm，上部两侧具狭翅。

花果期 花期 2~7 月。

生境 海拔 1 000~2 000 m 的林下、草丛或岩石覆土上。

见血青 *Liparis nervosa* 生境与植株（金效华）

见血青 *Liparis nervosa* 花序（金效华）

337. 紫花羊耳蒜 *Liparis nigra* Seidenf.

国家重点保护级别 无

IUCN 红色名录 无危（LC）

形态特征 地生植物。茎圆柱形，有数节，长 8～20 cm，直径 1 cm。叶 3～6 枚，椭圆形，长 9～17 cm，宽 3.5～9.0 cm，基部收狭成长 2～5 cm 的鞘状柄，无关节。花葶生于茎顶端，长 18～45 cm，具数朵花；花深紫红色。花苞片卵形，长 1～2 mm。中萼片线状披针形，长 16～20 mm，宽 2.5～3.0 mm；侧萼片卵状披针形，长 15～17 mm，宽 4～5 mm；花瓣线形，长 16～18 mm，宽 0.8 mm；唇瓣倒卵状椭圆形，长 10～15 mm，宽 12～18 mm，先端有短尖，边缘具明显的细齿，基部收狭并有 1 对向后方延伸的耳，近基部有 2 个三角形胼胝体。蕊柱长 6～8 mm，两侧有狭翅。

花果期 花期 2～5 月，果期 11 月。

生境 海拔 500～1 700 m 的林下或林下阴湿的岩石上。

紫花羊耳蒜 *Liparis nigra* 生境与植株（金效华）

紫花羊耳蒜 *Liparis nigra* 花序（金效华）

338. 香花羊耳蒜 *Liparis odorata* (Willd.) Lindl.

国家重点保护级别 无

IUCN 红色名录 无危（LC）

形态特征 地生植物。假鳞茎近卵形，长 1.3～2.2 cm，直径 1.0～1.5 cm，有节。叶 2～3 枚，狭椭圆形，长 6～17 cm，宽 2.5～6.0 cm，基部收狭成长 2.5～10.0 cm 的鞘状柄，无关节。花葶长 14～40 cm，明显高出叶面，具数朵花；花黄绿色。花苞片披针形，长 4～6 mm。中萼片线形，长 7～8 mm，宽 1.5 mm，边缘外卷；侧萼片卵状长圆形，长 6～7 mm，宽 2.5 mm；花瓣近狭线形，长 6～7 mm，宽 0.8 mm，边缘外卷；唇瓣倒卵状长圆形，长 5.5 mm，宽 3.5～4.5 mm，先端微凹，上部边缘有细齿，近基部有 2 个三角形的、多少相连的胼胝体。蕊柱长 4.5 mm，两侧有狭翅。

花果期 花期 4～7 月，果期 10 月。

生境 海拔 600～3 100 m 的林下、草丛或灌丛下。

香花羊耳蒜 *Liparis odorata* 生境与植株（金效华）

香花羊耳蒜 *Liparis odorata* 花序（金效华）

339. 狭叶羊耳蒜 *Liparis perpusilla* Hook. f.

国家重点保护级别 无

IUCN 红色名录 易危（VU）

形态特征 附生草本。假鳞茎簇生，卵形或椭圆形，长 2.0～3.0 cm，宽 0.1～0.2 cm。叶 4～5 枚，线形，长 1.0～1.5 cm，宽 0.1～0.2 cm。花序直立，长 2.0～4.0 cm，具 5～10 朵花；花黄色。中萼片近长圆形，长 1.1～1.3 mm，宽 0.4～0.5 mm；侧萼片椭圆状长方形，长 1.0～1.2 mm，宽 0.6～0.7 mm；花瓣线形或窄的披针形，长 1.0～1.1 mm，宽 0.1～0.2 mm；唇瓣多少反折，近圆形，长约 1.1 mm，基部边缘卷曲，先端钝圆形或稍具短尖；唇盘近基部具 1 个马蹄形胼胝体，马蹄形胼胝体基部还具有 2 个分离的胼胝体。蕊柱长约 0.1 cm，具 2 翅。

花果期 花期 7 月。

生境 海拔约 2 800 m 的林中树干上。

狭叶羊耳蒜 *Liparis perpusilla* 生境与植株（金效华）

狭叶羊耳蒜 *Liparis perpusilla* 植株（金效华）

340. 柄叶羊耳蒜 *Liparis petiolata* (D. Don) P. F. Hunt & Summerh.

国家重点保护级别 无

IUCN 红色名录 易危（VU）

形态特征 地生植物。具细长的根状茎。假鳞茎彼此相距 2～4 cm，卵形，长 1.5～3.0 cm，直径 1.0～1.5 cm。叶 2 枚，宽卵形，长 5～11 cm，宽 3.5～8.0 cm，先端短尾状，边缘略有不规则圆齿，基部具长 5～11 cm 的鞘状柄，无关节。花葶长 10～24 cm，下部具棱，上部具翅；花序具数朵花；花绿白色。花苞片披针形，长 5～6 mm。萼片线状披针形，长 8 mm，宽 1.8 mm；侧萼片略歪斜；花瓣线形，长 7～8 mm，宽 0.4 mm；唇瓣椭圆形，长 10 mm，宽 8～9 mm，边缘略有不整齐的缺刻，近基部有 2 个胼胝体。蕊柱长 4 mm，顶端稍具狭翅。

花果期 花期 5～6 月，果期 9～10 月。

生境 海拔 1 100～2 900 m 的林下及溪谷旁阴湿处。

柄叶羊耳蒜 *Liparis petiolata* 生境与植株（金效华）

柄叶羊耳蒜 *Liparis petiolata* 花序（金效华）

341. 秉滔羊耳蒜 *Liparis pingtaoi* (G. D. Tang, X. Y. Zhuang & Z. J. Liu) J. M. H. Shaw
Cestichis pingtaoi G. D. Tang, X. Y. Zhuang & Z. J. Liu

国家重点保护级别 无

IUCN 红色名录 无

形态特征 附生草本。假鳞茎狭卵形、卵形至近长圆形，长 1.3~2.1 cm，宽 8~17 mm，顶端具 1 枚叶。叶狭长线形至披针形，纸质，长 9~19 cm，宽 19~34 mm，先端渐尖，基部收狭成短柄，有关节。花葶长 10~31 cm；花序柄略压扁，两侧有很狭的翅；花序近下半部具 1~8 枚不育苞片；总状花序长 13~16 cm，具 10~20 朵花；花浅绿色至白色。苞片狭披针形，长 4~5mm；花梗和子房长 0.9~2.0cm。萼片狭长椭圆形，长 4~5 mm，宽约 0.7 mm。花瓣狭线形，长 5~8 mm，宽约 0.4 mm；唇瓣长圆形，长 3~4 mm，宽 2~4 mm，近 3 裂；侧裂片直立，倒卵形，先端钝，中裂长圆形，长 2.0~2.5 mm，宽 1.8~2.0 mm；中裂片基部腺体 2 枚，绿色，稍扁平。

花果期 花期 10~12 月。

生境 海拔约 770 m 的山地林下。

秉滔羊耳蒜 *Liparis pingtaoi* 生境与植株（朱鑫鑫）

秉滔羊耳蒜 *Liparis pingtaoi* 花序（朱鑫鑫）

342. 小花羊耳蒜 *Liparis platyrachis* Hook. f.

国家重点保护级别 无

IUCN 红色名录 濒危（EN）

形态特征 附生植物。假鳞茎密集，近圆柱形，稍压扁，长 1cm，具 3~5 枚近互生的叶。叶片线状披针形，长 1.5~3.0 cm，基部具短柄和关节。花葶长 8 cm，多少具狭翅，具 10~20 朵花；花白色。花苞片钻形，明显比子房短。萼片椭圆形，长 2~3mm；侧萼片稍歪斜；花瓣线形，与萼片近等长；唇瓣近方形，明显短于萼片，先端有凹缺，在下部 1/4 处明显皱缩并扭曲，形似有 2 个耳状物，近基部有 4 个胼胝体，前方 2 个较大。蕊柱上部有 1 对三角形的小翅，下部侧面也有 1 对翅。

花果期 花期 9 月。

生境 海拔 1 700 m 的林下树上。

小花羊耳蒜 *Liparis platyrachis* 生境与植株（金效华）

小花羊耳蒜 *Liparis platyrachis* 花序（金效华）

343. 蕊丝羊耳蒜 *Liparis resupinata* Ridl.

国家重点保护级别 无

IUCN 红色名录 无危（LC）

形态特征 附生植物。假鳞茎密集，近圆柱形，长 1.8～5.0 cm，直径 0.3～0.6 cm，上部具 3～4 枚近互生的叶。叶片狭长圆形，长 3～8 cm，宽 0.5～1.2 cm，边缘稍具细齿，基部具短柄和关节。花葶长 7～18 cm，外弯，具多数花；花淡绿色。花苞片披针形，长 3～5 mm。中萼片长圆形，长 4 mm，宽 1.8 mm，背面有龙骨状突起；侧萼片相似于中萼片但无龙骨状突起；花瓣狭线形，长 3.5 mm，宽 0.3 mm；唇瓣宽椭圆状长圆形，长 2.5～3.0 mm，在基部上方 0.5 mm 处两侧有裂口，形成上下唇，上唇基部有耳而呈箭形，下唇两侧的裂片半圆形，中央有 1 个 2 裂的肥厚胼胝体。蕊柱长 2.8 mm，两侧有半圆形的宽翅，每侧翅的前方有 1 个下垂的丝状体。

花果期 花期10~12月，果期10~12月。

生境 海拔1 300~2 500 m的林中树上。

蕊丝羊耳蒜 *Liparis resupinata* 生境与植株（金效华）

蕊丝羊耳蒜 *Liparis resupinata* 花序（金效华）

344. 若氏羊耳蒜 *Liparis rockii* Ormerod

国家重点保护级别 无

IUCN 红色名录 濒危（EN）

形态特征 附生草本。假鳞茎卵形至近圆形，长 2.5～4.0 cm，直径约 1.0 cm。叶 1 枚，舌状椭圆形至舌状倒披针形，长 17.7～24.6 cm，宽 3.4～4.4 cm。花序顶生，长 18.0～21.0 cm；花序轴长 10.0～12.0 cm，疏生约 20 朵花；花橙色。萼片披针状椭圆形，长约 0.9 cm，宽约 2.4 mm；花瓣线状披针形，长约 0.9 cm，宽约 0.1 cm；唇瓣宽的倒卵形，长、宽 7.5～8.0 cm，基部具 1 分裂为 2 枚窄的圆锥形胼胝体。蕊柱弓形，长约 0.3 cm，近顶端三角形，似镰状，具翅。

花果期 花期 10～11 月。

生境 海拔 1400 m 的树上或岩石上。

若氏羊耳蒜 *Liparis rockii* 生境与植株（金效华）

若氏羊耳蒜 *Liparis rockii* 花序（金效华）

345. 扇唇羊耳蒜 *Liparis stricklandiana* Rchb. f.

国家重点保护级别 无

IUCN 红色名录 无危（LC）

形态特征 附生植物。假鳞茎密集，长圆形，长 2.0～3.5 cm，直径 0.6～1.5 cm，顶生 2 枚叶。叶片倒披针形，长 16～45 cm，宽 1.7～3.5 cm，基部收狭成长 4～17 cm 的柄，具关节。花葶长 16～45 cm，两侧具翅，具数朵花；花黄绿色。花苞片钻形，长 5～10 mm。萼片狭倒卵形，长 4.0～4.5 mm，宽 1.5～1.8 mm，边缘外卷，侧萼片略宽于中萼片；花瓣丝状，长 4.0～4.5 mm，宽 0.5 mm；唇瓣扇形，长 4.0～4.5 mm，上部宽 5～6 mm，前部边缘具不规则的细齿，近基部有 1 个扁圆形胼胝体，胼胝体中央贴生于唇瓣上并向前延伸成宽阔、粗短的肥厚中脉。蕊柱长 3 mm，顶端具狭翅。

花果期 花期 10 月至次年 1 月，果期次年 4～5 月。

生境 海拔 1 000～2 400 m 的林中树上或林下阴湿的岩壁上。

扇唇羊耳蒜 *Liparis stricklandiana* 生境与植株（金效华）

扇唇羊耳蒜 *Liparis stricklandiana* 花序（金效华）

446. 长茎羊耳蒜 *Liparis viridiflora* (Blume) Lindl.

国家重点保护级别 无

IUCN 红色名录 无危（LC）

形态特征 附生植物。假鳞茎稍密集，圆柱形，有时扁球形，长 7～18 cm，直径 0.3～0.8 cm，顶生 2 枚叶。叶片线状倒披针形，长 8～25 cm，宽 1.2～3.0 cm，基部收狭成长 1～4 cm 的柄，有关节。花葶长 14～30 cm，两侧有狭翅，具多数小花；花黄绿色。花苞片狭披针形，长 3～7 mm。中萼片近椭圆状长圆形，长 2～3 mm，宽 0.8～1.0 mm，边缘外卷；侧萼片卵状椭圆形，略宽于中萼片；花瓣狭线形，长 2～3 mm，宽 0.3mm；唇瓣卵状长圆形，长 2~3mm，宽 1.7mm，边缘略波状，从中部向外弯，无胼胝体。蕊柱长 1.5~2.0mm，顶端有翅。

花果期 花期 9～12 月，果期次年 1～4 月。

生境 海拔 200～2 300 m 的林中树上或林下岩石上。

长茎羊耳蒜 *Liparis viridiflora* 生境与植株（金效华）

长茎羊耳蒜 *Liparis viridiflora* 花序（金效华）

（六十一）钗子股属 *Luisia* Gaudich.

347. 长瓣钗子股 *Luisia filiformis* Hook. f.

国家重点保护级别 无

IUCN 红色名录 易危（VU）

形态特征 附生植物。茎下垂，长 30～90 cm，直径 0.4～0.5 cm，具多节，节间长 3～4 cm。叶互生，长 14～26 cm，直径 0.3 cm，基部具 1 个关节和抱茎的鞘。花序侧生于茎基部上方 5～10 mm 处，长 1～2 cm，具少数花；花萼片和花瓣浅白色，唇瓣暗紫色。花苞片宽卵状三角形，长 2 mm。中萼片卵形，凹的，长 7 mm，宽 3 mm；侧萼片对折而围抱唇瓣的两侧边缘，长 8 mm，在背面中肋向先端渐扩大呈翅状；花瓣线形，长 8～11 mm，宽 1.5～1.7 mm；唇瓣长 7 mm，前后唇的界线明显，后唇的基部两侧各具 1 个长、宽为 4 mm 的耳；前唇宽卵状三角形，长 4 mm，宽 5 mm，上面具数条带疣状突起的纵向脊。蕊柱长 4 mm。

花果期 花期 4～6 月。

生境 海拔 700～1 100 m 的林中树上。

长瓣钗子股 *Luisia filiformis* 花序（金效华）

348. 钗子股 *Luisia morsei* Rolfe

国家重点保护级别 无

IUCN 红色名录 无危（LC）

形态特征 附生植物。茎直立，长达30cm，直径0.4~0.5cm，具多节。叶斜立，长9~13cm，直径0.3cm，基部具1个关节和扩大的鞘。花序与叶对生，具4~6朵花；花萼片和花瓣黄绿色，唇瓣紫褐色。花苞片宽卵状三角形，长4mm。中萼片椭圆形，长5.5mm，宽3.5mm；侧萼片斜卵形，稍对折并围抱唇瓣前唇两侧边缘，长7mm，宽3.5mm，背面中肋向先端变为宽翅而后收狭呈尖牙齿状并伸出先端之外；花瓣近卵形，长5mm，宽3mm；唇瓣长8~9mm，前后唇的界线明显；后唇围抱蕊柱，比前唇宽，稍凹陷，前唇近肾状三角形，先端凹缺并且其背面具1枚圆锥的乳突，边缘多少具圆缺刻。蕊柱长3mm。

花果期 花期4~5月。

生境 海拔300~700m的林中树上。

钗子股 *Luisia morsei* 植株（金效华）

钗子股 *Luisia morsei* 花序（金效华）

349. 毛根钗子股 *Luisia trichorrhiza* (Hook.) Blume

国家重点保护级别 无

IUCN 红色名录 无

形态特征 附生植物。根分枝，根上具微小毛状体，褐绿色。茎直立，圆柱状，长 20～25 cm，直径 1.5～2 cm，棕黑色，较硬，为老叶鞘所覆盖。叶圆柱状，长 7～13 cm，与茎等粗，绿色，基部具鞘，先端钝。花序腋生，4～7 朵花；花苞片肉质，卵状三角形，长约 3 mm，先端锐尖。花梗和子房绿色，长约 1 cm；花开展，萼片与花瓣黄绿色，唇瓣紫红色，稍有香味。中萼片椭圆形，稍凹，长 0.5cm，宽 0.3 cm，全缘，先端钝，具 3 条脉；侧萼片斜卵形，长 0.7 cm，宽 0.2 cm，全缘，先端钝，稍弯，具 3 条脉；花瓣长圆形，长 0.6 cm，宽 0.3 cm，先端钝；唇瓣肉质，长 0.7 cm，宽 0.6 cm，3 条裂，前后唇分界明显；后唇中心有槽纹，槽纹中间绿色；后唇长 0.6～0.7 cm，心形，比前唇宽，下部具有带绿色的边界；裂片短，半圆形。蕊柱短，粉紫色，长 0.3～0.4 cm；药帽近方形，白色，长约 2mm；花粉团 1 对，球状，长约 2mm。蒴果棍棒状，长 3.5 cm，宽 1.5 cm。

毛根钗子股 *Luisia trichorrhiza* 花序（李孟凯）

花果期 花期 5～6 月。

生境 海拔 850～1 000 m 的热带雨林树干或雅鲁藏布江边树干和岩石上。

毛根钗子股 *Luisia trichorrhiza* 植株（李孟凯）

（六十二）原沼兰属 *Malaxis* Sol. ex Sw.

350. 原沼兰 *Malaxis monophyllos* (L.) Sw.

国家重点保护级别 无

IUCN 红色名录 无危（LC）

形态特征 地生植物。假鳞茎卵形，长 6～8 mm，直径 4～5 mm。叶 1～2 枚，卵形，长 2.5～7.5 cm，宽 1～3 cm，基部收狭成长 3.0～6.5 cm 的柄。花莛长 15～40 cm，具多数花；花密集，黄绿色。花苞片披针形，长 2～3 mm。中萼片披针形，长 2～4 mm，宽 0.8～1.2 mm；侧萼片线状披针形，略狭于中萼片；花瓣近丝状，长 1.5～3.5 mm，宽 0.3 mm；唇瓣长 3～4 mm，先端骤然收狭成线状披针形的尾，唇盘近圆形，中央略凹陷，两侧边缘肥厚并具疣状突起，基部两侧有 1 对钝圆的短耳。蕊柱长 0.5 mm。

花果期 花期 7～8 月，果期 7～8 月。

生境 海拔 800～2 400 m 的林下、灌丛或草坡上。

原沼兰 *Malaxis monophyllos* 生境与植株（金效华）

原沼兰 *Malaxis monophyllos* 花序（金效华）

351. 藓生沼兰 *Malaxis muscifera* (Lindl.) Kuntze

国家重点保护级别 无

IUCN 红色名录 易危（VU）

形态特征 地生植物。植株高(5~) 8~40 cm。假鳞茎小，卵球形。茎多少弯曲。叶子不相同，大叶片长2~10cm，宽1~4cm，小叶片长1.5~6cm，宽0.5~3 cm，形态变化大。花黄绿色。萼片近等长，长2~2.3 mm，长圆状披针形。花瓣线形，开展；唇瓣肉质，宽卵形，长2 mm。

花果期 花期7~8月。

生境 海拔2 100~4 100 m的林中树下。

藓生沼兰 *Malaxis muscifera* 生境与植株（Tirtha）

（六十三）槌柱兰属 *Malleola* J. J. Smith & Schltr.

352. 西藏槌柱兰 *Malleola tibetica* W. C. Huang & X. H. Jin

国家重点保护级别 无

IUCN 红色名录 易危（VU）

形态特征 附生植物。基部具多数根，茎被叶鞘所包，长 10～20 cm，叶片数枚，偏斜的披针形，长 4.5～6.0 cm，宽 0.5～0.9 cm，先端不等侧。花序与叶鞘对生，比叶短，具 10～15 朵花；花萼片和花瓣黄色而具 2 条红色条纹，唇瓣白色。花苞片三角形，长 1 mm。中萼片舟状，长 3.5 mm，宽 1.5 mm；侧萼片斜椭圆形，长 3 mm，宽 1.5 mm；花瓣稍斜的椭圆形，长 2.5 mm，宽 1 mm；唇瓣 3 裂；侧裂片直立，近方形，宽约 0.7 mm；中裂片基部厚，舌状，先端稍线状三角形，长 1.8 mm；距圆锥状长圆形，长 5 mm。蕊柱锤状，短，无蕊柱足。

花果期 花期 7～8 月。

生境 海拔约 800 m 的江边林下。

西藏槌柱兰 *Malleola tibetica* 生境与植株（金效华）

西藏槌柱兰 *Malleola tibetica* 花序（金效华）

（六十四）小囊兰属 *Micropera* Lindl.

353. 西藏小囊兰 *Micropera tibetica* X. H. Jin & Y. J. Lai

国家重点保护级别 无

IUCN 红色名录 濒危（EN）

形态特征 附生植物。攀缘，茎圆柱形，疏生多枚叶，长约 50 cm。叶 2 列，披针形，长 6~9 cm，宽 0.8~1.0 cm。花序与叶近对生；花白色。中萼片椭圆形，反折，长约 4 mm；侧萼片椭圆形，内缘贴生于唇瓣的背面，强烈倾斜，顶端微凹，长约 6 mm；花瓣披针形，长约 5 mm；唇瓣深囊状，与蕊柱呈直角，长约 10 mm；距口具 2 枚截短、直立的侧裂片；中裂片较小，长约 1 mm；侧裂片长约 0.5 mm；距口内有 2 个胼胝体，其中 1 个横向肉质脊状贴生于中裂片上，其余部分管状；蕊喙鸟嘴状。蒴果具 6 棱，长约 1.5 cm。

花果期 花期 5 月。

生境 海拔约 1 500 m 的热带常绿阔叶林中树干上。

西藏小囊兰 *Micropera tibetica* 生境与植株（金效华）

西藏小囊兰 *Micropera tibetica* 花序（金效华）

（六十五）拟毛兰属 *Mycaranthes* Blume

354. 拟毛兰 *Mycaranthes floribunda* (D. Don) S. C. Chen & J. J. Wood

国家重点保护级别 无

IUCN 红色名录 易危（VU）

形态特征 附生植物。植株高20～60 cm，直立或下垂。茎仅基部膨大，圆柱形，长15～50 cm，直径0.3～0.5 cm，密集丛生，具多数节，叶多数。叶片狭披针形，长10～20 cm，宽0.3～0.6 cm。花序1～2个，着生于茎顶端叶内侧，密被灰白色绵毛，长10～15 cm，密生多数花；花黄绿色；花梗和子房及萼片背面密被白色绵毛。花苞片卵状披针形，长5～6 mm。中萼片卵状椭圆形，长3 mm，宽1 mm；侧萼片近斜三角形，长3 mm，宽2.5 mm，基部与蕊柱足合生成长约2 mm的萼囊；花瓣长圆形，与中萼片等长，宽1.5 mm；唇瓣扇形，基部具短柄，无关节，3裂；侧裂片近卵状三角形；中裂片梯形，长1.5 mm，宽2.5 mm。唇盘上面自基部至先端处具1条白色、哑铃形的突起，基部两侧还各具1个小突起，哑铃形的突起在近基部一端呈球形，另一端扩大成楔形。蕊柱长1 mm。

花果期 花期4～6月。

生境 海拔约800 m的林中树上。

拟毛兰 *Mycaranthes floribunda* 花序（金效华）

355. 指叶拟毛兰 *Mycaranthes pannea* (Lindl.) S. C. Chen & J. J. Wood

国家重点保护级别 无

IUCN 红色名录 近危（NT）

形态特征 附生植物。幼时全体被白色绒毛，根状茎明显。假鳞茎彼此相距 2～5 cm，长 1～2 cm，圆柱形，上部近顶端处着生 3～4 枚叶。叶圆柱形，长 4～20 cm，宽 0.3 cm，近轴面具槽，基部套叠。花序单生于假鳞茎顶端叶内侧，长 3～5 cm，具 1～4 朵花；花黄色；花梗和子房及萼片外面密被白色绒毛，萼片内面及花瓣、唇瓣两面疏被短毛。花苞片卵状三角形，长 6 mm。中萼片长圆状椭圆形，长 6 mm，宽 3 mm；侧萼片斜卵状三角形，长 6 mm，宽 5 mm，基部与蕊柱足合生成萼囊；花瓣长圆形，长 5 mm，宽 2 mm；唇瓣倒卵状椭圆形，长 7 mm，宽 4 mm，不裂，基部收狭并具 1 个线形胼胝体，边端部具 1 个显著的长椭圆形胼胝体。蕊柱长 1.5 mm。

花果期 花期 4～5 月。

生境 海拔 800～2 200 m 的林中树上。

指叶拟毛兰 *Mycaranthes pannea*
生境与植株（金效华）

指叶拟毛兰 *Mycaranthes pannea*（金效华）

（六十六）全唇兰属 *Myrmechis* Blume

356. 日本全唇兰 *Myrmechis japonica* (Rchb. f.) Rolfe

国家重点保护级别 无

IUCN 红色名录 近危（NT）

形态特征 地生植物。高 8～15 cm，根状茎伸长，匍匐，具节，节上生根，茎直立，无毛，具数枚叶。叶片圆形，小，长 5～8 mm，宽 5～7 mm，疏生，叶柄基部扩大成抱茎的鞘。花序顶生，长 1.5～3.0 cm，具 1～3 朵花；花白色，不甚开展。萼片背面有时粉红色，卵状披针形，长约 6 mm；中萼片凹陷呈舟状，与花瓣下部的大半部黏合呈兜状；侧萼片稍偏斜；花瓣卵状长圆形，不歪斜，长约 6 mm，宽 2.3 mm；唇瓣长约 7 mm，呈“T”形，基部稍扩大且凹陷呈囊状，囊内两侧各具 1 个四方形、顶部钝的胼胝体，中部收狭成短的、无细乳突的爪。

花果期 花期 7～8 月。

生境 海拔 800～2 600 m 的山坡林下阴湿处或岩石上苔藓丛中。

日本全唇兰 *Myrmechis japonica* 生境与植株（金效华）

357. 美丽全唇兰 *Myrmechis longii* J. D. Ya

国家重点保护级别 无

IUCN 红色名录 无危（LC）

形态特征 地生植物。植株高5~10cm。茎直立，具3~5枚叶。叶背面淡绿色，正面有时沿中脉有白色带，圆状卵形，长5.0~10.0mm，宽3.0~5.0mm。花序长1.0~1.5cm，疏生绒毛，具1~2朵花。花白色，唇瓣淡黄绿色；子房和花梗长4.5~6.0mm。萼片基部合生，先端钝，无毛。中萼片卵状披针形，长约4.8mm，宽2.0mm；侧萼片斜卵形，长约5.0mm，宽2.5mm；花瓣长圆形，偏斜，长3.5~2.0mm，先端钝；唇瓣"Y"形，长6.0~7.0mm，3裂；后唇凹陷成囊状，长2.0~1.8mm，内部具2裂胼胝体；中唇长1.8~1.0mm；前唇2裂；裂片长圆状披针形，长4.0~4.2mm，宽1.2~1.5mm，先端钝。

花果期 花期7~8月。

生境 海拔2 800~3 800 m的林下阴湿处。

美丽全唇兰 *Myrmechis longii* 花序（金效华）

美丽全唇兰 *Myrmechis longii* 花解剖（金效华）

358. 矮全唇兰 *Myrmechis pumila* (Hook. f.) Tang & F. T. Wang

国家重点保护级别 无

IUCN 红色名录 无危（LC）

形态特征 地生植物。高 5～12 cm，根状茎匍匐，具节，节上生根，茎直立，圆柱形，无毛，具数枚叶。叶片卵形，长 7～14 mm，宽 5～8 mm，边缘略波状，叶柄基部扩大成抱茎的鞘。花序顶生，长 2～3 cm，具 1～4 朵花；花白色，不甚开展。花苞片卵状披针形，长 4～5 mm。萼片卵形；中萼片凹陷呈舟状，长 7～8 mm，与花瓣下部的大半部黏合呈兜状；侧萼片偏斜，长 6~7mm；花瓣倒披针状长圆形，长 5～6 mm，宽约 2 mm；唇瓣长 7～8 mm，宽约 3 mm，呈“Y”形，前部明显扩大，2 裂，呈锐角叉开，裂片长圆形，中部收狭成两侧向上卷曲而边缘具细锯齿的爪，基部扩大成囊状，囊内两侧各具 1 个长圆形、顶部截平的胼胝体。

花果期 花期 7～8 月。

生境 海拔 2 800～3 800 m 的林下阴湿处。

矮全唇兰 *Myrmechis pumila* 生境与植株（金效华）

矮全唇兰 *Myrmechis pumila* 花序（金效华）

（六十七）新型兰属 *Neogyna* Rchb. f.

359. 新型兰 *Neogyna gardneriana* (Lindl.) Rchb. f.

国家重点保护级别 无

IUCN 红色名录 易危（VU）

形态特征 附生植物。假鳞茎狭卵形，长 9～15 cm，直径 1～2 cm，密集，基部略收狭，顶生 2 枚叶。叶片狭椭圆状倒披针形，长 30～40 cm，宽 4～8 cm。花葶从假鳞茎基侧面发出，果期会伸长，具多数花；花白色。花苞片宽卵状椭圆形，长 2～4 cm，宽 1.5～2.8 cm。萼片近长圆形，长 40～45 mm，宽约 10 mm，背面具龙骨状突起，基部具囊；侧萼片的囊比中萼片的深且位于其下侧；花瓣线形，与萼片近等长，宽 3～4 mm；唇瓣倒卵形，长 4.0～4.5 cm，宽约 2.5 cm，顶端 3 裂；侧裂片圆钝；中裂片近肾形，唇盘上有 2 条纵褶片。

花果期 花期 11 月至次年 1 月。

生境 海拔 600～2 200 m 的林中树上或阴湿处的岩石上。

新型兰 *Neogyna gardneriana* 植株（金效华）

（六十八）鸟巢兰属 *Neottia* Guett.

360. 尖唇鸟巢兰 *Neottia acuminata* Schltr.

国家重点保护级别 无

IUCN 红色名录 无危（LC）

形态特征 地生植物。高 14～30 cm，茎直立，中部以下具 3～5 枚鞘，无绿叶。鞘长 1～5 cm，抱茎。花序长 4～8 cm，具多数花；花黄褐色。花苞片长圆状卵形，长 3～4 mm。中萼片狭披针形，长 3～5 mm，宽 0.8 mm；侧萼片与中萼片相似，但较宽；花瓣狭披针形，长 2.0～3.5 mm，宽 0.5 mm；唇瓣形状变化大，通常卵形，长 2.0～3.5 mm，宽 1～2 mm，边缘稍内弯。柱头 2 个，面向内弯边缘的内侧。

花果期 花期 6～8 月，果期 6～8 月。

生境 海拔 1 500～4 100 m 的林下或荫蔽草坡上。

尖唇鸟巢兰 *Neottia acuminata* 生境与植株（金效华）

尖唇鸟巢兰 *Neottia acuminata* 花序（金效华）

361. 二花对叶兰 *Neottia biflora* (Schltr.) Szlach.

国家重点保护级别 无

IUCN 红色名录 近危（NT）

形态特征 植株高 10～13 cm。茎纤细，近基部处具 1 枚鞘，上部 2/3～3/4 处具 2 枚近对生的叶，叶以上部分被短柔毛，无苞片状小叶。叶片明显不等大，下方 1 枚宽卵形或椭圆状卵形，长 1.2～1.7 cm，宽 0.8～1.2 cm，上方 1 枚卵形，略短，但较窄，宽仅 5～7 mm，先端均急尖，基部圆形。总状花序很短，具 1～2 朵花；花序轴被极疏的短柔毛；花苞片卵状披针形，长 3～4（～5）mm，明显较花梗短；花梗长 4～6 mm，近无毛；子房长约 4 mm，无毛。中萼片卵状椭圆形，长 6 mm，宽 1.2 mm，先端钝，背面具龙骨状突起；侧萼片线状披针形，背面亦具龙骨状突起；花瓣线形，与萼片近等长；唇瓣楔形，长 8～10 mm，上部宽 4～5 mm，先端具弯缺，弯缺中央具细尖头，基部具槽状蜜腺，中脉稍粗厚。蕊柱长 3～4 mm；花药向前俯倾；蕊喙大，但较花药短。

花果期 花期 7 月。

生境 海拔 3 000～3 900 m 的山坡林下。

二花对叶兰 *Neottia biflora* 植株（金效华）

二花对叶兰 *Neottia biflora* 花序（金效华）

362. 叉唇对叶兰 *Neottia divaricata* (Panigrahi & P. Taylor) Szlach.

国家重点保护级别 无

IUCN 红色名录 无危（LC）

形态特征 地生植物。高 15～24 cm，茎直立，近中部具 2 枚对生的叶，之上部分的茎被短柔毛，并有 2～5 枚线状披针形的苞片状小叶。叶片宽卵状心形，长 2～3 cm，宽 1.7～3.1 cm。花序长 3～7 cm，具 8～14 朵花；花淡黄色。花苞片线状披针形，长 6～8 mm。中萼片长圆状披针形，长 2.2 mm，宽 0.9 mm；侧萼片斜长圆状披针形，长 3.5 mm，宽 1.5 mm；花瓣线状披针形，稍内弯，长 2.8 mm，宽 1 mm；唇瓣长 3 mm，宽 1 mm，基部有 1 对三角形的耳状小裂片，小裂片长 0.5 mm，上半部具 2 枚极叉开的长圆状披针形裂片，裂片长 5 mm，宽 2 mm，两裂片月牙状展开，裂片间具 1 突出的小尖头。

花果期 花期 7～8 月。

生境 海拔 3 000～3 500 m 的山坡铁杉林下。

叉唇对叶兰 *Neottia divaricata* 生境与植株（金效华）

叉唇对叶兰 *Neottia divaricata* 花序（金效华）

363. 福贡对叶兰 *Neottia fugongensis* (X. H. Jin) T. C. Hsu & S. W. Chung

国家重点保护级别 无

IUCN 红色名录 近危（NT）

形态特征 地生植物。高 30～40 cm，茎基部具 2～3 枚鞘。叶 2 枚对生，离地为植株高的 1/3，宽卵形，长 1.5～4.0 cm，宽 1.2～3.0 cm。花序疏具多数花；花绿色。花苞片卵形，长 4～6 mm。中萼片椭圆形，长 4 mm，宽 2.5 mm；侧萼片狭椭圆形，长 4 mm，宽 1.5 mm，反折；花瓣线形，长 3 mm，宽 0.5 mm；唇瓣长 8～9 mm，宽 7 mm，基部楔形，边缘具齿，并具 2 个三角形的、长 1.5 mm 的耳，先端 2 裂，裂条偏斜，唇盘上具 1 条厚的脊延伸至裂口并呈小齿状。蕊柱弯曲，长 2～3 mm。

花果期 花期 8 月。

生境 海拔 2 200～3 300 m 的冷杉和铁杉林中。

福贡对叶兰 *Neottia fugongensis* 生境与植株（金效华）

福贡对叶兰 *Neottia fugongensis* 花序（金效华）

364. 卡氏对叶兰 *Neottia karoana* Szlach.

国家重点保护级别 无

IUCN 红色名录 近危（NT）

形态特征 地生植物。植株高 11～16 cm。茎近中部处着生 2 枚对生叶，叶以上部分被短柔毛，并有 1～4 枚苞片状小叶。叶片近正三角形或卵状半圆形，长约 2 cm，宽约 2.5 cm。总状花序长 2.5～5 cm，具 11～13 朵稍疏松排列的花。中萼片狭卵形，长约 2 mm，宽约 0.7 mm，先端急尖或近急尖；侧萼片斜镰刀状长圆形，长约 2.5 mm，中部宽约 1 mm；花瓣线形或匙状线形，长约 2.3 mm，宽约 0.3 mm，先端近急尖，具 1 条脉；唇瓣匙形，直立，长 3.5～4.5 mm，基部通常楔形，宽约 0.5 mm，先端微缺，宽约 1.3 mm。

花果期 花期 7 月。

生境 海拔约 3 000 m 的林下。

卡氏对叶兰 *Neottia karoana* 生境与植株（金效华）

卡氏对叶兰 *Neottia karoana* 花序（金效华）

365. 林芝对叶兰 *Neottia linzhiensis* X. H. Jin

国家重点保护级别 无

IUCN 红色名录 无危（LC）

形态特征 地生植物。植株高 15～20 cm。叶 2 枚，对生，贴地生长，宽卵形，长 1.8 cm，宽 1.0 cm。花葶长 15～20 cm，具 6～8 朵花；花呈螺旋状排列。花绿色；子房和花梗长 5 mm。中萼片卵状披针形，长约 2.5 mm，宽 0.8～1.0 mm；侧萼片斜卵状披针形，长约 2 mm，宽 0.8～1.0 mm；花瓣稍斜，披针形，长约 2.3 mm，宽 0.8～1.0 mm；唇瓣 2 裂，长约 3 mm，中部宽约 1.7 mm，基部具 1 对小耳；小耳长约 0.5 mm，宽 0.8 mm。

花果期 花期 8～9 月。

生境 海拔 3 500～3 700 m 的高山草甸中。

林芝对叶兰 *Neottia linzhiensis* 生境与植株（金效华）

林芝对叶兰 *Neottia linzhiensis* 花序（金效华）

366. 高山鸟巢兰 *Neottia listeroides* Lindl.

国家重点保护级别 无

IUCN 红色名录 无危（LC）

形态特征 地生植物。高 15 ~ 35 cm，茎直立，无绿叶，上部具乳突状短柔毛，中部以下具 3 ~ 5 枚鞘，鞘长 1.5 ~ 3.0 cm，下半部抱茎。花序长 6 ~ 15 cm，具多数花；花淡绿色。花苞片近长圆状披针形，最下 1 枚长 1.2 ~ 1.5 cm，向上渐短。萼片长圆状卵形，长 4.5 ~ 5.0 mm，宽 1.5 mm，侧萼片歪斜；花瓣近线形，长 4.0 ~ 4.5 mm，宽 0.5 mm；唇瓣狭倒卵状长圆形，长 6 ~ 8 mm，宽 3 ~ 4 mm，先端 2 深裂；裂片近卵形，长 1.5 ~ 2.5 mm，边缘具细缘毛，两裂片之间具细尖头。

花果期 花期 7 ~ 8 月。

生境 海拔 2 500 ~ 3 900 m 的林下或荫蔽草坡上。

高山鸟巢兰 *Neottia listeroides* 生境与植株（金效华）

高山鸟巢兰 *Neottia listeroides* 花序（金效华）

367. 西藏对叶兰 *Neottia pinetorum* (Lindl.) Szlach.

国家重点保护级别 无

IUCN 红色名录 无危（LC）

形态特征 地生植物。高 6～33 cm，中部具 2 枚对生的叶，之上的茎被短柔毛，并有 1 枚苞片状小叶。叶片宽卵形，长 1.0～3.5 cm，宽 1～4 cm，无柄。花序长 3～12 cm，具 2～14 朵花；花黄绿色。花苞片卵状披针形，长 3～6 mm，向上逐渐变小。中萼片狭椭圆形，长 3～4 mm，宽 1.0～1.5 mm；侧萼片斜狭椭圆形，多少弯曲，与中萼片近等长，宽 1.5 mm；花瓣线形，与中萼片近等长，宽 0.5～0.7 mm；唇瓣形状变化较大，倒卵状楔形，长 7～13 mm，宽 3～5 mm，先端 2 裂，两裂片平行向前伸，裂片之间具小尖头；裂片长圆状卵形，长 2～5 mm，宽 1～2 mm，边缘多少具乳突状微毛。

花果期 花期 6～7 月。

生境 海拔 2 200～3 600 m 的山坡密林下或云杉及冷杉林下。

西藏对叶兰 *Neottia pinetorum* 生境与植株（金效华）

西藏对叶兰 *Neottia pinetorum* 花序（金效华）

（六十九）芋兰属 *Nervilia* Comm. ex Gaudich.

368. 七角叶芋兰 *Nervilia mackinnonii* (Duthie) Schltr.

国家重点保护级别 无

IUCN 红色名录 濒危（EN）

形态特征 地生植物。块茎球形，直径1.0～1.2 cm。叶1枚，在花凋谢后长出。叶片七角形，长2.5～4.5 cm，宽3.7～5.0 cm，在7条主脉末端处略成角状，叶柄长4～7 cm。花葶高7～10 cm，结果时伸长，具2～3枚疏离的筒状鞘，具1朵花；花萼片和花瓣淡黄色，唇瓣白色。花苞片长约2.5 mm。萼片和花瓣线状披针形，萼片长15～17 mm，宽2 mm；花瓣长14～16 mm，宽1.5 mm；唇瓣长圆形，长14 mm，宽5 mm，中部3裂；侧裂片小，直立；中裂片狭长圆形，长7.5 mm，宽2.5 mm。

花果期 花期5月。

生境 海拔900～1 000 m的林下。

七角叶芋兰 *Nervilia mackinnonii* 花序（金效华）

369. 巨舌芋兰 *Nervilia macroglossa* (Hook. f.) Schltr.

国家重点保护级别 无

IUCN 红色名录 无

形态特征 地生植物。块茎球形，直径1.2～1.5 cm。叶长3.8～4.7 cm，宽4～4.5 cm，圆状心形。花序先于叶长出，长6～13 cm，具单花。花梗连子房长0.4～0.7 cm。花白色带粉红色，唇瓣具紫色斑点。萼片和花瓣相似，线形披针形。中萼片长2.5～3.3 cm，宽0.2～0.4 cm；侧萼片长2.8~3cm，宽0.2~0.4cm；花瓣长2.5~2.8cm，宽0.2~0.3cm；唇瓣长2.4~3.5cm，宽0.5~0.8cm，不明显3裂，狭长圆形或匙形；侧裂片合抱蕊柱；中裂片先端钝。蕊柱长0.5～1.3 cm，细长。

花果期 花期5～6月。

生境 海拔约400 m的林下。

巨舌芋兰 *Nervilia macroglossa* 生境与植株（金效华）

巨舌芋兰 *Nervilia macroglossa* 花序（金效华）

（七十）鸢尾兰属 *Oberonia* Lindl.

370. 显脉鸢尾兰 *Oberonia acaulis* Griff.

国家重点保护级别 无

IUCN 红色名录 无危（LC）

形态特征 附生植物。茎不明显。叶近基生，3~4 枚，二列套叠，两侧压扁，剑形，长 4.5~17.0 cm，宽 0.7~1.0 cm，基部具关节。花葶从叶中央发出，长 21~23 cm，超出叶外，几无翅，具多数密集的花，黄绿色。花苞片披针形，长 1.5~2.0 mm。中萼片卵状椭圆形，长 0.8~1.0 mm，宽 0.5~0.6 mm；侧萼片宽卵形，与中萼片等长但稍宽；花瓣长圆形，长 0.8~1.0 mm，宽 0.5 mm；唇瓣长圆状卵形，长 2 mm，3 裂；侧裂片位于唇瓣基部两侧，近半卵形，边缘啮蚀状；中裂片先端 2 裂，先端小裂片长圆形，伸直，彼此平行，长 0.5~0.7mm，宽 0.3~0.4 mm。蕊柱短。

花果期 花期 11 月至次年 1 月，果期 11 月至次年 1 月。

生境 海拔 1 000~1 700 m 的林中树上。

显脉鸢尾兰 *Oberonia acaulis* 生境与植株（金效华）

显脉鸢尾兰 *Oberonia acaulis* 花序（金效华）

371. 宽瓣显脉鸢尾兰 *Oberonia acaulis* var. *latipetala* Chowlu, Nanda & A. N. Rao

国家重点保护级别 无

IUCN 红色名录 无

形态特征 附生植物。茎长 3~7 mm，簇生。叶长 8~20 cm，宽 0.3~0.7 cm，剑形。花序长 20~30 cm；花梗连子房长 1.0~1.7 mm；花苞片披针形，渐尖，边缘啮齿状，黄绿色。花绿色。中萼片长 1.1~1.3 mm，宽 0.7~0.9 mm，披针形椭圆形；侧萼片长 1.2~1.4 mm，宽 0.7~0.9 mm，披针形椭圆形。花瓣长 1.1~1.3 mm，宽 0.9~1.1 mm；唇瓣长 1.2~1.3 mm，宽 1.0 mm，绿色，3 裂；侧裂片长 0.3~0.4 mm，宽 0.3 mm；中裂片长 0.6 mm，2 裂。

花果期 花期 6~7 月。

生境 海拔约 1 300 m 的林中树上。

宽瓣显脉鸢尾兰 *Oberonia acaulis* var. *latipetala* 花序（李孟凯）

372. 长裂鸢尾兰 *Oberonia anthropophora* Lindl.

国家重点保护级别 无

IUCN 红色名录 无危（LC）

形态特征 附生植物。茎长 2.5～4.5 cm。叶 5～9 枚，二列互生于茎上，两侧压扁，线形，长 1.5～5.0 cm，宽 0.3～0.5 cm，基部无关节。花葶从茎顶端叶间抽出，长 8～10 cm，无翅，具多数花；花淡红色。花苞片披针形，长 1.0～1.5 mm，边缘多少有啮蚀状齿缺。中萼片卵形，长 0.7～0.8 mm，宽 0.4 mm；侧萼片宽卵形，与中萼片近等长，宽 0.5 mm；花瓣长圆形，与萼片等长，宽 0.2～0.3 mm；唇瓣长 2 mm，宽 0.4 mm，3 裂而中裂片再深裂；侧裂片位于唇瓣基部两侧，卵状长圆形，长 0.3 mm；中裂片先端的 2 枚小裂片狭披针形，长 1 mm。蕊柱长 0.2 mm。

花果期 花期 5 月。

生境 海拔 400～800 m 的林中树上。

长裂鸢尾兰 *Oberonia anthropophora* 生境与植株（金效华）

长裂鸢尾兰 *Oberonia anthropophora* 花序（金效华）

373. 狭叶鸢尾兰 *Oberonia caulescens* Lindl.

国家重点保护级别 无

IUCN 红色名录 近危（NT）

形态特征 附生植物。茎长 1.0～4.5 cm。叶 5～6 枚，二列互生于茎上，两侧压扁，线形，长 1.5～5.0 cm，宽 0.2～0.3 cm，基部具关节。花葶生于茎顶端，长 5～11 cm，无翅，具多数花；花淡黄色。花苞片披针形，长 1.5～2.0 mm，边缘有不规则的缺刻。中萼片卵状椭圆形，长 0.8～1.0 mm，宽 0.6 mm；侧萼片近卵形，稍凹陷，与中萼片近等大；花瓣长圆形，长 0.8～1.0 mm，宽 0.3 mm；唇瓣倒卵状长圆形，长 1.6～2.0 mm，宽 1.3 mm，基部两侧各有 1 个钝耳，先端 2 深裂，先端小裂片狭卵形，叉开，长 0.7～0.9 mm。蕊柱短。

花果期 花期 7～10 月，果期 7～10 月。

生境 海拔 700～1 800 m 的林中树上。

狭叶鸢尾兰 *Oberonia caulescens* 生境与植株（金效华）

狭叶鸢尾兰 *Oberonia caulescens* 植株（金效华）

374. 棒叶鸢尾兰 *Oberonia cavaleriei* Finet

国家重点保护级别 无

IUCN 红色名录 无危（LC）

形态特征 附生植物。植株悬垂，具短茎。叶近基生，4～5 枚，圆柱形，基部多少两侧压扁并互相套叠，长 4～14 cm，直径 0.3～0.5 cm，基部具关节。花葶从叶中抽出，长 6～9 cm，无翅，具多数密集的花；花白色。花苞片披针形，长 2.5～3.0 mm，边缘具不规则的齿裂。萼片近椭圆形，长 1.0～1.3 mm，宽 0.7 mm，背面近先端处常有刺状突起；侧萼片略宽；花瓣狭长圆形，与萼片近等长，宽 0.2 mm，背面近先端处具刺状小突起；唇瓣长圆形，长 1.0～1.3 mm，不明显 3 裂；侧裂片边缘有数条不规则的流苏状裂条；中裂片边缘也有数条不规则的流苏状裂条，中央的裂条长达 1 mm，两侧的较短。蕊柱短。

花果期 花期 8～10 月，果期 8～10 月。

生境 海拔 1 200～1 500 m 的林中树上。

棒叶鸢尾兰 *Oberonia cavaleriei* 生境与植株（金效华）

棒叶鸢尾兰 *Oberonia cavaleriei* 花序（金效华）

375. 剑叶鸢尾兰 *Oberonia ensiformis* (J. E. Sm.) Lindl.

国家重点保护级别 无

IUCN 红色名录 无危（LC）

形态特征 附生植物。具短茎。叶近基生，5~6 枚，二列套叠，两侧压扁，剑形，长 15~50cm，宽 1.2~2.2cm，基部具关节。花莛从叶中央抽出，长 17~35 cm，短于叶，无翅，具多数花；花绿色。花苞片近长圆形，长 2~3 mm，先端两侧边缘具不规则的锐齿。中萼片宽长圆状卵形，长 1.2~1.5 mm，宽 0.8~1.0 mm；侧萼片宽卵形，与中萼片近相等；花瓣卵状披针形，长 1.2~1.5 mm，宽 0.6~0.7 mm，边缘多少啮蚀状；唇瓣卵状宽长圆形，长 1.8~2.2 mm，3 裂；侧裂片位于唇瓣基部两侧，边缘啮蚀状；中裂片宽倒卵形，宽 1.2 mm，先端 2 裂，边缘稍啮蚀状，唇盘两侧缺口处各具 1 个胼胝体。蕊柱短。

花果期 花期 9~11 月，果期次年 3 月。

生境 海拔 900~1 600 m 的林中树上。

剑叶鸢尾兰 *Oberonia ensiformis* 生境与植株（金效华）

剑叶鸢尾兰 *Oberonia ensiformis* 花序（金效华）

376. 镰叶鸢尾兰 *Oberonia falcata* King & Pantl.

国家重点保护级别 无

IUCN 红色名录 极危（CR）

形态特征 附生植物。茎长10~15cm，叶多数二列着生，两侧压扁，线状披针形，镰状，长4cm，宽0.2cm，基部无关节。花序长10～11 cm，密生多数小花；花黄绿色。花苞片披针形，长2.5 mm。中萼片卵形，稍凹，长0.8 mm，宽0.5 mm；侧萼片卵形，稍偏斜，与中萼片近等大；花瓣长圆形，长0.7 mm，宽0.2 mm；唇瓣长圆形，3裂，长1.5 mm，宽0.9 mm；侧裂片镰状，长0.2 mm；中裂片先端2裂，裂片长0.4 mm。蕊柱长0.3 mm。

花果期 花期7月。

生境 海拔1 400～2 000 m的林中树上。

镰叶鸢尾兰 *Oberonia falcata* 生境与植株（金效华）

镰叶鸢尾兰 *Oberonia falcata* 花序（金效华）

377. 短耳鸢尾兰 *Oberonia falconeri* Hook. f.

国家重点保护级别 无

IUCN 红色名录 无危（LC）

形态特征 附生植物。茎短，不明显，叶近基生，3～6 枚，二列套叠，两侧压扁，剑形，长 1.5～8.0 cm，宽 0.7～1.0 cm，基部具关节；花葶从叶丛中央抽出，明显高出叶之上，长 6～18 cm，无翅，中下部具多枚不育苞片；花序具多数小花；花黄绿色。花苞片披针形，先端有芒，长 3～4 mm，上部边缘多少呈啮蚀状，比花梗同子房长。萼片卵形，长约 1 mm，宽 0.7 mm；侧萼片稍狭；花瓣近长圆形，长约 1 mm，宽 0.4 mm，边缘不明显的皱波状；唇瓣长圆形，长 1.0～1.2 mm；基部两侧各具 1 个短耳，先端 2 裂，小裂片近长圆形，长 0.1～0.2 mm，稍叉开，在两小裂片间的凹缺中央有细尖。

花果期 花期 8～10 月，果期 8～10 月。

生境 海拔 860～1 150 m 的林中树上。

短耳鸢尾兰 *Oberonia falconeri* 花序（金效华）

378. 齿瓣鸢尾兰 *Oberonia gammiei* King & Prantl

国家重点保护级别　无

IUCN 红色名录　近危（NT）

形态特征　附生植物。茎长 1~2cm。叶 3~7 枚基生，二列套叠，两侧压扁，剑形，长 5~15cm，宽 1.0~1.5cm，基部具关节。花葶从叶中央发出，长 10 ~ 28 cm，下部两侧有狭翅，具多数花；花绿白色。花苞片长圆状卵形，长 1.4 ~ 1.8 mm，边缘有不规则齿缺。中萼片宽卵形，长 1.0 ~ 1.3 mm，宽 1 mm；侧萼片卵形，略狭于中萼片；花瓣近卵形，与萼片近等长，宽 0.8 mm，边缘具啮蚀状齿；唇瓣近卵形，长 1.5 mm，不明显的 3 裂；侧裂片位于唇瓣基部两侧，边缘具啮蚀状齿；中裂片先端 2 裂，小裂片长圆形，长 0.6 mm，边缘与先端有不规则齿缺。蕊柱短。

花果期　花期 10 ~ 12 月，果期 10 ~ 12 月。

生境　海拔 500 ~ 900 m 的林中树上或林下岩石上。

齿瓣鸢尾兰 *Oberonia gammiei* 生境与植株（金效华）

379. 条裂鸢尾兰 *Oberonia jenkinsiana* Griff. ex Lindl.

国家重点保护级别 无

IUCN 红色名录 无危（LC）

形态特征 附生植物。茎长 1～2 cm。叶 4～6 枚，二列互生，两侧压扁，线状披针形，长 3～15 cm，宽 0.4～0.7 cm，基部无关节。花葶从茎顶端叶间抽出，长 5～13 cm，下部具多数钻形的不育苞片，长 2~3mm；花序密生多数小花；花黄色。花苞片狭披针形，长 1~2mm。中萼片卵状椭圆形，长 0.8mm，宽 0.4mm；侧萼片宽卵形，多少舟状，略宽于中萼片；花瓣卵形，明显短于萼片，宽 0.3 mm，有时边缘具不明显的啮蚀状；唇瓣 3 裂，长 0.7 mm；侧裂片位于唇瓣基部两侧，近方形，长 0.3 mm，边缘具不规则的流苏；中裂片近方形，宽 0.3 mm，先端有时多少呈啮蚀状。蕊柱长 0.3 mm。

花果期 花期 9～10 月，果期 9～10 月。

生境 海拔 1 200～1 500 m 的林中树上。

条裂鸢尾兰 *Oberonia jenkinsiana* 生境与植株（金效华）

条裂鸢尾兰 *Oberonia jenkinsiana* 花序（金效华）

380. 广西鸢尾兰 *Oberonia kwangsiensis* Seidenf.

国家重点保护级别 无

IUCN 红色名录 易危（VU）

形态特征 附生植物。茎短，不明显，叶近基生，3～6 枚，二列套叠，线形，长 6～13 cm，宽 0.5～0.6 cm，基部具关节。花葶从叶丛中央抽出，明显超过叶，长 12～13 cm，下部有多枚不育苞片；花序具多数花；花淡黄色。花苞片线形，长约 2 mm。中萼片卵形，长约 1 mm，宽 0.6 mm；侧萼片卵状椭圆形，与中萼片大小相似；花瓣长圆形，长 0.8 mm，宽 0.3 mm，边缘有时呈不明显啮蚀状；唇瓣宽倒卵形，长 1.3 mm，基部两侧各有 1 个耳状的侧裂片；侧裂片边缘多少啮蚀状，唇瓣先端扩大并 2 深裂，小裂片近圆形，边缘多少啮蚀状。

花果期 花期 4 月。

生境 海拔 650～850 m 的石灰山林中树上或岩石上。

广西鸢尾兰 *Oberonia kwangsiensis* 生境与植株（金效华）

广西鸢尾兰 *Oberonia kwangsiensis* 花序（金效华）

381. 拟阔瓣鸢尾兰 *Oberonia langbianensis* Gagnep.

国家重点保护级别 无

IUCN 红色名录 数据缺乏（DD）

形态特征 附生植物。叶近圆柱形，具凹槽，基部具关节。花序长可达 14 cm，花红褐色。花瓣卵形，边缘呈啮蚀状，长 1.5～2 mm。萼片全缘，强烈反折，远小于花瓣，长约 1 mm；唇瓣 3 裂；中裂片先端 2 裂，边缘波状。

花果期 花期 5～7 月。

生境 海拔约 1 600 m 的林中树上。

拟阔瓣鸢尾兰 *Oberonia langbianensis* 生境与植株（叶德平）

拟阔瓣鸢尾兰 *Oberonia langbianensis* 花序（李剑武）

382. 阔瓣鸢尾兰 *Oberonia latipetala* L. O. Williams

国家重点保护级别 无

IUCN 红色名录 易危（VU）

形态特征 附生植物。茎短。叶基生，5~7枚，二列套叠，两侧压扁，宽线形，长3.5~10.0cm，宽0.4~0.8cm，基部具关节。花葶从叶丛中央抽出，长10~18cm，无翅；花序下方具多枚钻形的、长3~5mm的不育苞片，具多数花；花橙黄色。花苞片卵状披针形，先端具芒，连芒长2mm。中萼片卵状长圆形，长1.8~2.0mm，背面具刺毛状小突起，边缘有不明显的啮蚀状齿缺；侧萼片卵形，略短于中萼片，宽1mm，背面有刺毛状小突起，边缘略有啮蚀状齿缺；花瓣宽大，宽椭圆形，长2.0~2.5mm，宽2mm，边缘有不明显的啮蚀状细齿，背面边缘有刺毛状小突起；唇瓣宽倒卵形，长1.8~2.0mm，先端具短尖，边缘有啮蚀状细齿，基部具短爪，爪长0.5mm。蕊柱短。

花果期 花期3~4月，果期3~4月。

生境 海拔1900~2100m的林中树上。

阔瓣鸢尾兰 *Oberonia latipetala* 生境与植株（金效华）

阔瓣鸢尾兰 *Oberonia latipetala* 花序（金效华）

383. 长苞鸢尾兰 *Oberonia longibracteata* Lindl.

国家重点保护级别 无

IUCN 红色名录 近危（NT）

形态特征 附生植物。茎较短，叶近基生，5～6 枚成簇，两侧压扁，线形，长 3～6 cm，宽 0.3～0.5 cm，基部无关节。花葶下部与叶合生，貌似从叶的上部发出，长 5～7 cm，无翅，下部具 1～2 轮不育苞片；花序疏生多数花，花淡黄褐色，唇瓣淡红色。花苞片线状披针形，长 4～5 mm，远超出花之上。萼片卵形，长 0.8~1.0mm，宽 0.5mm；花瓣长圆状卵形，与萼片近等长，宽 0.4mm，边缘多少啮蚀状；唇瓣宽卵形，长 0.7mm，3 裂；侧裂片位于基部两侧，卵形，明显小于中裂片；中裂片近方形，长、宽约 0.6 mm，先端具短尖或略有不规则缺刻，边缘为不明显的啮蚀状。

花果期 花期 10 月。

生境 海拔约 1 200 m 的林中树上。

长苞鸢尾兰 *Oberonia longibracteata* 植株（金效华）

长苞鸢尾兰 *Oberonia longibracteata* 花序（金效华）

384. 小花鸢尾兰 *Oberonia mannii* Hook. f.

国家重点保护级别 无

IUCN 红色名录 无危（LC）

形态特征 附生植物。茎长 1.5～7.0 cm。具 5～9 枚叶，叶二列互生，两侧压扁，线形，多少镰形，长 1～3 cm，宽 0.1～0.2 cm，基部无关节。花葶生于茎顶端，长 2.5～6.7 cm，基部具数枚卵状披针形、长 1 mm 的不育苞片；花序具多数花；花黄绿色。花苞片卵状披针形，长 0.8 mm，边缘略有钝齿。中萼片卵形，长 0.8 mm，宽 0.4 mm；侧萼片与中萼片相似但略宽；花瓣长圆形，略长于萼片，宽 0.3 mm，边缘多少呈不明显的啮蚀状；唇瓣长圆形，长 1.7 mm，3 裂而中裂片再深裂；侧裂片位于唇瓣基部两侧，卵形，长 0.3 mm；中裂片深裂成叉状，小裂片披针形，长 0.8 mm。蕊柱短。

花果期 花期3~6月，果期3~6月。

生境 海拔 1 500～2 700 m 的林中树上。

小花鸢尾兰 *Oberonia mannii* 生境与植株（金效华）

小花鸢尾兰 *Oberonia mannii* 花序（金效华）

385. 鸢尾兰 *Oberonia mucronata* (D. Don) Ormer. & Seidenf.

国家重点保护级别 无

IUCN 红色名录 无危（LC）

形态特征 附生植物。茎不明显。叶 5～6 枚基生，二列套叠，两侧压扁，长 6～16 cm，宽 0.6～1.5 cm，基部具关节。花葶从叶丛中央抽出，长 20～25 cm，密生多数小花；花红褐色。花苞片椭圆形，长 1.2～1.5 mm，边缘有啮蚀状齿。中萼片卵形，长 1.0～1.3 mm，宽 0.8 mm；侧萼片略狭；花瓣卵状长圆形，长 0.9～1.1 mm，宽 0.6 mm，边缘具不规则啮蚀状齿；唇瓣宽卵形，长、宽约 1.5 mm，不明显的 3 裂，基部向后方延伸，边缘有不规则的裂缺，先端 2 裂，裂口深度为唇瓣全长的 1/3。蕊柱短。

花果期 花期 8～12 月，果期 8～12 月。

生境 海拔 1 300～1 400 m 的林中树上。

鸢尾兰 *Oberonia mucronata* 生境与植株（金效华）

386. 橘红鸢尾兰 *Oberonia obcordata* Lindl.

国家重点保护级别 无

IUCN 红色名录 无危（LC）

形态特征 附生植物。茎长 1 cm。叶 2～3 枚近基生，二列套叠，两侧压扁，近线形，长 3～11 cm，宽 0.5～0.8 cm，基部无关节。花葶从茎顶端发出，下部与叶合生，下方具 2 轮披针形的、长 2 mm 的不育苞片；花序具数朵轮生的花；花红色。花苞片披针形，长 2～3 mm。中萼片卵形，长 0.9 mm，宽 0.6 mm；侧萼片宽卵形，与中萼片等长，宽 0.8 mm；花瓣长圆状卵形，长 0.8 mm，宽 0.4 mm；唇瓣卵形，略比萼片长，3 裂；侧裂片位于唇瓣基部两侧，狭卵圆形，长 0.4 mm；中裂片倒心形，长 0.5 mm，宽 0.8 mm，先端微凹。蕊柱短。

花果期 花期 10 月。

生境 海拔约 1 800 m 的林下岩石上。

橘红鸢尾兰 *Oberonia obcordata* 植株（金效华）

橘红鸢尾兰 *Oberonia obcordata* 花序（金效华）

387. 扁莛鸢尾兰 *Oberonia pachyrachis* Rchb. f. ex Hook. f.

国家重点保护级别 无

IUCN 红色名录 近危（NT）

形态特征 附生植物。茎长 1 cm。叶数枚近基生，不明显二列套叠，两侧压扁，剑形，长 7～10 cm，宽 0.6～1.5 cm，基部具关节。花莛中部以上扁平，叶状，与叶完全合生，具多数花；花紧贴花序轴，形似穗状；花黄绿色。花苞片卵圆形，长 0.8 mm，边缘有不规则缺刻。萼片卵形，长 0.8 mm，宽 0.5 mm；花瓣狭长圆形，略短于萼片，宽 0.2 mm；唇瓣卵形，略长于萼片，不裂，基部两侧各有 1 个钝耳。蕊柱短。

花果期 花期 11 月至次年 3 月，果期次年 5 月。

生境 海拔 1 600～2 100 m 的林中树上。

扁莛鸢尾兰 *Oberonia pachyrachis* 生境与植株（金效华）

388. 锯瓣鸢尾兰 *Oberonia prainiana* King & Pantl.

国家重点保护级别 无

IUCN 红色名录 数据缺乏（DD）

形态特征 附生植物。叶片多枚，彼此二列套叠，长 1.5～2.0 cm，宽 0.5～0.6 cm，稍镰状。花序从顶端叶片中抽出，比叶长很多，长约 10 cm，具多数花；花淡棕色。花苞片长圆形，与子房近等长。萼片长圆形，钝，向外卷；花瓣椭圆状披针形，开展，边缘具深锯齿；唇瓣三角状长圆形，基部具 1 枚圆环状突起，先端钝，边缘具齿。

花果期 花期 7 月。

生境 海拔 300～1 500 m 的林中树上。

锯瓣鸢尾兰 *Oberonia prainiana* 植株（金效华）

锯瓣鸢尾兰 *Oberonia prainiana* 花序（金效华）

389. 裂唇鸢尾兰 *Oberonia pyrulifera* Lindl.

国家重点保护级别 无

IUCN 红色名录 无危（LC）

形态特征 附生植物。茎长 3～4 cm。叶 3～4 枚，茎生，两侧压扁，稍镰曲，长 2.5～6.0 cm，宽 0.4～0.7 cm，基部具关节。花葶从茎顶端叶间抽出，长 3～11 cm，在花序下方具多枚狭披针形、长 2.0～2.5 mm 的不育苞片；花序具多数花；花黄色。花苞片披针形，长 1.5～2.0 mm；边缘多少具不规则的齿缺。中萼片卵状长圆形，长 0.8～1.0 mm，宽 0.5～0.6 mm；侧萼片宽卵形，与中萼片等长但略宽；花瓣长圆形，长 0.8～1.0 mm，宽 0.3～0.4 mm；唇瓣倒卵形，长 1.3～1.8 mm，宽 1 mm，基部两侧各具 1 个钝耳，先端 2 深裂，先端小裂片宽披针形，略叉形，长 0.6 mm，宽 0.3 mm。蕊柱短。

花果期 花期 9～11 月，果期 9～11 月。

生境 海拔 1 700～2 500 m 的林中树上。

裂唇鸢尾兰 *Oberonia pyrulifera* 生境与植株（金效华）

裂唇鸢尾兰 *Oberonia pyrulifera* 花序（金效华）

390. 红唇鸢尾兰 *Oberonia rufilabris* Lindl.

国家重点保护级别 无

IUCN 红色名录 濒危（EN）

形态特征 附生植物。茎不明显。叶3～4枚近基生，二列套叠，两侧压扁，线形，长1.5～6.5 cm，宽0.3～0.8 cm，基部具关节。花葶从叶丛中央抽出，长3.5～8.0 cm；花序下方具多枚钻形的不育苞片；花序具多数花，每3～4朵轮生于花序轴上；花赤红色。花苞片狭披针形，长2～3 mm，明显超出花。萼片卵形，多少舟状，长0.8～0.9 mm，宽0.5～0.6 mm；花瓣长圆形，明显短于萼片，长0.7 mm，宽0.2 mm，边缘略呈不明显的啮蚀状；唇瓣长1.2～1.4 mm，中部宽0.4 mm，3裂而中裂片再深裂；侧裂片位于唇瓣基部两侧，狭披针形，长0.3 mm；中裂片先端深裂的2枚小裂片披针形，叉开，长0.7 mm，唇盘上近基部有1个胼胝体。蕊柱粗，顶端有2枚直立的翅，连翅长0.5 mm。

花果期 花期11月至次年1月，果期11月至次年1月。

生境 海拔1 000～1 700 m的林中树上。

红唇鸢尾兰 *Oberonia rufilabris* 生境与植株（金效华）

红唇鸢尾兰 *Oberonia rufilabris* 花序（金效华）

（七十一）齿唇兰属 *Odontochilus* Blume

391. 短柱齿唇兰 *Odontochilus brevistylis* Hook. f.

国家重点保护级别　无

IUCN 红色名录　易危（VU）

形态特征　地生植物。植株高达 18 cm。茎肉质，圆柱状，暗紫褐色。叶通常 5 枚，上部叶较大，叶片斜歪的卵形或卵状椭圆形，绿色，先端急尖；叶柄长 1.5～2 cm。叶柄与鞘为绿色。总状花序具数朵密生的花，长 6～8 cm，被毛；花苞片卵状披针形，长 1～1.2 cm，宽 4.5 mm，被毛；子房圆柱形，扭转，被毛，连花梗长 9 mm；花倒置（唇瓣位于下方）。中萼片淡绿褐色，卵形，凹陷呈舟状，长 7 mm，宽 5 mm，先端向上弯曲，背面被毛；侧萼片绿色，斜歪的卵形，长 8 mm，宽 5 mm，先端渐尖，包住唇瓣基部的囊。花瓣白色，略带绿色，斜歪，多少为菱形，长 7 mm，中部宽 4 mm，中部渐狭呈芒刺状，与中萼片黏合呈兜状；唇瓣白色，呈"Y"形，前部扩大并 2 深裂，裂片近半圆形，长 8 mm，宽 5 mm，中部收狭成爪，爪部两侧具数条不等长的流苏状裂条，其前部的细而长，长约 3 mm，而后部的短、齿状，基部凹陷呈扁球形、末端 2 浅裂的囊，长 1.8 mm，宽 3.6 mm，囊内两侧各具 1 个深裂为多条扭曲的梳状胼胝体。蕊柱短，前面两侧不具翼状附属物；花粉团具宽的柄，末端具 1 枚小的黏盘；蕊喙扭曲状；柱头 2 个。

花果期　花期 8～9 月。

生境　海拔约 800 m 的林下阴湿处。

短柱齿唇兰 *Odontochilus brevistylis* 生境与植株（金效华）

短柱齿唇兰 *Odontochilus brevistylis* 花序（金效华）

392. 红萼齿唇兰 *Odontochilus clarkei* Hook. f.

国家重点保护级别 无

IUCN 红色名录 濒危（EN）

形态特征 地生植物。高达 30 cm，根状茎伸长，具节，节上生根，茎近直立，具 5～6 枚叶。叶片偏斜的卵形，长 4～6 cm，宽 2～3 cm，叶柄基部扩大成抱茎的鞘。花序顶生，长 7 cm，被毛，具多数较密集的花；花反转；花萼片紫红色；花瓣黄带红色，唇瓣中部带红色，前部黄色。花苞片披针形，长达 13 mm，粉红色。中萼片卵形，长 5mm，宽 3.2mm，先端成短尾且反曲；侧萼片张开，偏斜的卵状宽椭圆形，长 9mm，宽 5.5mm；花瓣歪斜，半卵形，长 6 mm，镰状，与中萼片黏合呈兜状；唇瓣长 1.8～2.0 cm，向前伸展，呈“Y”形，基部略扩大并凹陷呈囊状，末端 2 浅裂，内面具 2 个向上钩曲的胼胝体，中部收狭成爪，爪的前部两侧各具 2～3 条流苏状细裂条，后部两侧各具 1 枚宽大的片，两片之间的爪上具 2 条直立的纵向褶片，唇瓣前部扩大，2 裂，裂片倒三角状楔形。

花果期 花期 9 月。

生境 海拔约 1 100 m 的常绿阔叶林下阴处。

红萼齿唇兰 *Odontochilus clarkei* 花序（金效华）

393. 小齿唇兰 *Odontochilus crispus* (Lindl.) Hook. f.

国家重点保护级别 无

IUCN 红色名录 无危（LC）

形态特征 植株高 6～20 cm。根状茎伸长，匍匐，肉质，具节，节上生根。茎直立，圆柱形，无毛，具 3～5 枚叶。叶片卵形，长 1.2～1.5 cm，宽 0.9～1.2 cm，正面暗绿色，背面淡绿色，先端急尖，基部圆钝并骤狭成柄；叶柄长 5～6 mm，下部扩大成抱茎的鞘。花序具（1～）3～8 朵花；花序轴被短柔毛；花序梗带紫红色，被短柔毛，具 1～2 枚鞘状苞片；花苞片带紫色，披针形，先端渐尖，背面被短柔毛，与子房近等长；子房圆柱形，扭转，无毛，连花梗长 8～10 mm；花绿白色，倒置（唇瓣位于下方），长 1.8～2 cm。萼片绿色，近等大，具 1 条脉，背面被短柔毛；中萼片狭卵形，长 6 mm，宽 2.3 mm，凹陷呈舟状，先端渐尖并向上反曲，与花瓣黏合呈兜状；侧萼片斜长椭圆形，长 6.5 mm，宽 2.7 mm，先端近急尖；花瓣绿色，镰状三角形，长 6 mm，中部宽约 2 mm，基部收狭，先瓣骤狭并具尖头，具 1 条脉，极不等侧，外侧较其内侧宽很多，无毛；唇瓣白色，呈“Y”形，长 1.3 cm，向前伸展或从基部反折，基部稍扩大并凹陷呈囊状，在囊内中央具 1 条纵向的褶片，而在褶片基部处的两侧各具 1 枚肉质、近圆形、边缘具圆齿而基部具短柄的胼胝体，中部收狭成细长、两侧向内卷而边缘具细圆齿的爪，长约 4 mm，前部扩大成外形近圆形且 2 裂的片，其裂片为长圆形至倒卵形，长约 7 mm，宽约 3 mm，外侧边缘具细圆齿或细锯齿。蕊柱粗短，前面两侧具 2 枚纵向的片状附属物；蕊喙短，直立，二叉状；柱头 2 个，位于蕊喙基部两侧。

小齿唇兰 *Odontochilus crispus* 生境与植株（金效华）

花果期 花期 8～10 月。

生境 海拔 1 600～1 800 m 的山坡或沟谷林下阴湿处。

小齿唇兰 *Odontochilus crispus* 花序（金效华）

394. 西南齿唇兰 *Odontochilus elwesii* C. B. Clarke ex Hook. f.

国家重点保护级别 无

IUCN 红色名录 无危（LC）

形态特征 地生植物。高 15～25 cm，根状茎伸长，具节，节上生根，茎近直立，具 6～7 枚叶。叶片卵形，长 1.5～5.0 cm，宽 1～3 cm，背面淡红色，叶柄基部扩大成抱茎的鞘。花序顶生，具 2～4 朵较疏生的花；花反转，萼片绿色；花瓣和唇瓣白色。中萼片卵形，长 7 mm，宽 4 mm，凹陷呈舟状；侧萼片稍张开，偏斜的卵形，长 10 mm，宽 6 mm；花瓣斜半卵形，长 7 mm，宽 4 mm，镰状，与中萼片黏合呈兜状，具 1 条脉，两侧不等；唇瓣长 1.5 cm，向前伸展，呈“Y”形，基部稍扩大并凹陷呈囊状，末端 2 浅裂，内面中央具 1 条纵的褶片，在褶片两侧各具 1 个近方形、顶部凹缺的胼胝体，中部收狭成爪，爪的前部两侧各具 4～5 条不整齐的短流苏状锯齿，后部两侧具细圆齿，唇瓣前部扩大成 2 裂，裂片长方形，顶部和外侧边缘具波状齿。

花果期 花期 7～8 月。

生境 海拔 300～1 500 m 的山坡或沟谷常绿阔叶林下阴湿处。

西南齿唇兰 *Odontochilus elwesii* 生境与植株（金效华）

西南齿唇兰 *Odontochilus elwesii* 花序（金效华）

395. 齿唇兰 *Odontochilus lanceolatus* (Lindl.) Blume

国家重点保护级别 无

IUCN 红色名录 近危（NT）

形态特征 地生植物。高 15 ~ 30 cm，根状茎伸长，具节，节上生根，茎直立，具 4 ~ 5 枚叶。叶片卵形，长 1.5 ~ 8.0 cm，宽 1 ~ 5 cm，正面中肋和两侧的脉有时色较浅，叶柄基部扩大成抱茎的鞘。花序顶生，具 3 ~ 10 余朵花；花反转，黄色，萼片黄绿色。中萼片卵形，长 4 ~ 6 mm，宽 3 ~ 4 mm，凹陷呈舟状；侧萼片张开，歪斜的卵状椭圆形，6.0 ~ 7.5 mm，宽 4 ~ 5 mm；花瓣歪斜，半卵形，长 4 ~ 6 mm，宽 2.5 ~ 4.0 mm，具 1 条脉，两侧不相等，与中萼片黏合呈兜状；唇瓣长 1.8 ~ 2.0 cm，呈“Y”形，基部略扩大并凹陷呈囊状，末端 2 浅裂，内面中央具 1 枚片状纵隔膜，在隔膜两侧各具 1 个针刺状、钩曲的胼胝体，中部收狭成爪，爪的两侧各具 4 ~ 7 条流苏状裂条，唇瓣前部扩大并 2 裂，裂片楔状长圆形，叉开，边缘全缘。

花果期 花期 6 ~ 9 月。

生境 海拔 800 ~ 2 200 m 的山坡或沟谷常绿阔叶林下阴湿处。

齿唇兰 *Odontochilus lanceolatus* 生境与植株（金效华）

齿唇兰 *Odontochilus lanceolatus* 花序（金效华）

396. 齿爪齿唇兰 *Odontochilus poilanei* (Gagnep.) Ormer.

国家重点保护级别 无

IUCN 红色名录 无危（LC）

形态特征 菌类寄生植物，高 12～18 cm，根粗短、黄白色、茎直立、紫红色，具多数鳞片状鞘。花序被毛，具多花；花萼和花瓣紫红色，唇瓣深黄色。花苞片卵形，长约 10 mm，紫红色。中萼片卵形，长 7mm，宽 4mm，舟状；侧萼片张开，偏斜的卵形，长 7mm，宽 3.3mm；花瓣线状披针形，长 7mm，宽 1.5mm，偏斜，镰状，与中萼片黏合呈兜状；唇瓣长 16 mm，呈“T”字形，基部凹陷呈囊状，内面基部具 2 个半球形的胼胝体，中部收狭成爪，爪的两侧呈不规则的蚀啮状，唇瓣前部扩大，2 裂，顶端具 2 个角状、呈“V”形的缺口。

花果期 花期 8 月。

生境 海拔 1 000～1 800 m 的常绿阔叶林下阴湿处。

齿爪齿唇兰 *Odontochilus poilanei* 生境与植株（金效华）

397. 一柱齿唇兰 *Odontochilus tortus* King & Pantl.

国家重点保护级别 无

IUCN 红色名录 无危（LC）

形态特征 地生植物。高 18~25 cm，根状茎伸长，具节，节上生根，茎直立，具 5~6 枚叶。叶片椭圆形，长 2.5~8.0 cm，宽 2.0~4.5 cm，不等侧，叶柄基部扩大成抱茎的鞘。花序顶生，被毛，密生多数花；花反转，萼片紫绿色；花瓣绿白色，唇瓣白色。中萼片卵形，长 8 mm，宽 4 mm，凹陷；侧萼片张开，偏斜的长圆形，长 9 mm，宽 3 mm；花瓣歪斜的半卵形，长 8 mm，宽 4 mm，镰状，在上部 2/3 处收狭成尖头，与中萼片黏合呈兜状；唇瓣长 17 mm，向前伸展，呈“Y”形，基部稍扩大并凹陷呈囊状，内面具 2 个顶部 3 浅裂的胼胝体，中部收狭成爪，爪的前部两侧各具 4~5 条不等长的流苏，后部具 4~5 个波状齿，爪的背面具 1 条脊状龙骨突起，唇瓣前部扩大，2 裂，裂片倒卵形，呈锐角叉开，外侧边缘波状。

花果期 花期 7~9 月。

生境 海拔 480~1 250 m 的山坡或沟谷密林下地上或岩石上覆土中。

一柱齿唇兰 *Odontochilus tortus* 生境与植株（金效华）

一柱齿唇兰 *Odontochilus tortus* 花序（金效华）

（七十二）山兰属 *Oreorchis* Lindl.

398. 短梗山兰 *Oreorchis erythrochrysea* Hand.-Mazz.

国家重点保护级别 无

IUCN 红色名录 近危（NT）

形态特征 地生植物。假鳞茎宽卵形，长 0.8~2.0 cm，宽 0.7~1.3 cm，具 2~3 节。叶 1 枚顶生，狭椭圆形，长 6 ~ 10 cm，宽 1.2 ~ 2.3 cm，基部收狭成长 2.0 ~ 4.5 cm 柄。花葶从假鳞茎侧面发出，长 13 ~ 27 cm，具 10~20 朵花；花黄色，唇瓣有栗色斑。花苞片卵状披针形，长 2 mm。萼片狭长圆形，长 6~8 mm，宽 1.5~2.0 mm；侧萼片略小于中萼片，稍歪斜；花瓣狭长圆状匙形，长 5.5 ~ 6.5 mm，宽 1.5 mm，多少弯曲；唇瓣长圆形，长 5 mm，近中部 3 裂；侧裂片半卵形，长 0.8 ~ 1.0 mm，宽 0.7 mm；中裂片近方形，边缘呈波状，长 2.5 mm，唇盘上在两侧裂片之间有 2 条短的纵褶片。蕊柱长 3 mm。

花果期 花期 5 ~ 6 月。

生境 海拔 2 900 ~ 3 600 m 的林下、灌丛或高山草坡上。

短梗山兰 *Oreorchis erythrochrysea* 花序（金效华）

399. 硬叶山兰 *Oreorchis nana* Schltr.

国家重点保护级别 无

IUCN 红色名录 近危（NT）

形态特征 地生植物。假鳞茎长圆形或近卵球形，长 6～9（～15）mm，直径 5～6 mm，具 2～3 节，以根状茎相连接；根状茎纤细，直径 1～2 mm。叶 1 枚，生于假鳞茎顶端，卵形至狭椭圆形，长 2～4 cm，宽 0.8～1.5 cm，先端渐尖，基部近圆形或宽楔形；叶柄长 1～3 cm。花葶从假鳞茎侧面发出，长 10～20 cm，近直立，中下部具 2～3 枚筒状鞘；总状花序长 2.5～6 cm，通常具 5～14 朵花，罕有减退为 2～3 朵花；花苞片卵状披针形，长约 1 mm；花梗和子房长 3～5 mm；花直径约 1 cm。萼片与花瓣正面暗黄色，背面栗色，唇瓣白色而有紫色斑。萼片近狭长圆形，长 6～7 mm，宽 1.5～2 mm，先端钝或急尖；侧萼片略斜歪；花瓣镰状长圆形，长 5.5～6.5 mm，宽约 2 mm，先端钝或急尖；唇瓣轮廓近倒卵状长圆形，长 5～7 mm，下部约 1/3 处 3 裂，基部无爪或有短爪；侧裂片近狭长圆形或狭卵形，稍内弯，长约 0.8 mm，宽约 0.5 mm；中裂片近倒卵状椭圆形，长约 4.5 mm，边缘稍波状，有黑色或紫色斑点；唇盘基部有 2 条短的纵褶片。蕊柱粗短，长 2～2.5 mm。

花果期 花期 6～7 月。

生境 海拔 2 500～4 000 m 的高山草地、林下、灌丛中或岩石积土上。

硬叶山兰 *Oreorchis nana* 生境与植株（金效华）

400. 山兰 *Oreorchis patens* (Lindl.) Lindl.

国家重点保护级别 无

IUCN 红色名录 近危(NT)

形态特征 地生植物。假鳞茎卵球形至近椭圆形，长1~2 cm，直径0.5~1.5 cm，具2~3节，常以短的根状茎相连接，外被撕裂成纤维状的鞘。叶通常1枚，少有2枚，生于假鳞茎顶端，线形或狭披针形，长13~30 cm，宽(0.4~)1~2 cm，先端渐尖，基部收狭为柄；叶柄长3~5(~8)cm。花葶从假鳞茎侧面发出，直立，长20~52 cm，中下部有2~3枚筒状鞘；总状花序长4.5~15.5 cm，疏生数朵至10余朵花；花苞片狭披针形，长2.5~5 mm；花梗和子房长8~12 mm；花黄褐色至淡黄色，唇瓣白色并有紫斑。萼片狭长圆形，长7~9 mm，宽1.5~2 mm，先端略钝；侧萼片稍镰曲；花瓣狭长圆形，长7~8 mm，宽1.5~1.8 mm，稍镰曲；唇瓣长6.5~8.5 mm，3裂，基部有短爪；侧裂片线形，稍内弯，长约3 mm，宽约0.7 mm，先端钝；中裂片近倒卵形，长5.5~7 mm，上部宽5~5.5 mm，边缘有不规则缺刻；唇盘上有2条肥厚纵褶片，从近基部处延伸至中部，亦即到达中裂片的下部2/5处。蕊柱长4~5 mm，基部肥厚并多少扩大。蒴果长圆形，长约1.5 cm，宽约7 mm。

山兰 *Oreorchis patens* 生境与植株(金效华)

花果期 花期6~7月，果期9~10月。

生境 海拔1 000~3 000 m的林下、林缘、灌丛中、草地上或沟谷旁。

山兰 *Oreorchis patens* 花序(金效华)

（七十三）耳唇兰属 *Otochilus* Lindl.

401. 白花耳唇兰 *Otochilus albus* Lindl.

国家重点保护级别 无

IUCN 红色名录 近危（NT）

形态特征 附生植物。假鳞茎近圆锥状圆筒形，长 35～45 mm，宽 6～7 mm，首尾相接，每个假鳞茎顶生 2 枚叶。叶片狭长圆形，长 5～16 cm，宽 1.3～1.7 cm。花序顶生，出自两片新叶的中间，具多花；花白色，有时唇瓣基部棕黄色。花苞片卵状披针形，长约 5 mm，早落。萼片长圆状披针形，长 7～8 mm，宽 1.4～1.6 mm；花瓣与萼片相似，但更短更窄；唇瓣 3 裂；侧裂片耳状，长宽近相等，外侧具小疣状突起；侧裂片形成的囊内有 1 条纵脊；中裂片椭圆形。

花果期 花期 4～6 月。

生境 海拔 800～2 600 m 的山坡、林中大树上或苔藓林中。

白花耳唇兰 *Otochilus albus* 生境与植株（金效华）

白花耳唇兰 *Otochilus albus* 花序（金效华）

402. 狭叶耳唇兰 *Otochilus fuscus* Lindl.

国家重点保护级别 无

IUCN 红色名录 无危（LC）

形态特征 附生植物。假鳞茎近圆筒形，长 2.5～10.0 cm，宽 0.6～1.3 cm，两端略收狭，首尾相接，每个假鳞茎顶端生 2 枚叶。叶片线状披针形，长 10～20 cm，宽 0.7～1.1 cm，中脉稍偏向一侧，两侧不等宽。花葶比叶短，具多花；花白色。花苞片倒卵状线形，长 8～11 mm。中萼片长圆形，长 7～8 mm，宽约 2 mm，背面有龙骨状突起；侧萼片略狭；花瓣比萼片短；唇瓣 3 裂，基部的耳状侧裂片先端啮蚀状，在基部合生而成为囊的一部分并隔开中裂片；中裂片狭椭圆形，长 4.5～5.5 mm，宽约 1.7 mm。

花果期 花期 3 月，果期 10 月。

生境 海拔 1 200~2 100 m 的林中树上。

狭叶耳唇兰 *Otochilus fuscus* 生境与植株（金效华）

狭叶耳唇兰 *Otochilus fuscus* 花序（金效华）

403. 宽叶耳唇兰 *Otochilus lancilabius* Seidenf.

国家重点保护级别 无

IUCN 红色名录 无危（LC）

形态特征 附生植物。假鳞茎圆筒形，长 4 ~ 10 cm，宽 0.6 ~ 2.0 cm，两端略收狭，首尾相接，顶生 2 枚叶。叶片椭圆状披针形，长 12 ~ 19 cm，宽 2.5 ~ 4.2 cm，近等大。花葶同嫩假鳞茎从老假鳞茎顶端处发出，不弯曲，疏生多朵花；花白色。中萼片狭长圆形，长 13 ~ 15 mm，宽约 2 mm，舟状，背面多少有龙骨状突起；侧萼片略歪斜；花瓣线形，长约 14 mm，宽 0.7 mm；唇瓣 3 裂；侧裂片位于基部，三角状卵形，长 15 ~ 20 mm，宽约 0.5 mm，直立；中裂片长圆状披针形，长 10 ~ 12 mm，宽 2.5 ~ 3.0 mm，基部的囊内有 3 ~ 4 条略肥厚的脊状附属物。

花果期 花期 10 ~ 11 月。

生境 海拔 1 500 ~ 2 800 m 的林中树上。

宽叶耳唇兰 *Otochilus lancilabius* 花序（金效华）

404. 耳唇兰 *Otochilus porrectus* Lindl.

国家重点保护级别 无

IUCN 红色名录 无危（LC）

形态特征 附生植物。假鳞茎圆筒形，长2.5～11 cm，直径0.7～1.3 cm，两端略收狭，首尾相接，顶生2枚叶。叶片狭椭圆形，长7～20 cm，宽2.1～4.1 cm，中脉位于中央。花葶同嫩假鳞茎从老假鳞茎顶端发出，多少下弯，疏生多朵花；花白色。中萼片近长圆形，长11～13 mm，宽约2.5 mm，背面多少具龙骨状突起；侧萼片与中萼片相似；花瓣线形，与萼片等长，宽约0.8 mm；唇瓣3裂，基部耳状侧裂片长圆形，直立；中裂片卵状椭圆形，长6～7 mm，唇瓣基部的囊内有3条肥厚的脊，延伸至中裂片基部，另有2条较短的脊位于上端。

花果期 花期10～12月，果期10～12月。

生境 海拔1 000～2 100 m的林中树上或岩石上。

耳唇兰 *Otochilus porrectus* 花序（金效华）

耳唇兰 *Otochilus porrectus* 生境与植株（金效华）

（七十四）曲唇兰属 *Panisea* (Lindl.) Steud.

405. 矮曲唇兰 *Panisea demissa* (D. Don) Pfitzer

国家重点保护级别 无

IUCN 红色名录 易危（VU）

形态特征 附生植物。植株高 4～8 cm。假鳞茎丛生，狭卵球形到卵球形，长 1.5～4 cm，直径 0.6 cm。叶 1 或 2 枚；叶片革质，披针形或椭圆形披针形，长 3～8 cm，宽 0.7～1.5 cm，锐尖；叶柄长 4～8 mm。花序弯曲，疏生 5～8 朵花；花序梗纤细。花直径 1～1.2 cm，白色。花梗连子房长 6～9 mm。萼片相似，长圆形披针形，基部具浅囊状，长 8～12 mm，宽 3 mm。花瓣长圆形，长 0.8～1.2 cm，宽 0.2 cm；唇部长圆形，基部 S 形弯曲，长 8～12 mm，宽约 2 mm。蕊柱具翅，长 8 mm。

花果期 花期 4 月。

生境 海拔 1 900 m 的常绿阔叶林中。

矮曲唇兰 *Panisea demissa* 生境与植株（Thirta）

406. 林芝曲唇兰 *Panisea panchaseensis* Subedi

国家重点保护级别 无

IUCN 红色名录 无

形态特征 附生草本。根状茎粗约 0.25 cm。假鳞茎较密集，彼此相距不超过 0.8 cm，狭卵形至卵圆形，长 1.4～1.8 cm，直径 0.8～1.1 cm，顶生 2 枚叶。叶椭圆形或长圆状披针形，先端锐尖；长 1.5～4.0 cm，宽 6～8 mm，叶柄长 1～3 mm；花葶长约 2 cm，基部为多枚干膜质鞘所包；具 1～5 朵花；花白色；花苞片卵形，长 5.5～6 mm，宽 2～2.5 mm。中萼片卵形，长 1.2～1.3 cm，宽 4～5 mm，尖端钝，具 5 条脉；侧萼片卵形到狭状披针形，长 1.20～1.25 cm，宽 4～4.5 mm，具爪，先端渐尖；花瓣狭椭圆形或倒卵形，具明显爪，长 1.1～1.2 cm，宽 3～3.5 mm，先端渐尖，具 3 条脉；唇瓣长约 1.1 cm，宽约 3 mm，白色，箭头形，先端渐尖，边缘略微波状，具 3 条明显的纵向褶片。蕊柱白色，长 3.5～5 mm，宽约 1.5 mm，无翅；花粉团 2 对，黏合成团状。

花果期 花期 11～12 月，果期 11～12 月。

生境 海拔 2 200 m 的常绿阔叶林中，附生于岩壁和树上。

林芝曲唇兰 *Panisea panchaseensis* 生境与植株（金效华）

林芝曲唇兰 *Panisea panchaseensis* 花序（金效华）

407. 云南曲唇兰 *Panisea yunnanensis* S. C. Chen & Z. H. Tsi

国家重点保护级别 无

IUCN 红色名录 濒危（EN）

形态特征 附生植物。假鳞茎密集，狭卵形，长 1.2~2.0 cm，宽 0.4~0.7 cm，基部明显收狭，顶生 2 枚叶。叶片狭长圆形，长 25~45 mm，宽 4~8 mm，叶柄短。花葶长 2~3 cm，具 1~2 朵花；花白色。花苞片卵形，长 3~4 mm。中萼片狭卵形，长 11~14 mm，宽 3.5~4.5 mm；侧萼片长圆状披针形，比中萼片稍窄，宽 2.0~2.5 mm，背面有龙骨状突起；花瓣与侧萼片相似，但无龙骨状突起；唇瓣长圆状匙形，长 11~14 mm，宽 3~4 mm，边缘略皱波状，向基部渐狭，无褶片或其他附属物。

花果期 花期 11~12 月。

生境 海拔 1 200~1 800 m 的林中树上或林下岩石上。

云南曲唇兰 *Panisea yunnanensis* 生境与植株（金效华）

云南曲唇兰 *Panisea yunnanensis* 花序（金效华）

（七十五）兜兰属 *Paphiopedilum* Pfitzer

408. 秀丽兜兰 *Paphiopedilum venustum* (Wall. ex Sims) Pfitzer

国家重点保护级别　一级

IUCN 红色名录　濒危（EN）

形态特征　地生或半附生植物。植株高 30 cm。叶基生，2 列，4~5 枚。叶片长圆形，长 10.0~21.5 cm，宽 2.5~5.7 cm，先端常有小裂口，正面有深浅绿色相间的网格斑，背面有较密集的紫色斑点。花葶直立，长 20~27 cm，紫褐色，密被短硬毛，顶生 1 朵花。萼片白色而有绿色粗脉纹；花瓣黄白色而有绿色脉和黑色粗疣点，唇瓣淡黄色而有明显的绿色脉纹和淡红色晕。花苞片近卵形，长 1.7~2.5 cm，背面有龙骨状突起。中萼片宽卵形，长 2.7~3.0 cm，宽 2.1~2.3 cm；合萼片卵形，长 2.3~2.6 cm，宽约 1.6 cm；花瓣长圆形，长 3.5~4.0 cm，宽 1.2~1.4 cm，边缘有较长的缘毛，上半部边缘波状；唇瓣倒盔状，长 2.2~2.4 cm，宽 2.0~2.8 cm，基部具 1.6~1.8 cm 长的柄，囊口两侧各具 1 个直立的耳，外表面具极细小的乳突状毛；退化雄蕊肾状倒心形，先端有凹缺。

花果期　花期 1~3 月。

生境　海拔 1100~1600 m 的林缘或灌丛中腐殖质丰富之处。

秀丽兜兰 *Paphiopedilum venustum* 生境与植株（金效华）

秀丽兜兰 *Paphiopedilum venustum* 花（金效华）

（七十六）凤蝶兰属 *Papilionanthe* Schltr.

409. 单花凤蝶兰 *Papilionanthe uniflora* (Lindl.) Garay

国家重点保护级别 无

IUCN 红色名录 无

形态特征 附生植物。茎纤细，常下垂，长达 50 cm，节间长约 3 cm，分枝或不分枝，具多数叶。叶圆柱形，长 10～16 cm，直径约 2 mm，先端渐尖，基部扩大成鞘；叶鞘紧抱于茎。花序生于叶腋上侧，具 1～2 朵花；花序总梗纤细，长 2～4 cm。花苞片卵形，长约 1.5 mm，先端钝；花白色；中萼片长圆形，长约 9 mm，先端细尖；侧萼片稍呈镰状，长约 1 cm，先端锐尖；花瓣与中萼片近等长，宽约 4.5 mm，先端钝，边缘波状；唇瓣 3 裂；侧裂片深 2 裂，其先端钻状，外弯，外侧裂片较内侧的长；中裂片比侧裂片小，其基部具爪，先端扩大，2 浅裂；距漏斗状，比唇瓣长，末端尖，向前指。蒴果长纺锤形，长 5～8 cm，直径约 6 mm。

花果期 花期 9～11 月。

生境 海拔约 1 330 m 的常绿阔叶林树干上。

单花凤蝶兰 *Papilionanthe uniflora* 花（Raskoti）

410. 墨脱凤蝶兰 *Papilionanthe motuoensis* J. D. Ya & D. Z. Li

国家重点保护级别 无

IUCN 红色名录 数据缺乏（DD）

形态特征 附生植物。茎悬垂，长约 50 cm。叶互生，圆柱状，长 9~16 cm，直径 0.2 cm。花序长约 1.5 cm，具 1~2 朵花。花直径 2.5 cm。萼片和花瓣白色，中脉粉红色，唇瓣白色略带黄色，其刺带白色和 / 或粉红色，先端黄绿色。花梗和子房长约 1.2 cm，无毛。中萼片卵形，长约 1.0 cm，宽 0.5 cm；侧萼片长圆形，稍镰刀形，长约 1.1 cm，宽 0.4 cm。花瓣长卵形，长 1.1 cm，宽 0.6 cm；唇瓣 3 裂；侧裂片线形，不等大；中裂片开展，长约 4.8 cm，宽 5.0 cm，基部具爪，先端扩大呈肾形，先端微缺；距刺稍向前弯曲，圆柱形，长约 22.0 mm，宽 3.5 mm，其内部具短柔毛。蕊柱长 7.0 mm，宽 3.0 mm。

花果期 花期 10 月。

生境 海拔 1 300 ~1 650 m 的林中树上。

墨脱凤蝶兰 *Papilionanthe motuoensis* 植株（亚吉东）

墨脱凤蝶兰 *Papilionanthe motuoensis* 花序（亚吉东）

（七十七）阔蕊属 *Peristylus* Blume.

411. 阔蕊兰 *Peristylus goodyeroides* (D. Don) Lindl.

国家重点保护级别 无

IUCN 红色名录 无危（LC）

形态特征 地生植物。植株高 30~90 cm，茎细长，中部具 4~6 枚叶，之上具 1 至数枚披针形苞片状小叶。叶稍集生，叶片椭圆形，长 3.5~17.0 cm，宽 2.5~6.5 cm，基部收狭成抱茎的鞘。花序长 7~21 cm，具多数密生的花；花绿色。花苞片披针形，长 1.0~1.5 cm。中萼片卵状披针形，长 4.0~5.5 mm，宽 2.5~3.0 mm；侧萼片斜长圆形，长 4.0~5.5 mm，宽 2.0~2.8 mm；花瓣斜宽卵形，长 4 mm，宽 3~4 mm；唇瓣倒卵状长圆形，长 4~5 mm，宽 3.5~4.0 mm，3 浅裂，裂片三角形，近等长；中裂片稍宽；距球状，长 2 mm，距口前缘具 1 枚色较深、纵向隆起呈狭三角形的蜜腺。

花果期 花期 6~8 月。

生境 海拔 500~2 300 m 的山坡阔叶林下、灌丛中、山坡草地或山脚路旁。

阔蕊兰 *Peristylus goodyeroides* 植株（金效华）

阔蕊兰 *Peristylus goodyeroides* 花序（金效华）

（七十八）鹤顶兰属 *Phaius* Lour.

412. 黄花鹤顶兰 *Phaius flavus* (Blume) Lindl.

国家重点保护级别 无

IUCN 红色名录 无危（LC）

形态特征 地生植物。假鳞茎卵状圆锥形，长 5~6 cm，直径 2.5~4.0 cm，具 2~3 节。叶 4~6 枚，紧密互生于假鳞茎上部，长椭圆形，长 25 cm，宽 5~10 cm，基部收狭为柄，叶柄以下相互包卷而形成假茎的鞘。花葶从假鳞茎基部的节上发出，1~2 个，不高出叶层之外，长 75 cm，具多数花；花柠檬黄色。花苞片披针形，长 30 mm。中萼片长圆状倒卵形，长 30~40 mm，宽 8~12 mm；侧萼片斜长圆形，与中萼片等长；花瓣长圆状倒披针形，与萼片近等长，但稍狭；唇瓣倒卵形，长 25 mm，宽 22 mm，前端 3 裂；侧裂片近倒卵形，围抱蕊柱；中裂片近圆形，稍反卷，宽 12 mm，先端微凹，前端边缘褐色并具波状皱褶；唇盘具 3~4 条多少隆起的脊突；脊突褐色；距长 7~8 mm。蕊柱长 20 mm，上端扩大，正面两侧密被白色长柔毛。

花果期 花期 4~10 月。

生境 海拔 300~2 500 m 的山坡林下阴湿处。

黄花鹤顶兰 *Phaius flavus* 生境与植株（金效华）

黄花鹤顶兰 *Phaius flavus* 花序（金效华）

413. 紫花鹤顶兰 *Phaius mishmensis* (Lindl. & Paxton) Rchb. f.

国家重点保护级别 无

IUCN 红色名录 易危（VU）

形态特征 地生植物。植株高 80 cm。假鳞茎圆柱形，长 30 ~ 80 cm，直径 0.6 ~ 1.5 cm，具多数节，上部互生 5 ~ 6 枚叶。叶片椭圆形，长 15 ~ 30 cm，宽 4 ~ 8 cm，基部收狭为抱茎的鞘，叶鞘相互包卷而形成假茎。花序侧生于茎的中部节上，长 30 cm，疏生数朵花；花淡紫红色。花苞片长圆状披针形，长 20 ~ 30 mm。萼片椭圆形，长 30 ~ 35 mm，宽 8 ~ 12 mm；花瓣倒披针形，长 30 ~ 35 mm，宽 5 ~ 7 mm；唇瓣密布红褐色斑点，倒卵状三角形，与萼片近等长，3 裂；侧裂片直立，围抱蕊柱；中裂片宽倒卵形，边缘波状；唇盘具 3 ~ 4 条密布白色长毛的脊突；距细圆筒状，长 10 ~ 16 mm。蕊柱长 22 mm，上端扩大，基部两侧密被长毛。

花果期 花期 10 月至次年 1 月。

生境 海拔 1 400 m 以下的林下阴湿处。

紫花鹤顶兰 *Phaius mishmensis* 生境与植株（金效华）

紫花鹤顶兰 *Phaius mishmensis* 花序（金效华）

414. 鹤顶兰 *Phaius tancarvilleae* (L'Héritier) Blume

国家重点保护级别 无

IUCN 红色名录 无危（LC）

形态特征 地生植物。植株高大。假鳞茎圆锥形，长 6 cm，直径 6 cm。叶 2～6 枚互生于假鳞茎的上部，长圆状披针形，长 70 cm，宽 10 cm，基部具长 20 cm 的柄。花葶从假鳞茎基部发出，长达 1 m，疏生数枚大型的鳞片状鞘；花序具多花；花背面白色，内面暗赭色。花苞片舟状，比子房长。萼片长圆状披针形，长 40～60 mm，宽 10 mm；花瓣长圆形，与萼片等长但稍狭；唇瓣内面茄紫色，比萼片短，宽 30～50 mm，中部以上浅 3 裂；侧裂片短而圆，围抱蕊柱而使唇瓣呈喇叭状；中裂片近圆形，边缘稍波状；唇盘密被短毛，具 2 条褶片；距细圆柱形，长 10 mm，呈钩状弯曲。蕊柱长 20 mm，上端扩大，正面两侧多少具短柔毛。

花果期 花期 3～6 月。

生境 海拔 700～1 800 m 的林下阴湿处。

鹤顶兰 *Phaius tancarvilleae* 生境与植株（金效华）

鹤顶兰 *Phaius tancarvilleae* 花序（金效华）

415. 大花鹤顶兰 *Phaius wallichii* Lindl.

国家重点保护级别　无

IUCN 红色名录　濒危（EN）

形态特征　地生植物。植株高大。假鳞茎纺锤形，长 10～15 cm，直径 5～7 cm，具数节。叶 4 枚，长椭圆形，长 49～70 cm，宽 15～24 cm，基部收狭为长 14～28 cm 的柄，柄以下扩大为鞘。花葶从假鳞茎的下部节上发出，长达 1 m，具多数花；花萼片背面黄绿色，内面浅红褐色。花苞片卵状披针形，长 60 mm，早落。萼片长圆状披针形，长 70 mm，宽 15 mm；花瓣背面黄绿色带棕红色，中部以上密布棕红色斑点，内面浅红褐色；唇瓣白色，宽卵状三角形，长 55 mm，宽 53 mm，3 裂；侧裂片围抱蕊柱，边缘略不整齐；中裂片卵状三角形；唇盘从基部至中部玫瑰红色，脉纹黄色；距黄色，向前弯曲，长 10～20 mm。蕊柱长 20 mm，背面上方被短柔毛。

大花鹤顶兰 *Phaius wallichii* 生境与植株（金效华）

花果期　花期 5～6 月。

生境　海拔 750～1 000 m 的林下阴湿处。

大花鹤顶兰 *Phaius wallichii* 花序（金效华）

（七十九）蝴蝶兰属 *Phalaenopsis* Blume

416. 羽唇兰 *Phalaenopsis difformis* (Wall. ex Lindl.) Kocyan & Schuit.
Ornithochilus difformis（Wall. ex Lindl.）Schltr.

国家重点保护级别 无

IUCN 红色名录 无危（LC）

形态特征 附生植物。茎长2~4 cm。叶数枚，不等侧，倒卵形，长7~19 cm，宽5.5 cm，先端钩转。花序侧生于茎的基部和从叶腋中发出，2~3个，下垂，远比叶长，分枝或有时不分枝，疏生多数花；花黄色带紫褐色条纹。中萼片长圆形，长5 mm，宽2 mm，具4条紫褐色条纹；侧萼片斜卵状长圆形，与中萼片等长但稍宽，具4条紫褐色条纹；花瓣狭长圆形，长4 mm，宽1.2 mm，具3条紫褐色条纹；唇瓣3裂，基部具短爪；侧裂片直立，半卵形；中裂片锚状，向蕊柱弯曲，基部具爪，边缘撕裂状并向上翘，两侧具外弯的裂片，顶端的裂片较大，近三角形，而其背面呈喙状，唇盘中央具1条紫红色、呈三角形隆起的肉质脊；距长4 mm，向前弯，距口前端具1个带绒毛的盖，其后有1个厚的胼胝体。蕊柱长2 mm。

花果期 花期5~7月。

生境 海拔580~1 800 m的林中树上。

羽唇兰 *Phalaenopsis difformis* 生境与植株（金效华）

羽唇兰 *Phalaenopsis difformis* 花序（金效华）

417. 罗氏蝴蝶兰 *Phalaenopsis lobbii* (Rchb. f.) H. R. Sweet

国家重点保护级别 二级

IUCN 红色名录 濒危（EN）

形态特征 附生植物。根扁平，茎短，基部具分枝，叶 2～4 枚，近基生。叶片宽椭圆形，长 5～8 cm，宽 3.5～4.0 cm，先端不等侧 2 裂。花序直立，长 5～10 cm，具 2～4 朵花；花白色，基部具不规则的棕色斑点，并具 2 枚规则的棕色斑块。花苞片椭圆形。中萼片长圆状椭圆形，长 10 mm，宽 5 mm；侧萼片斜卵形，长 8 mm，宽 7 mm；花瓣倒卵形，长 8 mm，宽 4 mm；唇瓣 3 裂；侧裂片直立，镰状，近平行，与唇盘形成 U 形，长 3 mm，宽 1 mm；中裂片肾形，长 6 mm，宽 10 mm，基部有 1 个具 4 条丝状的胼胝体，边缘具不规则的稍具齿的附属物。蕊柱长 5 mm。

花果期 花期 4～5 月。

生境 海拔 300～1 200 m 的石灰山林中树上。

罗氏蝴蝶兰 *Phalaenopsis lobbii* 生境与植株（金效华）

罗氏蝴蝶兰 *Phalaenopsis lobbii* 花序（金效华）

418. 墨脱蝴蝶兰 *Phalaenopsis medogensis* X. H. Jin & C. B. Ma

国家重点保护级别 无

IUCN 红色名录 极危（CR）

形态特征 附生植物。茎很短。叶1枚，长圆形至椭圆形，长7~10 cm，宽3~4 cm。花序1或2个，长约12 cm，不分枝。花直径1~1.2 cm，黄色。萼片和花瓣纯黄色，无斑点或其他颜色。中萼片椭圆形，长7~8 cm，宽5 mm；侧萼片宽三角形，长约10 mm，宽6 mm。花瓣长椭圆形，长约9 mm，宽5 mm；唇瓣3裂；侧裂片宽矩形，长2 mm，宽4 mm，下半部白色具深紫红色斑点和多毛，上半部淡黄色具密集锈色斑点；中裂片菱形，长约10 mm，宽7 mm，唇盘具槽，基部具肉质突起的附属物；附属物两侧有2~3个齿状胼胝体，先端有2个长角。

花果期 花期3~4月。

生境 海拔700~900 m的林中树上。

墨脱蝴蝶兰 *Phalaenopsis medogensis* 生境与植株（金效华）

墨脱蝴蝶兰 *Phalaenopsis medogensis* 花序（金效华）

419. 小尖囊兰 *Phalaenopsis taenialis* (Lindl.) Christenson & Pradhan

国家重点保护级别 无

IUCN 红色名录 易危（VU）

形态特征 附生植物。根丛生，扁平，长而弯曲，表面多少具疣状突起。茎不明显，叶少数，近丛生；花期无叶。叶片长圆形，长 1.0 ~ 3.5 cm，宽 0.4 ~ 1.3 cm。花序侧生于茎的基部，不分枝，具 1 ~ 2 朵花；花萼片和花瓣淡紫红色。花苞片卵状三角形，长 3 mm。中萼片长圆形，长 10 mm，宽 4 mm；侧萼片近椭圆形，长 9.5 mm，宽 4.5 mm；花瓣倒卵状匙形，长 9 mm，宽 4 mm；唇瓣 3 裂，基部无爪；侧裂片紫红色，近镰刀状，长 5 mm，宽 1.5 mm，基部下延且与中裂片形成尖角状、长 3 mm 的距，内面的凸缘狭长，不甚增厚而紧靠上侧边缘，距口前方具 1 枚先端急尖的二叉状肉突；中裂片紫红色，匙形，长 7 mm，宽 3 mm，基部具 1 枚二叉状的附属物。蕊柱长 5 mm。

花果期 花期 6 月。

生境 海拔 2 000 m 以下的林中树上。

小尖囊兰 *Phalaenopsis taenialis* 生境与植株（金效华）

（八十）石仙桃属 *Pholidota* Lindl. ex Hook.

420. 节茎石仙桃 *Pholidota articulata* Lindl.

国家重点保护级别 无

IUCN 红色名录 无危（LC）

形态特征 附生植物。假鳞茎近圆筒形，长 4~12 cm，直径 0.5~1.0 cm，彼此首尾相接，在连接处有一段很短的根状茎，有时有少数根，顶生 2 枚叶。叶片倒卵状椭圆形，长 7~18 cm，宽 2.7~6.2 cm，基部具长 1.0~1.5 cm 的柄。花葶从假鳞茎顶端两叶中央发出，略短于叶，具 10 余朵 2 列的花；花绿白色带淡红色。花苞片狭卵状长圆形，长 15~25 mm，宽 5~7 mm。中萼片长圆形，舟状，长 9~10 mm，宽 4~5 mm，背面有龙骨状突起；侧萼片卵形，歪斜，略宽于中萼片；花瓣长圆状披针形，长 7 mm，宽 2.0~2.5 mm；唇瓣宽长圆形，在上部 1/4~1/3 处缢缩成前后唇，后唇舟状，略宽于前唇，近基部处有 5 条纵褶片，前唇横椭圆形，宽 3~4 mm，边缘皱波状。蕊柱长 2.5~3.0 mm，顶端具翅。

花果期 花期 6~8 月，果期 10~12 月。

生境 海拔 800~2 500 m 的林中树上或岩石上。

节茎石仙桃 *Pholidota articulata* 生境与植株（金效华）

节茎石仙桃 *Pholidota articulata* 花序（金效华）

421. 石仙桃 *Pholidota chinensis* Lindl.

国家重点保护级别 无

IUCN 红色名录 无危（LC）

形态特征 附生植物。假鳞茎相距 5~15 mm，狭卵状长圆形，长 1.6~8.0 cm，直径 0.5~2.3 cm，基部收狭成长 1~2 cm 的柄，顶生 2 枚叶。叶片卵状椭圆形，长 5~22 cm，宽 2~6 cm，基部收狭成长 1~5 cm 的柄。花葶、幼嫩假鳞茎和叶从老假鳞茎基部发出，被鞘所包，长 12~28 cm，具多数花；花白色。花苞片长圆形，长 10~17 mm，宽 6~8 mm。中萼片椭圆形，长 7~10 mm，宽 4.5~6.0 mm，舟状，背面略有龙骨状突起；侧萼片卵状披针形，略狭于中萼片，具较明显的龙骨状突起；花瓣披针形，长 9~10 mm，宽 1.5~2.0 mm，背面略有龙骨状突起；唇瓣近宽卵形，略 3 裂，下半部凹陷成半球形的囊，囊两侧各有 1 个半圆形侧裂片；中裂片卵圆形，长、宽 4~5 mm。蕊柱长 4~5 mm，中部以上具翅。

花果期 花期 4~5 月，果期 9 月至次年 1 月。

生境 海拔 1 500 m 以下的林中树上或岩石上。

石仙桃 *Pholidota chinensis* 生境与植株（金效华）

石仙桃 *Pholidota chinensis* 花序（金效华）

422. 凹唇石仙桃 *Pholidota convallariae* (Rchb. f.) Hook. f.

国家重点保护级别 无

IUCN 红色名录 无危（LC）

形态特征 附生植物。假鳞茎匍匐，疏生，狭卵形，长 2.5 ~ 4.0 cm，直径 1.5 cm，顶生 2 枚叶。叶片狭椭圆形，长 15 ~ 20 cm，宽 2.0 ~ 2.5 cm，基部收狭成长 1 ~ 2 cm 的柄。花葶生于幼嫩假鳞茎顶端，和幼叶被鞘所包，长 15 ~ 20 cm；花序具 10 余朵花；花绿白色。花苞片线形，长 10 ~ 15 mm，早落。中萼片近长圆形，长 5 mm，宽 2.0 ~ 2.5 mm；侧萼片斜卵形，略宽于中萼片；花瓣卵状椭圆形，长 4.0 ~ 4.5 mm，宽 2.5 mm；唇瓣凹陷成浅囊状，长 4 mm，先端有凹缺，基部有 3 条纵褶片，纵褶片长 1 mm。蕊柱长 1.7 mm，顶端有宽翅。

花果期 花期 4 月。

生境 海拔 1 500 m 以下的林中树上。

凹唇石仙桃 *Pholidota convallariae* 生境与植株（金效华）

凹唇石仙桃 *Pholidota convallariae* 花序（金效华）

423. 宿苞石仙桃 *Pholidota imbricata* Hook.

国家重点保护级别 无

IUCN 红色名录 无危（LC）

形态特征 附生植物。假鳞茎密集，近长圆形，略带 4 钝棱，长 4~8 cm，宽 1.0~1.5 cm，顶生 1 枚叶。叶片长圆状披针形，长 7~25 cm，宽 2.0~8.5 cm，基部具长 1.5~5.0 cm 的柄。花葶生于幼嫩假鳞茎顶端，长 25~50 cm；花序具多数 2 列的花；花白色略带红色。花苞片宽卵形，长 4~7 mm，宽 4~8 mm。中萼片近圆形，长 3.0~4.5 mm，舟状，背面中脉略突起；侧萼片卵形，离生，长 4~6 mm，宽 3.5~4.0 mm，舟状，背面有极明显的龙骨状突起；花瓣近线状披针形，长 3.0~4.5 mm，宽 1.0~1.5 mm；唇瓣长 4~6 mm，囊状，略 3 裂；侧裂片近宽长圆形，长 2.5~3.0 mm，宽 2 mm，围抱蕊柱；中裂片近长圆形，宽 3~4 mm，先端有凹缺，边缘略波状，凹陷部分近基部有 2~3 条纵褶片。蕊柱长 3~4 mm，两侧从下部至顶端具翅。

花果期 花期 7~9 月，果期 10 月至次年 1 月。

生境 海拔 1 000~2 700 m 的林中树上或岩石上。

宿苞石仙桃 *Pholidota imbricata* 生境与植株（金效华）

宿苞石仙桃 *Pholidota imbricata* 花序（金效华）

424. 尖叶石仙桃 *Pholidota missionariorum* Gagnep.

国家重点保护级别 无

IUCN 红色名录 近危（NT）

形态特征 附生植物。根状茎匍匐。假鳞茎彼此相距 0.5～1.0 cm，卵形，长 1～2 cm，直径 0.6～1.0 cm，顶生 2 枚叶。叶片披针形，长 4～8 cm，宽 0.6～1.0 cm，先端渐尖，上面具 3 条主脉。花葶生于幼嫩假鳞茎的顶端，连同幼叶从靠近老假鳞茎基部的根状茎上发出，长 4～8 cm，具 8～9 朵花；花白色带红晕。花苞片卵形，长 6～7 mm。中萼片卵形，长 4～5 mm，宽 2.0～2.5 mm，侧萼片与中萼片相似，略歪斜；花瓣椭圆形，长 3 mm，宽 1.8 mm；唇瓣宽长圆形，长 4 mm，宽 3 mm，先端具短尖，边缘皱波状，基部略凹陷，唇盘上通常具 5 条脉，脉在近基部处略肥厚。蕊柱长 1.5 mm。

花果期 花期 10～11 月，果期 11 月。

生境 海拔 1 100～1 700 m 的林中树上或林下岩石上。

尖叶石仙桃 *Pholidota missionariorum* 生境与植株（金效华）

425. 尾尖石仙桃 *Pholidota protracta* Hook. f.

国家重点保护级别 无

IUCN 红色名录 无危（LC）

形态特征 附生植物。根状茎细长，具较长的节间，末端长出假鳞茎。假鳞茎基部继续发出根状茎，看似假鳞茎以不同的方向着生于根状茎上。假鳞茎圆柱状，多少弯曲，长 1.7~4.5 cm，直径 0.2~0.5 mm，彼此相距 2~4 cm，顶生 2 枚叶。叶片狭椭圆状披针形，长 7.3~12.5 cm，宽 1.3~2.3 cm，先端近尾状，基部具短柄。花葶从靠近假鳞茎基部的根状茎节上发出，长 1.5~3.0 cm；花序具 3~7 朵花；花浅黄色。花苞片宽卵形，长 3 mm。萼片卵状长圆形，长 4 mm，宽 2.5 mm，侧萼片稍歪斜；花瓣狭倒卵形，长 3 mm，宽 1.8 mm；唇瓣轮廓近卵状长圆形，长 4 mm，宽 3 mm，略 3 裂，先端有凹缺，基部收狭并凹陷成浅杯状。蕊柱长 3.5 mm，两侧具翅。

花果期 花期 10 月。

生境 海拔 1 800~2 500 m 的林中树上或岩壁上。

尾尖石仙桃 *Pholidota protracta* 生境与植株（金效华）

（八十一）馥兰属 *Phreatia* Lindl.

426. 雅致馥兰 *Phreatia elegans* Lindl.

国家重点保护级别 无

IUCN 红色名录 数据缺乏（DD）

形态特征 附生植物，茎长 4～10 cm。叶椭圆状披针形，具关节，长 7～20 cm，宽 0.4～1.5 cm。花序长 5～15 cm，密被多花，具 3～5 枚管状叶鞘。花白色；花梗和子房略弯，长约 0.3 mm。中萼片宽卵形，长约 0.2 cm；侧萼片三角形，倾斜，长约 0.2 cm；花瓣卵形，长约 1.5 mm；唇瓣具爪，唇盘半球形，被毛，长约 2.5 mm；萼囊囊状，长约 0.1 cm。蕊柱截短，顶端具 2 角，长约 0.1 cm。

花果期 花期 7～8 月，果期 9～10 月。

生境 海拔约 1 100 m 的热带雨林中树干上。

雅致馥兰 *Phreatia elegans* 生境与植株（金效华）

雅致馥兰 *Phreatia elegans* 花序（金效华）

（八十二）苹兰属 *Pinalia* Buch.-Ham. ex D. Don

427. 钝叶苹兰 *Pinalia acervata* (Lindl.) Kuntze

国家重点保护级别 无

IUCN 红色名录 易危（VU）

形态特征 附生植物。假鳞茎纺锤形，长 2~4 cm，直径 0.6~1.5 cm，通常 2~8 个密集排成一排。叶 2~4 枚生于假鳞茎顶端，长圆状披针形，长 4~10 cm，宽 0.8~2.0 cm，先端不等侧 2 裂，无柄。花序 1~3 个，从假鳞茎顶端的叶腋发出，长 3~6 cm，具 4~7 朵花；花白色。花苞片卵形，长 5~10 mm，宽 2~3 mm，边缘稍具细齿。中萼片狭卵形，长 6 mm，宽 2 mm；侧萼片镰状披针形，长 7 mm，宽 5~6 mm，基部与蕊柱足合生成长萼囊；花瓣披针形，长 6 mm，宽 2 mm；唇瓣黄色，宽菱形，长 7 mm，宽 6 mm，基部具膝状关节，3 裂；侧裂片镰状长圆形，宽 2 mm；中裂片近圆形，直径 3 mm，唇盘上具 3 条纵贯的龙骨状褶片从基部延伸至中裂片中部。蕊柱长 3 mm。

花果期 花期 8 月，果期 9 月。

生境 海拔 600 ~1 500 m 的林中树上或林下岩石上。

钝叶苹兰 *Pinalia acervata* 植株（金效华）

钝叶苹兰 *Pinalia acervata* 花序（金效华）

428. 粗茎苹兰 *Pinalia amica* (Rchb. f.) Kuntze

国家重点保护级别 无

IUCN 红色名录 无危（LC）

形态特征 附生植物。假鳞茎纺锤形，长 3.5~14.0 cm，直径 0.4~1.6 cm，顶生 1~3 枚叶。叶片长椭圆形，长 10~15 cm，宽 1.3~2.3 cm，基部具柄。花序 1~2 个，从靠近假鳞茎中上部的鞘中发出，长 3~7 cm，疏生 6~10 朵花；花萼片和花瓣黄色带紫褐色脉纹，唇瓣黄色；花序轴、花梗和子房密被锈色柔毛。中萼片长圆状披针形，长 10 mm，宽 2 mm；侧萼片斜卵状三角形，长 10 mm，宽 4 mm，基部与蕊柱足合生成长约 3 mm 的萼囊；花瓣倒卵状披针形，长 8~9 mm，宽 2 mm；唇瓣倒卵状椭圆形，长 8 mm，宽 6 mm，3 裂；侧裂片卵状椭圆形，向内弯曲，长 3 mm，宽 1.5 mm，与中裂片成锐角；中裂片肾形，长 3~4 mm，宽 4.5 mm，先端具凹缺；唇盘上具 3 条褶片。蕊柱长 4 mm。

花果期 花期 3~4 月，果期 6 月。

生境 海拔 900~2 200 m 的林中树上或林下岩石上。

粗茎苹兰 *Pinalia amica* 生境与植株（金效华）

粗茎苹兰 *Pinalia amica* 花序（金效华）

429. 苞片苹兰 *Pinalia bractescens* (Lindl.) Kuntze

国家重点保护级别 无

IUCN 红色名录 无

形态特征 附生植物。假鳞茎长 10 cm，直径 0.8 cm，顶端具 3~4 枚叶。叶披针形，长 6~20 cm，宽 2~3 cm。花序多数。花奶油色至淡黄色，直径 1.4 cm。中萼片狭披针形，淡黄色，基部具红色脉。侧萼片三角形披针形，淡黄色，基部带深红色。花瓣狭披针形，淡黄色，基部有 4 条深红色脉；唇瓣三裂，基部和中唇上方有 1 条脊；侧裂片圆形；中裂片矩形，边缘呈圆形，被脊分隔成两裂片。

花果期 花期 7~8 月。

生境 海拔 600 ~1 800 m 的森林中。

苞片苹兰 *Pinalia bractescens* 生境与植株（金效华）

430. 密苞苹兰 *Pinalia conferta* (S. C. Chen & Z. H. Ji) S. C. Chen & J. J. Wood

国家重点保护级别 无

IUCN 红色名录 易危（VU）

形态特征 根状茎粗壮；假鳞茎密集着生，圆柱状，具3~5个节，伸直或稍弯曲，干时有棱，疏被4~5枚膜质、卵形、淡棕色的鞘，顶端具3枚叶。叶长圆状倒披针形或狭椭圆形，纸质，长10~15cm，宽2.6~3cm；先端渐尖，基部渐狭而成长约1cm的叶柄，常具11条细脉。花序生于假鳞茎上部，长约5cm，具多朵近密集着生的花，无毛；花序轴有条纹。花苞片卵状披针形或披针形，花序中部的长1.4~1.6cm，宽2~3mm，上部和下部的较小，薄纸质，有时变黑，边缘有缘毛；花梗和子房长1.5~3mm，稍被短柔毛；花小，直径约2mm，白色，但唇瓣先端黄色。中萼片卵状椭圆形，长3~3.5mm，宽约2mm，先端急尖，无毛；侧萼片斜卵形，与中萼片近等长，宽约2.5mm，无毛，基部与蕊柱合生成萼囊；花瓣近卵形，稍短于萼片，无毛；唇瓣轮廓为宽卵形，长0.5~3mm，基部具长0.7~0.9mm的爪，3裂；侧裂片近卵形，长0.8mm，先端钝；中裂片三角状卵形，与侧裂片近等大，肉质，先端钝；唇盘基部3条脉有时稍增粗。蕊柱粗厚，长1.5~2mm，宽约1.5mm。蕊柱足长约0.5mm；花粉团狭倒卵形，长约0.4mm。

花果期 花期7月。

生境 海拔2 400 m常绿阔叶林下。

密苞苹兰 *Pinalia conferta* 生境与植株（金效华）

431. 反苞苹兰 *Pinalia excavata* (Lindl.) Kuntze

国家重点保护级别 无

IUCN 红色名录 易危（VU）

形态特征 附生植物。根状茎粗壮。假鳞茎相距约 1 cm，圆柱形，长 3 cm，具 2 ~3 节，顶生 4 ~5 枚叶。叶片椭圆状倒披针形，长 18 cm，宽 2.0 ~3.5 cm，基部具柄。花序从叶腋内发出，长 15 ~18 cm，被褐色柔毛，疏生数朵花；花白色。花苞片披针形，长 7 ~8 mm。萼片外面被褐色柔毛。中萼片近椭圆形，长 9 mm，宽 3 mm；侧萼片镰状披针形，与中萼片近等长，基部与蕊柱足合生成萼囊；花瓣椭圆形，长 6 mm，宽 2 mm；唇瓣近圆形，长 5 mm，近基部 3 裂，基部凹陷；侧裂片小，卵状三角形，内侧各具 1 个直立胼胝体；中裂片近肾形，长 4 mm，宽 5 mm，基部发出 5 条扇状脉，中间 1 条直达先端并伸出成小尖头，脉上均具褶片。蕊柱长 1 mm。

花果期 花期 6 月。

生境 海拔 1 700 ~2 100 m 的林中树上或林下岩石上。

反苞苹兰 *Pinalia excavata* 花序（金效华）

432. 球花苹兰 *Pinalia globulifera* (Seidenf.) A. N. Rao

国家重点保护级别 无

IUCN 红色名录 无

形态特征 直立附生草本。茎直立，簇生，扁圆柱形，长 10～15 cm，直径 1～2 cm。叶 2～4 枚，倒披针形，脉序平行，先端渐尖，基部下延，长 10～22 cm，宽 2～3.5 cm。球形总状花序顶生，2～3 个，长 2～4 cm，从叶腋下生出，密生 10 余朵小花。花苞片卵状三角形，长 5～8 mm，宽 2.5～4.5 mm，先端渐尖；花梗和子房长约 4 mm，无毛。花白色或淡黄色。中萼片长 6 mm，宽 4 mm，卵形，先端钝，具 3 条脉；侧萼片宽卵形，长 5～5.5 mm，宽 3.5～4 mm，具 3 条脉，先端渐尖；花瓣长 4 mm，宽 2～2.5 mm，长圆状披针形，先端钝，具 1 条脉；唇瓣 3 浅裂；侧裂片直立，较小，半圆形；中裂片半圆形，基部宽，先端亮黄色。蕊柱长约 1.5 mm；蕊柱足长约 2 mm；药帽宽约 1.5mm，8 室；花粉块 8 个，分 2 组，每组 4 个。蒴果圆柱形，长约 1.5 cm。

花果期 花期 7～8 月。

生境 海拔 800～1 650 m 的阔叶林中，附生于树干上。

球花苹兰 *Pinalia globulifera* 生境与植株（金效华）

球花苹兰 *Pinalia globulifera* 花序（金效华）

433. 禾叶苹兰 *Pinalia graminifolia* (Lindl.) Kuntze

国家重点保护级别 无

IUCN 红色名录 无危（LC）

形态特征 附生植物。假鳞茎不膨大，在根状茎上紧密排成一列，圆柱形，长 8~17cm，直径 0.3~0.8cm，顶生 2~6 枚叶。叶片椭圆形，长 5~16 cm，宽 0.8~3.0 cm，无柄。花序 1~3 个，从近茎顶端处发出，短于叶，具多数花；花白色，唇瓣带黄色斑点；花序轴和子房密被黄褐色柔毛。花苞片卵形，长 5~10 mm。中萼片长圆形，长 6~8 mm，宽 2 mm；侧萼片近镰形，长 8 mm，宽 3 mm；花瓣狭长圆形，长 5~6 mm，宽 2 mm；唇瓣倒卵形，长 5 mm，宽 4 mm，3 裂；侧裂片长圆形，与中裂片成直角，内侧近边缘处各具 1 个三角形胼胝体，先端向外弯曲；中裂片近扁圆形，中央具 1 条高褶片，自基部延伸至先端近 2/3 处。蕊柱长 2 mm。

花果期 花期 6~7 月，果期 8 月。

生境 海拔 1 600~2 500 m 的林中树上或林下岩石上。

禾叶苹兰 *Pinalia graminifolia* 生境与植株（金效华）

禾叶苹兰 *Pinalia graminifolia* 花序（金效华）

434. 密花苹兰 *Pinalia spicata* (D. Don) S. C. Chen & J. J. Wood

国家重点保护级别 无

IUCN 红色名录 无危（LC）

形态特征 附生植物。假鳞茎紧靠，圆柱形，长 3~16 cm，直径 0.5~1.5 cm，顶生 2~4 枚叶。叶片椭圆形，长 5~22 cm，宽 1~4 cm。花序 1~3 个，从假鳞茎顶端的叶外侧发出，长 4~5 cm，密生多数花；花白色，唇瓣先端黄色；花序轴、花梗和子房密生锈色柔毛。花苞片披针形，长 8 mm。中萼片椭圆形，长 6 mm，宽 2.5 mm；侧萼片卵状三角形，偏斜，长 6 mm，与蕊柱足合生成萼囊；花瓣椭圆形，长 5 mm，宽 2 mm；唇瓣近菱形，长宽约 5 mm，基部收狭成爪，3 裂；侧裂片卵状三角形，与中裂片成直角；中裂片比侧裂片小，增厚，三角形，长 1 mm，宽 1.5 mm。蕊柱长 2 mm。

花果期 花期 7~10 月。

生境 海拔 800~2 800 m 的林中树上或林下岩石上。

密花苹兰 *Pinalia spicata* 生境与植株（金效华）

密花苹兰 *Pinalia spicata* 花序（金效华）

（八十三）舌唇兰属 *Platanthera* Rich.

435. 墨脱舌唇兰 *Platanthera medogensis* X. H. Jin & D. L. Lin

国家重点保护级别 无

IUCN 红色名录 近危（NT）

形态特征 地生植物。植株高 25 cm。根系肥厚，圆柱形。茎直立，具 2 枚叶。基生叶长圆状椭圆形，长 11 cm，宽 1.3 cm，抱茎；上部叶较小，卵状披针形，长 3.5 cm，宽 0.8 cm。总状花序长约 11 cm，疏生 5~13 朵花；花黄绿色；子房和花梗长约 1 cm。中萼片卵形，凹形，长约 0.4 cm，宽 0.2 cm；侧萼片反折，卵形，偏斜，长 0.4 mm，宽 0.1 mm；花瓣卵状椭圆形，长 0.4 cm，宽 0.2 cm；唇瓣卵状披针形，具 2 个角状胼胝体，长 0.3 cm，宽 0.2 cm；距下垂，圆筒状，长约 1.2 cm。

花果期 花期 7~8 月。

生境 海拔 2 000 m 常绿阔叶林下。

墨脱舌唇兰 *Platanthera medogensis* 生境与植株（金效华）

墨脱舌唇兰 *Platanthera medogensis* 花序（金效华）

436. 弧形舌唇兰 *Platanthera arcuata* Lindl.

国家重点保护级别 无

IUCN 红色名录 数据缺乏（DD）

形态特征 地生植物。高约 40 cm，具 2 至多枚叶。叶片长圆状披针形，长 6.5~10.2 cm。花序疏生多花，花大。花苞片叶状，线状披针形，长 15~38 mm。中萼片舟状，长约 8 mm；侧萼片长圆形，稍比中萼片大；花瓣线形；唇瓣线状舌形，基部具小型的侧裂片；距圆锥形，长 50~64 mm。

花果期 花期 7~8 月。

生境 海拔 2 200~3 100 m 的林下或草丛中。

弧形舌唇兰 *Platanthera arcuata* 生境与植株（Raskoti）

437. 滇藏舌唇兰 *Platanthera bakeriana* (King & Pantl.) Kraenzl.

国家重点保护级别 无

IUCN 红色名录 近危（NT）

形态特征 地生植物。高 40～58 cm，茎直立，下部具 2～3 枚大叶，中上部具 2～4 枚苞片状小叶。大叶片椭圆形，长 12～13 cm，宽 4.5～5.5 cm，基部收狭成抱茎的鞘。花序长 15～25 cm，具多数较疏生的花；花黄绿色。花苞片线状披针形，长 2.0～2.5 cm。中萼片长圆状卵形，舟状，长 5 mm，宽 2.2 mm，与花瓣靠合呈兜状；侧萼片反折，长圆状披针形，宽约 2 mm；花瓣斜卵形，长 5 mm，宽 2.2 mm；唇瓣线状舌形，黄色，长 6 mm，宽 1.5 mm，向前伸出，稍弓曲；距细圆筒状，弯曲，比子房长 1 倍以上。

花果期 花期 7～8 月。

生境 海拔 2 200～4 000 m 的山坡林下或灌丛草甸中。

滇藏舌唇兰 *Platanthera bakeriana* 生境与植株（金效华）

滇藏舌唇兰 *Platanthera bakeriana* 花序（金效华）

438. 二叶舌唇兰 *Platanthera chlorantha* Cust. ex Rchb.

国家重点保护级别 无

IUCN 红色名录 无危（LC）

形态特征 植株高 30.0 ~ 50.0 cm。块茎卵状纺锤形，肉质，长 3.0 ~ 4.0 cm。茎近基部具 2 枚彼此紧靠、近对生的大叶，苞片状小叶 2 ~ 4 枚。叶片椭圆形或倒披针状椭圆形，长 10.0 ~ 20.0 cm，宽 4.0 ~ 8.0 cm。总状花序具 12 ~ 32 朵花，长 13.0 ~ 23.0 cm；子房圆柱状，上部钩曲；花较大，白绿色或白色。中萼片直立，舟状，长 0.6 ~ 0.7 mm；侧萼片张开，斜卵形，长 7.5 ~ 8.0 mm；花瓣直立，偏斜，狭披针形，长 0.5 ~ 0.6 cm，不等侧，弯曲，与中萼片相靠合呈兜状；唇瓣向前伸，舌状，肉质，长 0.8 ~ 1.3 cm；距棒状圆筒形，长 2.5 ~ 3.6 cm，水平或斜的向下伸展，稍微钩曲或弯曲，向末端明显增粗；药室明显叉开；药隔顶部宽约 1.5 mm，下部宽近 0.4 cm；柱头 1 个，凹陷，位于蕊喙之下穴内。

花果期 花期 6 ~ 8 月，果期 7 ~ 9 月。

生境 海拔 400 ~ 3 300 m 的山坡林下或草丛中。

二叶舌唇兰 *Platanthera chlorantha* 生境与植株（金效华）

二叶舌唇兰 *Platanthera chlorantha* 花序（金效华）

439. 弓背舌唇兰 *Platanthera curvata* K. Y. Lang

国家重点保护级别 无

IUCN 红色名录 近危（NT）

形态特征 植株高 24 ~32 cm。根状茎匍匐，圆柱形，指状，肉质。茎细长，圆柱形，直立或近直立，基部具 1~2 枚筒状鞘，中部以下常具 2 枚大叶，叶之上有时还具 1~2 枚苞片状小叶。大叶直立伸展，叶片椭圆形或倒卵形，长 5 ~ 8 cm，宽 2 ~ 3.5 cm，先端急尖或渐尖，基部成抱茎的鞘。总状花序长 5.5 ~ 12 cm，具 4 ~ 10 朵花。花苞片披针形，先端渐尖或急尖，下部的常较子房长，甚至长于花；子房圆柱状纺锤形，扭转，强烈弓曲，连花梗长 12 mm；花黄绿色，中等大，较疏生。萼片边缘具睫毛状细齿，先端钝，具 3 条脉；中萼片宽卵形，直立，舟状，长 7 mm，宽 5 mm；侧萼片斜披针形，反折，长 9 mm，宽 3 mm；花瓣狭的镰状披针形，直立，长 8 mm，宽 2 mm，先端急尖，具 1（~3）条脉，与中萼片相靠合；唇瓣舌状披针形，向前伸展，长 11 mm，宽 2.3 mm，稍肉质，先端钝，具 3 条脉；距圆筒状棒形，向后平展或上举，长 18 mm，较子房长近 1 倍，向末端稍增粗，末端钝。蕊柱短，直立；花药较短而宽，药室稍叉开，药隔顶部稍凹陷；花粉团椭圆形，具细长的柄和大、圆形的黏盘；退化雄蕊小，方形，蕊喙短，直立；柱头 2 个，大，棒状，从蕊喙下沿距口的两侧向前斜伸。

花果期 花期 7 ~ 8 月。

生境 海拔 1 900 ~3 600 m 的山坡林下或灌丛草地。

弓背舌唇兰 *Platanthera curvata* 花序（金效华）

440. 德尔贡舌唇兰 *Platanthera deergongensis* X. H. Jin, Jian W. Li & D. L. Lin

国家重点保护级别 无

IUCN 红色名录 近危（NT）

形态特征 陆生或者附生植物。植株高 10 ~ 35 cm。根系圆柱状，直径约 4 mm。茎直立。叶 1 枚，基生，椭圆形，长约 9 cm，宽 5 cm，基部收缩成叶柄状抱茎鞘，先端钝，正面绿色，具绿色网状脉，背面淡绿色，中脉突出；叶状不育苞片 3 枚，披针形，长 1.5 ~ 2.5 cm，宽 0.5 ~ 0.8 cm，先端锐尖。花序密生 30 朵花，偏向一侧。花白色，子房连花梗长约 1 cm。中萼片卵形，长约 6 mm，宽 2 mm；侧萼片线状披针形，长约 5 mm，宽约 1 mm。花瓣卵状披针形，长约 4 mm，宽约 1 mm；唇瓣白色，线形长圆形，长约 5 mm，宽约 1 mm；距白色，长约 4 mm，宽约 2 mm，先端钝圆形，颈部收缩。

花果期 花期 7 ~ 8 月。

生境 海拔 2 900 m 的山坡林下。

德尔贡舌唇兰 *Platanthera deergongensis*（金效华）

德尔贡舌唇兰 *Platanthera deergongensis* 花序（金效华）

441. 独龙江舌唇兰 *Platanthera dulongensis* X. H. Jin & Efimov

国家重点保护级别 无

IUCN 红色名录 濒危（EN）

形态特征 地生植物。植株高 13～23 cm，根状茎狭纺锤形。叶片 2～3 枚，生于茎中部，叶片狭披针形，下面 1 枚长 6～14 cm，宽 1.3～2.5 cm。花序长约 5 cm，近密生 10～35 朵花；花绿色。花苞片狭披针形，最下 1 枚长 6 cm。中萼片狭卵形，长 2.0～2.5 mm，宽 1.5 mm；侧萼片披针形，长 2.5～3.0 mm，宽 6～9 mm，稍偏斜；花瓣极偏斜，宽镰状披针形，长 2.0～2.5 mm，宽 1 mm，与中萼片靠合呈兜状；唇瓣舌状披针形，长 2.2～2.8 mm，宽 1.7～1.9 mm；距圆锥形，长 6～10 mm，稍弓曲，先端不增大。

花果期 花期 9～10 月。

生境 海拔 2 100～2 800 m 的林下草地上。

独龙江舌唇兰 *Platanthera dulongensis* 生境与植株（金效华）

独龙江舌唇兰 *Platanthera dulongensis* 花序（金效华）

442. 小叶舌唇兰 *Platanthera dyeriana* Kraenzl.

国家重点保护级别 无

IUCN 红色名录 易危（VU）

形态特征 植株高17~21cm。根状茎指状，肉质，长1.5cm，直径4~5mm。茎直立，细长，疏生5~6枚叶。基部的1枚叶最大，叶片长圆状披针形，长4~5cm，宽1.0~1.5cm，先端急尖，基部具抱茎的鞘；向上的叶逐渐变小成苞片状，披针形，先端渐尖。总状花序长4~7cm，具5~9朵疏生的花。花苞片卵状披针形，长达10mm，宽4mm，先端急尖，与子房等长；子房圆柱状纺锤形，长10mm，先端收狭、微弯，扭转；萼片黄绿色，中萼片长三角形，直立，长5mm，宽2.5mm，先端近急尖，具1条脉；侧萼片反折，强烈外卷，线状披针形，长6.5mm，宽1.2mm，先端急尖，具1条脉；花瓣泥黄绿色，镰状披针形，长6.5mm，基部偏斜，宽2.2mm，上部骤狭呈线形，先端钝，具1条脉，张开，不与中萼片相靠合；唇瓣褐红色，披针形，向下弯，长9mm，基部宽1.2mm，先端渐尖，具1条脉；距细圆筒状，长10~15mm，强烈向上弯曲。蕊柱短；药室叉开；药隔顶部凹缺；花粉团椭圆形，具长的柄和黏盘，黏盘小，卵圆形；退化雄蕊2个，狭窄，长圆形；蕊喙大；柱头1个，大，凹陷，位于蕊喙之下，距口的后方。

花果期 花期8月。

生境 海拔约2 300 m的林下。

小叶舌唇兰 *Platanthera dyeriana* 花序（金效华）

小叶舌唇兰 *Platanthera dyeriana* 植株（金效华）

443. 高原舌唇兰 *Platanthera exelliana* Soó

国家重点保护级别 无

IUCN 红色名录 无危（LC）

形态特征 地生植物。高 5 ~ 25 cm，茎纤细，中部以下具 1 枚大叶，之上有时具 1 ~ 2 枚苞片状小叶。大叶片椭圆形，长 2.5 ~ 10.0 cm，宽 0.7 ~ 3.5 cm，基部收狭成抱茎的鞘。花序长 2~10cm，具多数稍密集的花；花淡黄绿色。花苞片披针形。中萼片狭长圆形，长 4.5 mm，宽 1.8 mm，与花瓣靠合呈兜状；侧萼片反折，斜狭长圆形，长 5 mm，宽 1.8mm；花瓣偏斜的三角状披针形，长 5mm，宽 1.5mm；唇瓣舌状，长 5 mm，宽 1.3 mm，伸出，稍弓曲；距圆筒状，下垂，长 8 ~ 10 mm，与子房等长或稍过之。

花果期 花期 8 ~ 9 月。

生境 海拔 3 300 ~ 4 500 m 的高山灌丛草甸中。

高原舌唇兰 *Platanthera exelliana* 生境与植株（金效华）

高原舌唇兰 *Platanthera exelliana* 花序（金效华）

444. 条叶舌唇兰 *Platanthera leptocaulon* (Hook. f.) Soó

国家重点保护级别 无

IUCN 红色名录 近危（NT）

形态特征 地生植物。高 19～25 cm，茎直立，下部具 1 枚大叶，叶之上具 1～3 枚线状披针形、苞片状小叶。叶片线形，长 3.5～8.5 cm，宽 0.7～1.4 cm。花序长 4.5～9.0 cm，具 3～6 朵较疏生的花；花黄绿色。花苞片披针形，长 1～1.2 cm。中萼片披针形，长 6 mm，宽 2.0～2.2 mm，与花瓣靠合呈兜状；侧萼片披针形，长 6 mm，宽 2 mm；花瓣偏斜的三角状披针形，长 6 mm，宽 2 mm；唇瓣伸出，舌状披针形，长 8 mm，宽 1.0～1.3 mm；距细长，圆筒状，长达 2 cm。

花果期 花期 8～10 月。

生境 海拔 3 000～4 000 m 的山坡林下或草地上。

条叶舌唇兰 ***Platanthera leptocaulon*** 生境与植株（金效华）

条叶舌唇兰 ***Platanthera leptocaulon*** 花序（金效华）

445. 林芝舌唇兰 *Platanthera linzhiensis* X. H. Jin, J. W. Li & D. L. Lin

国家重点保护级别 无

IUCN 红色名录 易危（VU）

形态特征 地生植物。植株高 10 cm。根系圆柱形，直径 3 mm。茎直立，圆柱状。叶 1 枚，基生，近圆形，长约 1.7 cm，宽 1.4 cm，基部收缩成叶柄状抱茎鞘，正面绿色，具绿色网状脉，背面淡绿色，中脉突出；叶状不育苞片 3 枚，长椭圆形，长 0.7~1.0 cm，宽 0.1~0.3 cm。花序密生 14 朵花，偏向一侧。花苞片长圆状卵形。花绿白色；子房连花梗长约 5 mm。中萼片带状，长约 5 mm，宽约 1 mm；侧萼片披针形，长约 4 mm，宽 1 mm。花瓣卵形，长约 5 mm，宽约 2 mm；唇瓣黄绿色，披针形，长约 5 mm，宽约 1.5 mm；距瓮状，黄色，几乎与子房一样长，先端钝圆形，颈部收缩。

花果期 花期 7~8 月。

生境 海拔 3 500 m 的高山草甸。

林芝舌唇兰 *Platanthera linzhiensis* 生境与植株（金效华）

林芝舌唇兰 *Platanthera linzhiensis* 花序（金效华）

446. 巧花舌唇兰 *Platanthera nematocaulon* (Hook. f.) Kraenzl.

国家重点保护级别 无

IUCN 红色名录 易危（VU）

形态特征 地生植物。高 8~25 cm，茎直立，具 1 枚叶。叶片长圆形，长 1.2~8.0 cm，宽 0.7~2.0 cm。花序长 7~20 cm，疏生多花；花绿色。花苞片披针形，长 4~5 mm。中萼片卵状披针形，长 1.5~2.0 mm，宽 0.8~1.0 mm；侧萼片相似。花瓣狭长圆形，长 1.5~2.0 mm，宽 0.8~1.0 mm；唇瓣长圆状披针形，长 1.5~2.2 mm，宽约 0.7 mm；距圆筒形，长约 1.2 mm。

花果期 花期 7~8 月。

生境 海拔 3 500 ~3 800 m 的高山草甸。

巧花舌唇兰 *Platanthera nematocaulon* 生境与植株（金效华）

巧花舌唇兰 *Platanthera nematocaulon* 花序（金效华）

447. 西南尖药兰 *Platanthera opsimantha* Tang & F. T. Wang

国家重点保护级别 无

IUCN 红色名录 极危（CR）

形态特征 地生植物。高 10 ~ 18 cm，茎直立，基部具 1 枚大叶，之上具约 4 枚小的苞片状小叶。大叶片椭圆形，长 3 ~ 6 cm，宽 1.5 ~ 3.0 cm；花序长 3 ~ 7 cm，具多花；花白色。花苞片披针形，下部的与花近等长，上部的短。中萼片线状披针形，长 8 mm，宽 2 mm；侧萼片近镰状的线状披针形，长 7 mm，宽 1.5 mm；花瓣披针形，与侧萼片等长，并与萼片紧贴生；唇瓣前伸，线状长圆形，长 8 mm，宽 1.5 mm；距卵状圆筒形，长 4.5 mm。

花果期 花期 8 ~ 9 月。

生境 海拔 1 800 ~ 2 900 m 的山坡密林下阴处或覆土的岩石上。

西南尖药兰 *Platanthera opsimantha* 生境与植株（金效华）

西南尖药兰 *Platanthera opsimantha* 花序（金效华）

448. 棒距舌唇兰 *Platanthera roseotincta* (W. W. Sm.) Tang & F. T. Wang

国家重点保护级别 无

IUCN 红色名录 易危（VU）

形态特征 地生植物。高 9～15 cm，茎直立，下部具 1 枚叶，之上还有 1 枚苞片状小叶。叶片线形，长 3～4 cm，宽 0.4～1.0 cm。花序长 2～5 cm，具 3～10 朵花；花白色。花苞片披针形，下部的约与子房等长。中萼片长圆形，长 5～6 mm，宽约 2 mm；侧萼片张开，长圆形，长 5～6 mm，宽约 1.8 mm；花瓣卵形，比萼片稍短，与中萼片靠合；唇瓣舌状披针形，长 5～6 mm，宽 2 mm；距棒状纺锤形，长 3 mm。

花果期 花期 7～8 月。

生境 海拔 3 400～3 800 m 的高山草甸。

棒距舌唇兰 *Platanthera roseotincta* 生境与植株（金效华）

棒距舌唇兰 *Platanthera roseotincta* 花序（金效华）

449. 长瓣舌唇兰 *Platanthera sikkimensis* (Hook. f.) Kraenzl.

国家重点保护级别 无

IUCN 红色名录 易危（VU）

形态特征 地生植物。高 17~21 cm，茎直立，疏生 5~6 枚叶，基部的 1 枚较大。叶片长圆状披针形，长 4~5 cm，宽 1.0~1.5 cm，基部具抱茎的鞘。花序长 4~7 cm，具 5~9 朵疏生的花；花萼片和花瓣黄绿色，唇瓣褐红色。花苞片卵状披针形，长 1 cm，宽 4 mm。中萼片长三角形，长 5 mm，宽 2.5 mm；侧萼片反折，镰状披针形，长 6.5 mm，宽 1.2 mm；花瓣镰状披针形，长 6.5 mm，宽 2.2 mm；唇瓣披针形，向下弯，长 9 mm，宽 1.2 mm；距细圆筒状，长 1.1~1.5 cm。

花果期 花期 7~8 月。

生境 海拔约 2 300 m 的常绿阔叶林下。

长瓣舌唇兰 *Platanthera sikkimensis* 生境与植株（金效华）

长瓣舌唇兰 *Platanthera sikkimensis* 花序（金效华）

450. 条瓣舌唇兰 *Platanthera stenantha* (Hook. f.) Soó

国家重点保护级别 无

IUCN 红色名录 近危（NT）

形态特征 地生植物。高 25～32 cm，茎直立，具多枚叶。叶互生，下部的 2 枚最大，叶片椭圆形，长 7～13 cm，宽 3.5～4.5 cm。花序长 6～15 cm，具多数较疏生的花；花黄绿色。花苞片线状披针形，下部的与花近等长。中萼片卵形，舟状，长 4～5 mm，宽 2.0～2.6 mm；侧萼片反折，偏斜的长圆形，长 5～6 mm，宽 1.5～1.7 mm；花瓣线形，偏斜，长 4～5 mm，宽 1 mm，与中萼片靠合呈兜状；唇瓣黄色，长卵形，长 5～6 mm，宽 2.0～2.5 mm；距圆筒状，下垂。

花果期 花期 8～9 月。

生境 海拔 1 500～3 100 m 的常绿阔叶林下或针叶林下。

条瓣舌唇兰 *Platanthera stenantha* 标本（国家植物标本资源库）

451. 独龙江舌唇兰 *Platanthera stenophylla* Tang & F. T. Wang

国家重点保护级别 无

IUCN 红色名录 易危（VU）

形态特征 地生植物。高 15~17 cm，茎直立，中部以下具 1 枚叶。叶片狭长圆形，长 4.0~4.5 cm，宽 0.7 cm。花序长 3.5~4.0 cm，具 3~5 朵疏生的花；花绿色。花苞片披针形，稍长于子房。中萼片卵状披针形，长 6 mm，宽 1.8 mm；侧萼片斜披针形，长 3.5~6.0 mm，宽 1.2 mm；花瓣斜卵状披针形，长 5 mm，宽 1.8 mm；唇瓣披针状舌形，长 5 mm，宽 1.4 mm；距下垂，向后伸展，圆筒状，长 9.5 mm。

花果期 花期 8~9 月。

生境 海拔 2 500~3 800 m 的山坡桦木林下或草地上。

独龙江舌唇兰 *Platanthera stenophylla* 植株（金效华）

独龙江舌唇兰 *Platanthera stenophylla* 花序（金效华）

452. 尖药兰 *Platanthera urceolata* (Hook. f.) R. M. Bateman.

国家重点保护级别 无

IUCN 红色名录 无

形态特征 植株高达 10 cm；具细圆柱形根状茎；茎近基部具 1 枚大叶，其上具 1~2 枚小叶。大叶长圆形或长圆状披针形，长 3~3.5 cm，上面具白色细网脉。花序具几朵至 12 朵密接、偏向一侧的花，长 2.5~3 cm；苞片卵形或披针形，与子房等长；花绿白色、白色或粉红色；花被片靠合成坛状，萼片和花瓣近等长；萼片披针形，长 5 mm，宽 1.5 mm；花瓣线状长圆形，长 4.5 mm，宽 1.5 mm，与萼片紧贴；唇瓣前伸，和花瓣等长，线状披针形，下弯，基部凹入，具距，在中部以上增厚，近圆柱状，先端渐尖；距颈部缢缩，膨大呈囊状、纺锤状或圆锥状，长 2.5~3 mm，较子房短，药隔具披针形尖头，退化雄蕊线形，具长柄，与药室等高或过之。

花果期 花期 8~9 月。

生境 海拔 1 900~3 800 m 的山坡林下。

尖药兰 *Platanthera urceolata* 生境与植株（金效华）

尖药兰 *Platanthera urceolata* 花序（金效华）

（八十四）独蒜兰属 *Pleione* D. Don

453. 藏南独蒜兰 *Pleione arunachalensis* Hareesh, P. Kumar & M. Sabu

国家重点保护级别 二级

IUCN 红色名录 无

形态特征 附生草本，高 11~15 cm。假鳞茎卵状圆锥形，长 2.8~3.2 cm，高 1.4~1.6 cm，具有细长的颈，无毛，绿色或黑绿色，被纸质棕色鞘。叶 1 枚，叶片褶皱，灰绿色或绿黑色，倒披针形，长 4.5~5 cm，宽 1.3~1.5 cm，先端渐尖，无毛。花葶直立，具 1~2 朵花；花序梗长 4.5~7.5 cm，纤细，无毛，深粉色；苞片倒卵形或卵圆形，先端钝，舟状，长 1.5~2.3 cm，宽 1.1~1.3 cm，无毛，浅棕色。花梗和子房长 1.5~2.2 cm，淡粉色，无毛。花直径 5.0~6.5 cm，深粉红色。中萼片矩圆形，长 3.0~3.5 cm，宽 0.85~0.9 cm，先端急尖，具 7 条脉，无毛；侧萼片卵状长圆形，长 3.0~3.5 cm，宽 1.0~1.2 cm，尖端急尖，具 7 条脉，无毛；花瓣展开，镰状线形，长 3.5~4.0 cm，宽 0.5~0.6 cm，尖端急尖，具 7 条脉，无毛；唇瓣阔卵形，长 3.2~3.5 cm，宽 2.5~2.8 cm，顶端不明显 3 裂，边缘微波状，啮齿状；中裂片圆形，具橙红色斑块；唇盘上具有 4 行沿脉而生的髯毛，基部具 1.5~2.0 mm 的距。蕊柱似棍棒状，长 15~16 mm，两侧有翼，翼向蕊柱上部扩大，在顶端截断，无毛；蕊柱白色，中部具紫色斑点。子房长 0.8~1.0 cm，无毛，浅棕色。花药盖长 5~6 mm，宽 4 mm。花粉块长 1.7 mm，长圆形。

花果期 花期 4~5 月，果期 9~10 月。

生境 海拔 1 900~2 000 m 的林中树上。

藏南独蒜兰 *Pleione arunachalensis* 生境与植株（金效华）

藏南独蒜兰 *Pleione arunachalensis* 花（金效华）

454. 独蒜兰 *Pleione bulbocodioides* (Franch.) Rolfe

国家重点保护级别 二级

IUCN 红色名录 无危（LC）

形态特征 地生或附生植物。假鳞茎卵形，上端有明显的颈，长 1.0~2.5 cm，直径 1~2 cm，顶生 1 枚叶；花期幼嫩。叶片狭椭圆状披针形，长 10~25 cm，宽 2.0~5.8 cm，基部渐狭成长 2.0~6.5 cm 的柄。花葶从无叶的老假鳞茎基部发出，直立，长 7~20 cm，下半部包藏在 2 枚圆筒状鞘内，顶端具 1 朵花；花粉红色，唇瓣上有深色斑。花苞片线状长圆形，长 3~4 cm。中萼片近倒披针形，长 35~50 mm，宽 7~9 mm；侧萼片稍歪斜，狭椭圆形，与中萼片等长，但略宽；花瓣倒披针形，歪斜，长 35~50 mm，宽 4~7 mm；唇瓣倒卵形，长 35~45 mm，宽 30~40 mm，不明显 3 裂，上部边缘撕裂状，通常具 4~5 条褶片，褶片啮蚀状，高可达 1.0~1.5 mm，中央褶片常短而宽。蕊柱长 27~40 mm，两侧具翅。

花果期 花期 4~6 月。

生境 海拔 900~3 600 m 的常绿阔叶林下或灌丛下腐殖质丰富的地上或苔藓丛中。

独蒜兰 *Pleione bulbocodioides* 生境与植株（金效华）

独蒜兰 *Pleione bulbocodioides* 花（金效华）

455. 毛唇独蒜兰 *Pleione hookeriana* (Lindl.) B. S. Williams

国家重点保护级别 二级

IUCN 红色名录 易危（VU）

形态特征 附生植物。假鳞茎卵形，上端有明显的颈，长 1~2 cm，直径 0.5~1.0 cm，绿色，顶生 1 枚叶。叶在花期幼嫩，椭圆状披针形，长 6~10 cm，宽 2.0~2.8 cm，基部渐狭成长 2~3 cm 的柄。花葶从无叶的老假鳞茎基部发出，直立，长 6~10 cm，基部有数枚筒状鞘，顶生 1 朵花；花萼片与花瓣淡紫红色，唇瓣白色，有黄色唇盘和褶片及紫色斑点。花苞片长圆形，长 10~17 mm，宽 4~5 mm。中萼片近长圆形，长 20~35 mm，宽 6~10 mm；侧萼片镰状披针形，比中萼片稍短而等宽；花瓣倒披针形，长 20~35 mm，宽 5~7 mm；唇瓣扁圆形，长 25~40 mm，宽 27~45 mm，不明显 3 裂，上部边缘具不规则细齿，具 7 行沿脉而生的髯毛，从基部延伸至顶部。蕊柱长 15~26 mm，两侧具翅。

花果期 花期 4~6 月，果期 9 月。

生境 海拔 1 600~3 100 m 的树上或林下有苔藓覆盖的岩石上。

毛唇独蒜兰 *Pleione hookeriana* 生境与植株（金效华）

毛唇独蒜兰 *Pleione hookeriana* 花（金效华）

456. 秋花独蒜兰 *Pleione maculata* (Lindl.) Lindl.

国家重点保护级别 二级

IUCN 红色名录 易危（VU）

形态特征 附生植物。假鳞茎陀螺形，顶端收狭成明显的喙，长 1~3 cm，直径 1.0~1.5 cm，绿色，顶生 2 枚叶。叶在花后出现，椭圆状披针形，长 10~20 cm，宽 1.5~3.5 cm。花葶从无叶的老假鳞茎基部发出，几乎包藏于数枚筒状鞘内，直立，长 5~6 cm，顶生 1 朵花；花白色，唇瓣前部具深紫红色斑点，中央有黄色斑块。花苞片近兜状，宽倒卵形，长 17~30 mm。中萼片长圆状披针形，长 30~40 mm，宽 7~9 mm；侧萼片宽镰状披针形，等长于中萼片，但稍宽；花瓣倒披针形，镰状，长 30~42 mm，宽 8 mm；唇瓣卵状长圆形，长 25~35 mm，宽 20~25 mm，明显 3 裂；侧裂片小；中裂片长 10~13 mm，边缘具啮蚀状齿，上面具 5~7 条褶片，褶片分裂成乳突状齿，向上延伸至中裂片顶端，其中 2~3 条直达唇瓣基部。蕊柱长 17~20 mm。

花果期 花期 10~11 月。

生境 海拔 600~1 600 m 的阔叶林中树上或苔藓覆盖的岩石上。

秋花独蒜兰 *Pleione maculata* 生境与植株（金效华）

秋花独蒜兰 *Pleione maculata* 花序（金效华）

457. 疣鞘独蒜兰 *Pleione praecox* (J. E. Sm.) D. Don

国家重点保护级别 二级

IUCN 红色名录 易危（VU）

形态特征 附生植物。假鳞茎陀螺形，顶端收狭成明显的喙，长 1.5～4.0 cm，直径 1.0～2.3 cm，绿色与紫褐色相间成斑，外面的鞘具疣状突起，顶生 2 枚叶。叶在花期已经接近枯萎但不脱落，椭圆状倒披针形，长 9～20 cm，宽 1.7～6.7 cm，基部渐狭成长 2.0～6.5 cm 的柄。花葶从具叶的老假鳞茎基部发出，直立，长 5～10 cm，基部有 3 枚具疣状突起的筒状鞘，顶生 1 朵花；花粉红色。花苞片长圆状倒披针形，长 25～30 mm，宽 15～20 mm。中萼片近长圆状披针形，长 55～60 mm，宽 7～8 mm；侧萼片与中萼片相似，基部稍宽于中萼片；花瓣线状披针形，镰状，长 50～70 mm，宽 4～6 mm；唇瓣倒卵状椭圆形，长 40～50 mm，宽 30 mm，略 3 裂；侧裂片不明显；中裂片先端微缺，边缘具啮蚀状齿，唇盘至中裂片基部具 3～5 条褶片，褶片分裂成流苏状，齿高 1.0～1.5 mm。蕊柱长 35～45 mm。

花果期 花期 9～11 月。

生境 海拔 1 200～2 500 m 的林中树上或苔藓覆盖的岩石上。

疣鞘独蒜兰 *Pleione praecox* 生境与植株（金效华）

疣鞘独蒜兰 *Pleione praecox* 花（金效华）

458. 岩生独蒜兰 *Pleione saxicola* Tang & F. T. Wang ex S. C. Chen

国家重点保护级别 二级

IUCN 红色名录 濒危（EN）

形态特征 附生植物。假鳞茎近陀螺形，顶端收狭成明显的短喙，长 0.7~1.1 cm，直径 1~2 cm，顶生 1 枚叶。叶在花期已经长成，近长圆状披针形，长 10~18 cm，宽 1.7~3.7 cm，基部渐狭成长 3~7 cm 的柄。花葶从具叶的老假鳞茎基部发出，长 10 cm，基部具 2~3 枚筒状鞘，顶生 1 朵花；花玫瑰红色。花苞片倒披针形，长 2~3 cm，宽 1 cm。中萼片倒披针形，长 6.3 cm，宽 0.8 cm；侧萼片与中萼片相似，稍歪斜，基部稍宽于中萼片；花瓣倒披针形，比萼片略短而窄；唇瓣宽椭圆形，长 5.5 cm，宽 2.2~2.5 cm，3 裂；侧裂片宽卵形，长 3~4 mm，边缘有皱波状圆齿；中裂片半圆形，长 8 mm，宽 15 mm，先端略有不规则小圆齿，基部至唇盘中部具 3 条褶片，褶片全缘。蕊柱长 4.0~4.5 cm。

花果期 花期 9 月。

生境 海拔 2 400~2 500m 的溪旁岩壁上。

岩生独蒜兰 *Pleione saxicola* 生境与植株（金效华）

岩生独蒜兰 *Pleione saxicola* 花序（金效华）

459. 二叶独蒜兰 *Pleione scopulorum* W. W. Sm.

国家重点保护级别 二级

IUCN 红色名录 易危（VU）

形态特征 附生或半附生植物。假鳞茎卵形，略偏斜，上端有明显的颈，长 1.0~2.5 cm，直径 0.6~1.5 cm，顶生 2 枚叶。叶在花期已经长成，披针形，长 4~13 cm，宽 1.0~2.3 cm，基部收狭成柄。花葶生于两叶之间，连同叶发自无叶老假鳞茎基部，长 12~18 cm，基部包藏于筒状鞘内，顶生 1 朵花；花粉红色，唇瓣上有深紫色斑和黄色斑。花苞片倒披针形，长 1.8~2.7 cm。中萼片椭圆状披针形，长 25~32 mm，宽 7~9 mm；侧萼片斜椭圆形，长 21~30 mm，宽 8~10 mm；花瓣倒披针形，长 25~32 mm，宽 7~9 mm；唇瓣横椭圆形，宽大于长，长 20~25 mm，宽 25~30 mm，不裂，前部边缘具齿，正面有 5~9 条褶片，褶片高 1.0~1.5 mm，具不规则的鸡冠状缺刻，从唇瓣基部延伸到上面。蕊柱长 15~20 mm，两侧具翅。

花果期 花期 5~7 月。

生境 海拔 2 800~4 200 m 的针叶林下多砾石草地上、苔藓覆盖的岩石上、溪旁岩壁上或亚高山草甸上。

二叶独蒜兰 *Pleione scopulorum* 生境与植株（金效华）

二叶独蒜兰 *Pleione scopulorum* 花（金效华）

（八十五）朱兰属 *Pogonia* Juss.

460. 云南朱兰 *Pogonia yunnanensis* Finet

国家重点保护级别 无

IUCN 红色名录 濒危（EN）

形态特征 地生植物。植株高 2.0 ~ 12.0 cm。根状茎短，茎直立，中部以上具叶。叶稍肉质，近椭圆形，长 1.0 ~ 4.5 cm，宽 0.4 ~ 2.0 cm。花苞片长 0.5 ~ 2.0 cm；花单朵顶生，紫色。萼片长 1.4 ~ 1.7 cm；唇瓣长 1.3 ~ 1.5 cm，中部以上 3 裂；中裂片近线形，边缘具不规则齿缺，上面布满鸡冠状突起；唇盘上有 2 条纵脊。蒴果直立，倒卵状椭圆形，长 1.0 ~ 1.2 cm，直径 3.5 ~ 6.0 mm。

花果期 花期 6 ~ 7 月。

生境 海拔 2 300 ~ 3 300 m 的高山草地或冷杉林下。

云南朱兰 *Pogonia yunnanensis* 花（金效华）

（八十六）鹿角兰属 *Pomatocalpa* Breda

461. 鹿角兰 *Pomatocalpa undulatum* subsp. *acuminatum* (Rolfe) Watthana

国家重点保护级别 无

IUCN 红色名录 近危（NT）

形态特征 附生植物。茎直立，长 2~3 cm，具数枚近基生叶。叶片宽带状，长 20~31 cm，宽 2.5~3.5 cm，先端不等侧 2 裂，基部具彼此套叠的鞘，边缘多少波状。花序腋生，下垂，长 3.5 cm 以上，但长不及叶的一半，不分枝或少有分枝；花序轴伸长，密生多数小花；花黄色具红色斑点。花苞片宽卵状三角形，长约 1 mm。中萼片内面基部具 2 条褐色带，倒卵形，长 5 mm，宽 2 mm；侧萼片内面基部具 U 形褐色斑点而上部具 2 条褐色带，斜倒卵形，长 4.5 mm，宽 2.5 mm，基部收狭并贴生在蕊柱基部和唇瓣侧裂片的基部外侧；花瓣内面基部具 2 条褐色带，倒卵状椭圆形，长 3 mm，宽 1.8 mm；唇瓣基部贴生在蕊柱基部两侧，3 裂；侧裂片耳状，上部前缘多少内弯；中裂片向前伸展，肾状三角形，长宽约 1.5 mm；距短而宽，近球形，长宽约 2 mm，内面背壁上具 1 枚片状舌形的附属物，先端浅 2 裂，内面前壁上具 1 对横生的胼胝体靠近距口。蕊柱长 2 mm。

花果期 花期 4 月。

生境 海拔 400~800 m 的林中树上。

鹿角兰 *Pomatocalpa undulatum* subsp. *acuminatum* 生境与植株（金效华）

（八十七）小红门兰属 *Ponerorchis* Rchb. f.

462. 广布小红门兰 *Ponerorchis chusua* (D. Don) Soó

国家重点保护级别 无

IUCN 红色名录 无危（LC）

形态特征 地生植物。高 5～45 cm，块茎长圆形，茎直立，基部具 1～3 枚筒状鞘，鞘之上具 1～5 枚叶。叶片长圆状披针形，长 3～15 cm，宽 0.2～3.0 cm，基部收狭成抱茎的鞘。花序具多数偏向一侧的花；花紫红色。花苞片披针形，长 7～22 mm，最下的稍长于子房。中萼片长圆形，长 5～7 mm，宽 2.5～4.0 mm，直立，凹陷呈舟状；侧萼片向后反折，偏斜的卵状披针形，长 6～8 mm，宽 3～5 mm；花瓣斜狭卵形，长 5～6 mm，宽 3～4 mm，与中萼片粘合呈兜状；唇瓣向前伸展，长 7～12 mm，宽 7～13 mm，比萼片大，3 裂；中裂片长圆形，长 1.8～3.5 mm，宽 2.0～3.5 mm，边缘全缘；侧裂片扩展，比中裂片稍宽，镰状长圆形，边缘全缘；距圆筒状，比子房稍长。

花果期 花期 6～8 月。

生境 海拔 500～4 500 m 的山坡林下、灌丛或高山草甸中。

广布小红门兰 *Ponerorchis chusua* 生境与植株（金效华）

广布小红门兰 *Ponerorchis chusua* 花序（金效华）

463. 二叶兜被兰 *Ponerorchis cucullata* (L.) X. H. Jin, Schuit. & W. T. Jin

国家重点保护级别 无

IUCN 红色名录 易危（VU）

形态特征 地生植物。植株高 4~24 cm。块茎圆球形或卵形。茎具 2 枚近对生的叶。叶近平展或直立伸展，叶片卵形、卵状披针形或椭圆形，长 4~6 cm，宽 1.5~3.5 cm，叶正面有时具少数或多而密的紫红色斑点。总状花序具几朵至 10 余朵花，常偏向一侧；子房圆柱状纺锤形；花紫红色或粉红色。萼片彼此紧密靠合成兜状，兜长 5~7 mm，宽 3~4 mm。中萼片长 5~6 mm，宽约 1.5 mm，先端急尖，具 1 条脉；侧萼片斜镰状披针形，长 6~7 mm，基部宽 1.8 mm，先端急尖，具 1 条脉；花瓣披针状线形，长约 5 mm，宽约 0.5 mm，与萼片贴生；唇瓣向前伸展，长 7~9 mm，上面和边缘具细乳突，基部楔形，中部 3 裂；侧裂片线形，先端急尖，具 1 条脉；中裂片较侧裂片长而稍宽；距细圆筒状圆锥形，长 4~5 mm，中部向前弯曲，近“U”形。

花果期 花期 8~9 月。

生境 海拔 400~1 400 m 的山坡林下或草地。

二叶兜被兰 *Ponerorchis cucullata* 生境与植株（金效华）

二叶兜被兰 *Ponerorchis cucullata* 花序（金效华）

464. 密花兜被兰 *Ponerorchis cucullata* var. *calcicola* (W. W. Sm.) X. H. Jin, Schuit. & W. T. Jin

国家重点保护级别 无

IUCN 红色名录 近危（NT）

形态特征 地生植物。植株高 5.5～18 cm。块茎球形，直径约 1 cm。茎直立，基部具 1～2 枚圆筒状鞘，其上具 2 枚叶，在叶之上常无或罕具 1 枚小的不育苞叶。叶常直立伸展，近对生或叶间有一定距离，叶片披针形、倒披针状匙形或狭长圆形，长 4.5～9 cm，宽 0.5～1 (~2.2）cm，先端钝或急尖，基部收狭成抱茎的鞘，叶正面通常无紫斑，罕具紫斑。花茎纤细，直立或多少弯曲；总状花序具 6～15 朵花，长 2～6 cm。花苞片卵状披针形或披针形，直立伸展，先端渐尖，下部的较子房长；子房圆柱状纺锤形，长 5～7 mm，扭转，无毛；花淡红色或玫瑰红色，密集，常偏向一侧。萼片 3/4 紧密靠合成兜状，兜长（5～）7～8 mm，宽 4.5～5 mm。中萼片披针形，长（4～）6～7 mm，宽（1.3～)2～2.7 mm，先端急尖，具 1 条脉；侧萼片稍斜镰状披针形，长（5～）7～8 mm，基部宽（1.5～)2.5～2.8 mm，先端近急尖，常具 1（～2）条脉；花瓣线状披针形或线形，长（4～）5～7 mm，宽（0.4～)0.7～1.2 mm，先端近急尖，具 1 条脉，与中萼片紧密贴生；唇瓣向前伸展，长 5～7 mm，上面被密的细乳突，基部楔形，近中部 3 裂；中裂片线状舌形，长（2～）4～5（～6）mm，先端钝，较侧裂片长而宽，宽可达侧裂片的 2 倍；侧裂片线形，长 1.5～4 mm，宽 0.6～0.8 mm，先端急尖；距为粗圆锥形，从膨大的基部向末端变狭，长 4～6 mm，末端稍向前弯。

花果期 花期 8～10 月。

生境 海拔 2 100～2 400 m 的山坡林下、灌丛下和高山草地。

密花兜被兰 *Ponerorchis cucullata* var. *calcicola* 生境与植株（金效华）

密花兜被兰 *Ponerorchis cucullata* var. *calcicola* 花序（金效华）

465. 淡黄花兜被兰 *Ponerorchis luteola* (K. Y. Lang & S. C. Chen) X. H. Jin, Schuit. & W. T. Jin

国家重点保护级别 无

IUCN 红色名录 濒危（EN）

形态特征 地生植物。植株高 13～17 cm。块茎球形，直径 1.0～1.5 cm。茎圆柱形，直立或近直立，无毛，基部具 1～2 枚圆筒状鞘，其上具 1 枚叶，中部以上具 1 枚小的不育苞片。叶片线形，直立伸展，长 9～10 cm，宽 0.4～0.6 cm，先端渐尖，基部收狭成抱茎的鞘，正面无紫斑。总状花序具 9～13 朵花，长 4～6 cm；花序轴无毛。花苞片直立伸展，披针形，先端渐尖，下部的长于花；子房纺锤形，长 5～6 mm，扭转，无毛；花较小，不偏向一侧，淡黄色或黄绿色。萼片在 3/4 紧密靠合成兜状，兜长 4.5 mm，宽约 4 mm。中萼片直立，凹陷，长圆形，长 4.5 mm，宽 1.5 mm，先端钝，具 1 条脉；侧萼片斜长圆形，长 4.5 mm，宽 1.5 mm，先端钝，具 1 条脉；花瓣直立，稍斜长圆形，长 4 mm，宽 1.4 mm，先端钝，具 1 条脉，与中萼片紧密贴生；唇瓣向前伸展，外形为倒卵状楔形，长 4 mm，宽 2.8 mm，上面具密的细乳突，基部楔形，具距，近中部 3 裂；侧裂片长圆形，长约 1.5 mm，宽 0.7 mm，先端斜截形，具 2～3 枚小齿；中裂片长圆形，长 2 mm，宽 1 mm，先端微缺，具 2 小齿；距粗壮，圆筒状圆锥形，近直，长 2.5 mm，直径 1.2 mm，末端钝。

淡黄花兜被兰 *Ponerorchis luteola* 生境与植株（金效华）

花果期 花期 9～10 月。

生境 海拔 3 000 m 的山坡湿润草地上。

淡黄花兜被兰 *Ponerorchis luteola* 花序（金效华）

466. 一花无柱兰 *Ponerorchis monantha* (Finet) X. H. Jin, Schuit. & W. T. Jin

国家重点保护级别 无

IUCN 红色名录 无危（LC）

形态特征 地生植物。植株高 6~10 cm。块茎小，卵球形或圆球形，长约 5 mm，肉质。茎纤细，直立或近直立，基部具 1~2 枚筒状鞘，下部光滑，在近基部至中部具 1 枚叶，顶生 1 朵花。叶片披针形、倒披针状匙形或狭长圆形，长 2~3 cm，宽 0.6~1.0 cm，先端急尖或钝，基部收狭成抱茎的鞘。子房纺锤形，扭转，无毛，连花梗长 6~11 mm；花中等大，淡紫色、粉红色或白色，具紫色斑点。萼片先端钝，具 1 条脉；中萼片直立，凹陷呈舟状，狭卵形，长 4 mm，下部宽 1.6 mm；侧萼片狭长圆状椭圆形，长约 5 mm，宽约 1.6 mm；花瓣直立，斜卵形，与中萼片等长而较宽，并与中萼片相靠合，具 1 条脉；唇瓣向前伸展，张开，内面被短柔毛，长、宽均约 8 mm，近基部收狭成短爪，基部具距，中部之下 3 裂；侧裂片楔状长圆形，先端截形或钝，边缘全缘或微波状；中裂片倒卵形，较侧裂片宽多，先端凹缺呈 2 浅裂，边缘全缘或微波状；距圆筒状，下垂，长 3~4 mm，末端钝，长为子房的 1/3 或 1/2。

一花无柱兰 *Ponerorchis monantha* 生境与植株（金效华）

花果期 花期 7~8 月。

生境 海拔 2 800~4 000 m 的山谷溪边有土的岩石上或高山湿润草地上。

一花无柱兰 *Ponerorchis monantha* 花序（金效华）

467. 齿片无柱兰 *Ponerorchis pulchella* (Hand.-Mazz.) Soó

国家重点保护级别 无

IUCN 红色名录 无

形态特征 地生植物。植株高 7.5~15 cm。块茎小，圆球形，直径 3~5 mm。茎纤细，具 2 枚叶。叶疏生，靠近基部鞘的叶小或稍大，较上面的叶小很多，叶片卵形或长圆形，长 6~15 mm，宽 3~4 mm；上面的叶常生于茎的中部，叶片长圆形、狭长圆形或近披针形，长 2.5~3.5 cm，宽 4~6 mm。花序具 1 朵花，罕具 2 朵花。花苞片狭卵形或长圆状披针形，先端急尖或渐尖，等长或稍长于子房；子房圆柱状纺锤形，稍扭转，无毛，连花梗长 7~8 mm；花粉红色或白色，直径 1~1.5 cm。中萼片直立，凹陷呈舟状，长圆形，长 4 mm，宽 1.5~2 mm，先端钝，具 1 条脉；侧萼片反折，斜卵状长圆形，长约 5 mm，近基部宽 2.5 mm；花瓣直立，斜卵形，长 3 mm，宽 2 mm；唇瓣极宽大，向前伸展，轮廓为横椭圆形，长 7 mm，两侧裂片展平时先端之下宽达 10 mm，基部具距，前部 3 裂，内面密生细乳突；侧裂片四方形，长 2mm，先端之下宽 2.5mm；中裂片较侧裂片小，近四方形，长 1.3 mm，宽 2 mm，向先端稍渐狭，先端微凹且在凹缺之中间具 1 枚钝的小齿，具 3 条脉；距圆筒状，下垂，长 5~7 mm，劲直，向末端稍渐狭，末端钝，较子房稍短。

齿片无柱兰 *Ponerorchis pulchella* 生境与植株（金效华）

花果期 花期 7~8 月。

生境 海拔 3 000~3 700 m 的山坡杜鹃灌丛下、苔藓丛中或高山草地中。

齿片无柱兰 *Ponerorchis pulchella* 花序（金效华）

468. 三叉无柱兰 *Ponerorchis trifurcata* (Tang, F. T. Wang & K. Y. Lang) X. H. Jin, Schuit. & W. T. Jin

国家重点保护级别　无

IUCN 红色名录　极危（CR）

形态特征　地生植物。植株高 34~36 cm。块茎球形，直径 7~10 mm，肉质。叶 3 枚，最下面 1 枚最大，叶片狭长圆形，长 5.5~7.5 cm，宽 0.5~0.7 cm。总状花序具 6~9 朵花，偏向一侧，长 2~6 cm。花苞片披针形，短于或稍短于子房；子房圆柱形，扭转，无毛，连花梗长 6~7 mm；花粉红色，而带点带。萼片长圆状披针形，长 3~4 mm，先端钝，具 1 条脉。中萼片较侧萼片稍短，侧萼片偏斜；花瓣较中萼片稍短而稍宽，偏斜，先端钝，具 1 条脉；唇瓣轮廓为椭圆形或狭椭圆形，长 5~7 mm，两侧裂片先端之间的宽为 3 mm，中部以下 3 裂，具 5 条脉，脉粗而隆起，中间 1 条伸达中裂片先端，里面 2 条伸达中裂片先端之下，最外面 2 条各伸入 2 侧裂片；唇瓣的侧裂片披针形或三角形，长 1.0~1.5 mm，较中裂片窄得多和短很多，先端钝；中裂片长圆形，长 3.5~4.0 mm，宽 1.0~1.5 mm，先端急尖；距近圆锥形或圆筒形，长 1.0~1.5 mm，末端钝。蕊柱粗短，长约 1.5 mm，直立；花药圆形，先端钝圆，2 室，药室并行；花粉团圆球形，具花粉团柄和黏盘，黏盘较大，狭卵形；蕊喙小，直立，三角形；柱头 2 个，隆起，近棒状；退化雄蕊较大，近半圆形。

花果期　花期 9 月。

生境　海拔 2 900 m 的沼泽地上。

三叉无柱兰 *Ponerorchis trifurcata* 花序（金效华）

（八十八）盾柄兰属 *Porpax* Lindl.

469. 狭叶盾柄兰 *Porpax elwesii* (Rchb. f.) Rolfe

国家重点保护级别 无

IUCN 红色名录 无

形态特征 附生草本植物。植株高约 5 cm。假鳞茎扁平，球状，直径仅 1 cm，顶生 2 枚叶。叶狭椭圆形，长约 2.5 cm，宽 0.5 ~ 1.0 cm。花序从无叶假鳞茎的顶端长出，单花。花砖红色，长 10 ~ 12 mm。苞片三角状卵形，黑棕色，长 4 ~ 6 mm。子房连花梗长 2 ~ 3 mm，绿色，无毛。萼片红色，无毛，具短尖端；中萼片长 5 ~ 6 mm，约 2/3 与侧萼片合生；侧萼片合生至先端，长 10 mm，离生部分长约 1 mm，基部膨大近球形囊状。花瓣短于萼片，完全在萼筒内，椭圆形，长 4.5 ~ 5.5 mm，宽 2.0 ~ 3.0 mm；唇卵状披针形，长 3 ~ 4 mm，宽 1 ~ 2 mm，橙红色，基部收缩。

花果期 花期 10 月。

生境 海拔 700 ~ 1 600 m 的山地林中。

狭叶盾柄兰 *Porpax elwesii* 生境与植株（Tirtha）

（八十九）菱兰属 *Rhomboda* Lindl.

470. 小片菱兰 *Rhomboda abbreviata* (Lindl.) Ormer.

国家重点保护级别 无

IUCN 红色名录 无危（LC）

形态特征 地生植物。植株高 15 ~ 30 cm，茎深绿色，具 3 ~ 5 枚叶。叶片卵状披针形，长 4 ~ 8 cm，宽 2 ~ 3 cm，叶柄基部成管状抱茎的鞘。花序顶生，长 8 ~ 10 cm，具多数小花；花半开放，偏斜的向上翻转；花萼绿白色；花瓣和唇瓣白色。花苞片卵形，粉红色，长 7~10mm，宽约 2.5mm。中萼片宽卵形，长 2.5~3.5mm，宽 1.5~2.0mm；侧萼片偏斜的卵状披针形，长 4mm，宽 2.2mm，两侧不等；花瓣卵状披针形，长 2.5~3.5mm，宽 1.2 ~ 1.4 mm，两侧不等；唇瓣宽卵形，长 3.0 ~ 3.5 mm，舟状，不清楚的分 3 唇，上唇倒三角形，边缘内卷，中唇不明显或无，下唇呈囊状，基部具 2 个长圆状的胼胝体。

花果期 花期 8 ~ 9 月。

生境 海拔 600 ~ 1 200 m 的山谷。

小片菱兰 *Rhomboda abbreviata* 花序（金效华）

小片菱兰 *Rhomboda abbreviata* 花序（金效华）

471. 艳丽菱兰 *Rhomboda moulmeinensis* (E. C. Parish & Rchb. f.) Ormer.

国家重点保护级别 无

IUCN 红色名录 无危（LC）

形态特征 地生植物。植株高 16 ~ 35 cm，茎深棕红色，具 5 ~ 7 枚叶。叶片卵状椭圆形，长 3 ~ 11 cm，宽 1.5 ~ 3.5 cm，中央具 1 条白色的宽条带。花序顶生，长 10 ~ 22 cm，疏生 5 ~ 16 朵花；花倾斜的向上翻转；花萼淡红色；花瓣白色并具粉色晕，唇瓣白色。花苞片卵状披针形，淡红色，长 5 ~ 10 mm，宽约 2.5 mm。中萼片直立，宽卵形，长 5.5 ~ 7.0 mm，宽 2.5 ~ 3.2 mm，舟状；侧萼片平展，宽卵形，长 5.8 ~ 7.5 mm，宽 3 ~ 4 mm，稍偏斜；花瓣近宽卵形，长 5.5 ~ 7.0 mm，宽 3.5 ~ 4.0 mm，两侧极不相等；唇瓣长 6 ~ 7 mm，呈 T 形，分 3 唇，上唇膨大，2 裂，裂片倒卵形，中唇线形，下唇囊状，基部具 2 个近球形的胼胝体。

花果期 花期 8 ~ 10 月。

生境 海拔 400 ~ 2 200 m 的山谷潮湿处。

艳丽菱兰 *Rhomboda moulmeinensis* 生境与植株（金效华）

472. 白肋菱兰 *Rhomboda tokioi* (Fukuy) Ormer.

国家重点保护级别 无

IUCN 红色名录 易危（VU）

形态特征 地生植物。植株高15~28cm，茎深棕红色，具4~6枚叶。叶片卵形，长3~9cm，宽1.5~4.0cm，中央具1条白色条带，叶柄基部成管状抱茎的鞘。花序顶生，长5~15cm，具3~15朵花；花半开放，不向上翻转；花萼棕红色；花瓣和唇瓣白色。花苞片卵状披针形，棕红色，长5~8mm，宽2.5~3.0mm。中萼片宽卵形，长2.8~3.0mm，宽1.5~2.0cm；侧萼片卵形，长3.2~4.0mm，宽2.0~2.3mm，偏斜；花瓣偏斜的卵形，长2.8~3.0mm，宽约2mm，两侧极不相等；唇瓣长圆状卵形，长3.0~3.5mm，舟状，分2唇，上唇宽椭圆形，边缘内弯，下唇凹陷呈囊状，基部具2个大的角状胼胝体。

花果期 花期9~10月。

生境 海拔约1 500 m的林下。

白肋菱兰 *Rhomboda tokioi* 生境与植株（叶德平）

白肋菱兰 *Rhomboda tokioi* 花序（金效华）

（九十）钻喙兰属 *Rhynchostylis* Blume

473. 钻喙兰 *Rhynchostylis retusa* (L.) Blume

国家重点保护级别 二级

IUCN 红色名录 濒危（EN）

形态特征 附生植物。植株具发达而肥厚的气生根，根粗 6~16 mm，茎直立，长 3~10 cm，直径 1~2 cm，不分枝，具少数节。叶 2 列，彼此紧靠，外弯，宽带状，长 20~40 cm，宽 2~4 cm，先端不等侧 2 圆裂。花序腋生，1~3 个，长于或近等长于叶，不分枝，下垂，密被多数花；花白色密布紫色斑点。花苞片宽卵形，长 3~4 mm。中萼片椭圆形，长 7~11 mm，宽 4~5 mm；侧萼片斜长圆形，与中萼片等长而较宽；花瓣狭长圆形，长 7.0~7.5 mm，宽 2.5~3.0 mm；唇瓣后唇囊状，两侧压扁，长 6~8 mm，宽 4 mm，前唇朝上，几与蕊柱平行，中部以上紫色，中部以下白色，常两侧对折，倒卵状楔形，长 8~10 mm，宽 5~6 mm，前端不明显 3 裂，先端稍凹，基部具 4 条脊突。蕊柱长 4 mm，直径 2 mm；蕊喙微 2 裂。

花果期 花期 5~6 月，果期 5~7 月。

生境 海拔 300~1400 m 的林中树上。

钻喙兰 *Rhynchostylis retusa* 生境与植株（金效华）

（九十一）紫茎兰属 *Risleya* King & Pantl.

474. 紫茎兰 *Risleya atropurpurea* King & Pantl.

国家重点保护级别 无

IUCN 红色名录 近危（NT）

形态特征 菌类寄生植物。植株高 6~21 cm，具肥厚的根状茎，根状茎狭圆锥形，长 1~3 cm。茎暗紫色，基部具 2 枚鞘，无绿叶。花序长 2.5~7.0 cm，具多数花；花紫黑色。花苞片三角状披针形，长 0.5~0.8 mm。萼片近长圆形，长 1.2 mm，宽 0.4 mm；花瓣近长圆状披针形，长 0.8 mm，宽 0.3 mm；唇瓣宽卵形，凹陷，长 1.2 mm，宽 1 mm，靠近基部的边缘具细齿，其余部分全缘，先端具 1 个朝上翻的小尖头。蕊柱长 0.3 mm。

花果期 花期 7~8 月。

生境 海拔 2 900~3 700 m 的冷杉林下。

紫茎兰 *Risleya atropurpurea* 生境与植株（金效华）

紫茎兰 *Risleya atropurpurea* 花序（金效华）

（九十二）鸟足兰属 *Satyrium* Sw.

475. 鸟足兰 *Satyrium nepalense* D. Don

国家重点保护级别 无

IUCN 红色名录 无危（LC）

形态特征 地生植物。植株高 30~45 cm，茎直立，具 2~3 枚叶，之上具 2~4 枚鞘状小叶。叶片椭圆形，下面的 1 枚长 7~10 cm，宽 3.5~5.5 cm，向上渐小，边缘多少呈皱波状，基部抱茎。花序长 8~9 cm，具多数密生的花；花粉红色。花苞片卵状披针形，反折，下部的长 1.5~2.0 cm，宽 0.8 cm，向上渐小。中萼片狭椭圆形，长 4~5 mm，宽 1.0~1.4 mm；侧萼片长圆状半卵形，长 4 mm，宽 2 mm；花瓣狭长圆形，长 3.5 mm，宽 1 mm，背面有龙骨状突起；唇瓣位于上方，兜状，近半球形，宽 5 mm，背面有龙骨状突起；距 2 个，纤细，下垂，长 1 cm。

花果期 花期 9~12 月。

生境 海拔 1 000~3 200 m 的草地上、林间空地或林下。

鸟足兰 *Satyrium nepalense* 生境与植株（金效华）

鸟足兰 *Satyrium nepalense* 花序（金效华）

476. 缘毛鸟足兰 *Satyrium nepalense* var. *ciliatum* (Lindl.) Hook. f.

国家重点保护级别　无

IUCN 红色名录　无危（LC）

形态特征　地生植物。植株高 14～32 cm。块茎长圆状椭圆形或椭圆形，长 1～5 cm，宽 0.5～2 cm。茎直立。叶片卵状披针形至狭椭圆状卵形，下面的 1 枚长 6～15 cm，宽 2～5 cm。总状花序长（3～）5～13 cm，密生 20 余朵或更多的花。花梗和子房长 6～8 mm；花粉红色，通常两性，较少雄蕊退化而成为雌性（雌性植株）。中萼片狭椭圆形，长 5～6 mm，宽约 1.3 mm，近先端边缘具细缘毛；侧萼片长圆状匙形，与中萼片等长，宽约 1.8 mm，亦具类似细缘毛；花瓣匙状倒披针形，长 4～5 mm，宽约 1.2 mm；唇瓣位于上方，兜状，半球形，宽约 6 mm，先端急尖并具不整齐齿缺，背面有明显的龙骨状突起；距 2 个，通常长 4～6 mm，较少缩短而成囊状或完全消失（在无距或短距的花中，雄性器官均有不同程度的退化，在极端的类型中蕊柱变成花柱，甚至唇瓣也不见了）。蕊柱长约 5 mm，向后弯曲。

花果期　花期 8～10 月，果期 8～10 月。

生境　海拔 1 800～4 100 m 的草坡上、疏林下或高山松林下。

缘毛鸟足兰 *Satyrium nepalense* var. *ciliatum* 生境与植株（金效华）

（九十三）匙唇兰属 *Schoenorchis* Blume

477. 匙唇兰 *Schoenorchis gemmata* (Lindl.) J. J. Sm.

国家重点保护级别 无

IUCN 红色名录 无危（LC）

形态特征 附生植物。茎稍坚硬，下垂，通常弧形下弯，长 5~20 cm，直径 0.5~0.8 cm，不分枝，节间长 0.7~1.5 cm。叶扁平，常对折成狭镰刀状的半圆柱形，长 4~13 cm，宽 0.5~1.3 cm，先端具 2~3 小裂，基部具抱茎的鞘。花序从叶腋发出，比叶长，密生多数小花；花紫红色。花苞片卵状三角形，长 1 mm。中萼片卵形，长 1.5~2.2 mm，宽 1.0~1.2 mm；侧萼片斜卵形，近唇瓣一侧边缘白色，长 2.0~2.5 mm，宽 1.1~1.4 mm，在背面中肋稍隆起呈龙骨状；花瓣倒卵状楔形，长 1.1~1.5 mm，宽 1 mm；唇瓣匙形，3 裂；侧裂片半卵形，长 1.5 mm，宽 1 mm；中裂片白色，匙形，长 2.0~2.5 mm，宽 1.7~2.1 mm，基部具短爪；距圆锥形，长 2 mm，距口前方具 1 个肉质舌状物伸入距内。蕊柱长 0.8 mm。

花果期 花期 3~6 月，果期 4~7 月。

生境 海拔 250~2 000 m 的林中树上。

匙唇兰 *Schoenorchis gemmata* 生境与植株（金效华）

匙唇兰 *Schoenorchis gemmata* 花序（金效华）

（九十四）盖喉兰属 *Smitinandia* Holttum

478. 盖喉兰 *Smitinandia micrantha* (Lindl.) Holttum

国家重点保护级别 无

IUCN 红色名录 近危（NT）

形态特征 附生植物。茎扁圆柱形，长 4~6 cm，直径 0.6 cm，稍回折状，节间长 1.3 cm，叶片狭长圆形，长 9.5~11.0 cm，宽 1.4~2.0 cm，先端不等侧 2 裂，基部具 1 个关节然后扩大成抱茎的鞘。花序 1~2 个，与叶对生，向外伸展而下弯，密生多数小花；花萼片和花瓣白色带紫红色先端。花苞片卵状三角形，长 1 mm。中萼片近倒卵形，长 3.5 mm，宽 1.5 mm；侧萼片斜卵状三角形，长 2.5 mm，宽 2 mm；花瓣狭长圆形，长 2 mm，宽 1 mm，边缘多少不整齐；唇瓣 3 裂；侧裂片直立，近方形，长 1 mm，前半部紫红色，后半部白色；中裂片紫红色带白色先端，倒卵状匙形，长 2.2 mm，宽 1.5 mm，基部具厚肉质的横隔附属物封住距口，上面中部具 2 条脊突并向上会合而成 1 条到达先端；距长 2 mm。

花果期 花期 4 月。

生境 海拔约 600 m 的林中树上。

盖喉兰 *Smitinandia micrantha* 花序（金效华）

（九十五）苞舌兰属 *Spathoglottis* Blume

479. 苞舌兰 *Spathoglottis pubescens* Lindl.

国家重点保护级别 无

IUCN 红色名录 无危（LC）

形态特征 地生植物。假鳞茎扁球形，直径1.0~2.5cm，顶生1~3枚叶。叶带状，长达43cm，宽1.0~1.7cm，基部具细柄。花葶长达50cm，密布柔毛，疏生2~8朵花；花黄色。花苞片披针形，长5~9mm。萼片椭圆形，长12~17mm，宽5~7mm，背面被柔毛；花瓣宽长圆形，与萼片等长，宽9~10mm，两面无毛；唇瓣3裂，与花瓣近等长；侧裂片直立，镰状长圆形，长为宽的2倍，两侧裂片之间凹陷呈囊状；中裂片倒卵状楔形，长13mm，先端有凹缺，基部具爪，爪短而宽，上面具1对半圆形的、肥厚的附属物，基部两侧各具1枚稍凸起的钝齿；唇盘上具3条纵向的龙骨脊，其中央1条隆起肉质的褶片。蕊柱长8~10mm。

花果期 花期7~11月。

生境 海拔380~1700m的山坡草地上。

苞舌兰 *Spathoglottis pubescens* 生境与植株（金效华）

苞舌兰 *Spathoglottis pubescens* 花序（金效华）

（九十六）绶草属 *Spiranthes* Rich.

480. 尼泊尔绶草 *Spiranthes flexuosa* (Sm.) Lindl.

国家重点保护级别 无

IUCN 红色名录 无

形态特征 地生植物。植株高 16~30 cm，茎较短，近基部生 2~5 枚叶。叶片宽线形，长 4.0~6.0 cm，宽 1.5 cm。花序直立，长 30 cm，被腺毛，密生多数小花。花在花序轴上呈螺旋状扭转排列，白色。中萼片细长三角形，长 0.35~0.40 cm，宽约 0.10 cm；侧萼片斜椭圆形，长 0.37~0.40 cm，宽 0.10 cm。花瓣斜椭圆形，基部长约 0.37 cm，宽约 0.07 cm，先端宽 0.09 cm。唇瓣分为前唇和后唇，中部收窄，长约 0.50 cm；后唇凹陷囊状，囊深 0.05 cm，长约 0.30 cm，宽 0.33~0.34 cm，囊每侧有 1 个半球形腺体，边缘完整并向上凸起；前唇扇形，长约 0.20 cm，宽约 0.30 cm，边缘波状，稍具齿状。

花果期 花期 3~6 月。

生境 海拔约 800 m 的山地林下。

尼泊尔绶草 *Spiranthes flexuosa* 花序（金效华）

尼泊尔绶草 *Spiranthes flexuosa* 生境与植株（金效华）

481. 绶草 *Spiranthes sinensis* (Pers.) Ames

国家重点保护级别 无

IUCN 红色名录 无危（LC）

形态特征 地生植物。植株高 13 ~ 30 cm，根数条，簇生于茎基部，茎较短，近基部生 2 ~ 5 枚叶。叶片宽线形，长 3 ~ 10 cm，宽 0.5 ~ 1.0 cm，基部收狭成柄状抱茎的鞘。花序直立，长 10 ~ 25 cm，被毛，密生多数小花；花在花序轴上呈螺旋状扭转排列；花紫红色、粉红色或白色。萼片下部靠合；中萼片狭长圆形，长 4 mm，宽 1.5 mm，舟状；侧萼片偏斜，披针形，长 5 mm，宽 2 mm；花瓣斜菱状长圆形，与中萼片等长并粘合成兜状；唇瓣宽长圆形，长 4 mm，宽 2.5 mm，凹陷，前半部上面具长硬毛且边缘具强烈皱波状啮齿，基部凹陷呈浅囊状，囊内具 2 个胼胝体。

花果期 花期 7 ~ 8 月。

生境 海拔 400 ~ 3 400 m 的山坡林下、灌丛下、草地或河滩沼泽草甸中。

绶草 *Spiranthes sinensis* 生境与植株（金效华）

绶草 *Spiranthes sinensis* 花序（金效华）

（九十七）带叶兰属 *Taeniophyllum* Blume

482. 带叶兰 *Taeniophyllum glandulosum* Blume

国家重点保护级别 无

IUCN 红色名录 无危（LC）

形态特征 附生植物。根发达，长 2~10 cm，稍扁而弯曲，如蜘蛛网状着生于树干上。茎几无，无叶。花序 1~4 个，纤细，长 1~2 cm，具 1~4 朵花；花黄绿色。花苞片 2 列，卵状披针形，长 0.7~1.0 mm。萼片和花瓣在中部以下合生成筒状，上部离生，萼片相似，卵状披针形，长 1.8~2.5 mm，宽 1.2 mm，上部稍外折，在背面中肋呈龙骨状隆起；花瓣卵形，长 1.7~2.4 mm，宽 1.1 mm；唇瓣卵状披针形，长 1.7~2.5 mm，宽 0.6~0.9 mm，先端具 1 个倒钩的刺状附属物，基部两侧上举而稍内卷；距短囊袋状，长、宽约 1 mm，距口前缘具 1 个肉质横隔。蕊柱长 0.5 mm。

花果期 花期 4~7 月，果期 5~8 月。

生境 海拔 480~900 m 的林中树上。

带叶兰 *Taeniophyllum glandulosum* 生境与植株（金效华）

带叶兰 *Taeniophyllum glandulosum* 花序（金效华）

483. 爪哇带叶兰 *Taeniophyllum javanicum* (J. J. Sm.) Kocyan & Schuit.

国家重点保护级别 无

IUCN 红色名录 数据缺乏（DD）

形态特征 附生植物。植株高 1~2.5 cm。叶 2~3 枚，直立开展，倒披针状椭圆形，长 0.5~1.25 cm，宽 0.2~0.4 cm。花序疏生多花。花苞片椭圆形，锐尖，长于子房。花微小，无毛。萼片和花瓣在基部合生成钟形筒，长 0.2 cm，离生部分披针形，渐尖；唇瓣卵状披针形，基部半中空，顶端边缘加厚，先端钻形内曲的附属物；距球状，约为唇瓣长度的 1/3。

花果期 花期 5~6 月。

生境 海拔 900~1 500 m 的山地林中。

爪哇带叶兰 *Taeniophyllum javanicum* 生境与植株（金效华）

484. 西藏带叶兰 *Taeniophyllum xizangense* J. D. Ya & C. Liu

国家重点保护级别 无

IUCN 红色名录 数据缺乏（DD）

形态特征 附生植物。通常无叶。根强烈扁平，长 2～10 cm 或更长。花序 3～7 个，密被短刚毛，长 6～16 mm，具 1～3 朵花；苞片 2 列，密被短刚毛，宽卵状三角形，约 2.0 mm。花开展，黄绿色，萼片外部具乳突；花梗和子房长约 4.0 mm，疏生短刚毛。萼片和花瓣在基部合生成长约 2.0 mm 的筒。中萼片狭披针形，长约 10.0 mm，宽约 1.5 mm；侧萼片狭披针形，长约 10.0 mm，宽约 1.8 mm。花瓣狭披针形，长约 8.0 mm，宽约 1.8 mm；唇瓣厚肉质，狭披针形，长 10.0～11.0 mm，宽约 1.7 mm，具 V 形褶片，在唇盘基部具浅囊状，顶端具 0.25～0.35 mm 长的长刺；距近球形，长约 1.5 mm。药帽白色。

花果期 花期 5～6 月。

生境 海拔约 1 350 m 的林中树上。

西藏带叶兰 *Taeniophyllum xizangense* 植株（亚吉东）

（九十八）带唇兰属 *Tainia* Blume

485. 带唇兰 *Tainia dunnii* Rolfe

国家重点保护级别 无

IUCN 红色名录 近危（NT）

形态特征 地生植物。假鳞茎暗紫色，圆柱形，长 1～7 cm，下半部较粗，顶生 1 枚叶。叶片狭长圆形，长 12～35 cm，宽 0.6～6.0 cm，基部具长 2～6 cm 的柄。花葶长 30～60 cm，具多数疏生的花；花黄褐色。花苞片狭披针形，长 3～7 mm。中萼片狭长圆状披针形，长 11～12 mm，宽 2.5～3.0 mm；侧萼片狭长圆状镰刀形，与中萼片等长，基部贴生在蕊柱足上形成明显的萼囊；花瓣与萼片等长但稍宽；唇瓣近圆形，长 10 mm，前部 3 裂；侧裂片淡黄色，具许多紫黑色斑点，三角形，长 2.5 mm；中裂片黄色，横长圆形，先端凹缺且具 1 个小短突；唇盘上面无毛，具 3 条褶片，两侧的褶片呈弧形，较高，中央的为龙骨状。蕊柱长 8 mm。

花果期 花期 3～4 月。

生境 海拔 580～1 900 m 的林下阴湿处。

带唇兰 *Tainia dunnii* 生境与植株（金效华）

带唇兰 *Tainia dunnii* 花序（金效华）

486. 阔叶带唇兰 *Tainia latifolia* (Lindl.) Rchb. f.

国家重点保护级别 无

IUCN 红色名录 易危（VU）

形态特征 地生植物。假鳞茎彼此靠近，圆柱状长卵形，长 7 cm，顶生 1 枚叶。叶片椭圆形，长 18 ~ 32 cm，宽 5 ~ 7 cm，基部具长 8 ~ 30 cm 的柄。花葶从假鳞茎基部侧面发出，长 20 ~ 80 cm，疏生多数花；花萼片和花瓣深褐色。花苞片狭披针形，长 2 mm。中萼片狭长圆形，长 11 ~ 13 mm，宽 1.7 ~ 2.0 mm；侧萼片与中萼片等大，狭镰刀状长圆形，基部贴生在蕊柱足上形成萼囊；花瓣与侧萼片相似但较宽；唇瓣黄色，倒卵形，长 8 mm，上部 3 裂；侧裂片直立，卵状三角形；中裂片近圆形，宽 4 mm，先端具凹缺；唇盘从基部向中裂片先端纵贯 3 条褶片，中央的 1 条较窄，两侧的较宽，呈弧形。蕊柱长 7 mm。

花果期 花期 3 月。

生境 海拔 500 ~ 1 200 m 的林下阴湿处。

阔叶带唇兰 *Tainia latifolia* 生境与植株（金效华）

阔叶带唇兰 *Tainia latifolia* 花序（金效华）

487. 滇南带唇兰 *Tainia minor* Hook. f.

国家重点保护级别 无

IUCN 红色名录 易危（VU）

形态特征 地生植物。假鳞茎斜生于根状茎上，彼此靠近，圆柱状长卵形，顶生 1 枚叶。叶片长圆形，长 18~20 cm，宽 5.0~5.5 cm，基部具长 7~8 cm 的柄。花葶远比叶长，疏生数朵花；花萼片和花瓣淡紫褐色带暗紫色斑点。花苞片狭卵状披针形，长 3~5 mm。中萼片狭长圆形，长 15 mm，宽 2 mm；侧萼片狭镰状长圆形，与中萼片等大，基部贴生在蕊柱足上而形成短的萼囊；花瓣狭镰状长圆形，长 15 mm，宽 2.5 mm；唇瓣椭圆形，长 12 mm，3 裂；侧裂片白色带淡紫褐色，直立，狭三角形，先端牙齿状；中裂片白色，近圆形，宽 5 mm，先端微凹；唇盘在两侧裂片之间具 3 条褶片，其两侧的褶片弧形，较宽，延伸至中裂片上则有 4~5 条褶片。蕊柱长 7 mm。

花果期 花期 5 月。

生境 海拔约 1 900 m 的林下阴湿处。

滇南带唇兰 *Tainia minor* 花序（金效华）

（九十九）矮柱兰属 *Thelasis* Blume

488. 滇南矮柱兰 *Thelasis khasiana* Hook. f.

国家重点保护级别 无

IUCN 红色名录 无危（LC）

形态特征 附生植物。假鳞茎密集，卵球形，长 1.0 ~ 1.5 cm，直径 1.0 ~ 1.5 cm，顶生 1 枚大叶，有时还具 1 枚小叶。大叶倒披针状狭长圆形，长 9 ~ 12 cm，宽 1.2 ~ 1.5 cm，基部收狭成柄；小叶很小，近椭圆形，长 1 cm。花葶生于假鳞茎基部，高 16 ~ 19 cm，具多数密集的小花；花黄绿色。花苞片卵状披针形，长 2.0 ~ 2.5 mm。中萼片卵形，长 2.5 ~ 3.1 mm，宽 1.5 mm；侧萼片与中萼片相似，略呈舟状，背面不具龙骨状突起；花瓣狭长圆形，长 2.1 ~ 2.4 mm，宽 0.8 mm；唇瓣卵状披针形，长 3 mm，宽 1.3 mm，边缘不内卷。蕊柱短。

花果期 花期 7 月。

生境 海拔 800 ~ 2 000 m 的林中树上。

滇南矮柱兰 *Thelasis khasiana* 生境与植株（金效华）

滇南矮柱兰 *Thelasis khasiana* 花序（金效华）

489. 长叶矮柱兰 *Thelasis longifolia* Hook. f.

国家重点保护级别 无

IUCN 红色名录 无

形态特征 假鳞茎聚生，扁球形，长 2 cm，直径 2.5 cm，顶端通常具 1 枚大叶和 1 (~2) 枚小叶。大叶狭长圆状披针形至近狭长圆形，长可达 20 cm，先端尖，基部略收狭成叶柄；小叶椭圆形，先端尖。花葶生于假鳞茎基部，稍长或远长于叶，直径约 2 mm，具多朵密集的小花，常可达 30 朵。花苞片卵状披针形，绿色，宿存；花黄绿色，不甚张开。中萼片卵状三角形，长 5 mm，宽约 2.5 mm，先端渐尖；侧萼片卵状三角形，长 5 mm，宽 3 mm，先端渐尖，背面不具龙骨状突起；花瓣狭卵形，长 4 mm，宽约 1 mm，先端渐尖；唇瓣椭圆形，长 4 mm，宽 2.5 mm，3 裂；侧裂片直立，长约 1 mm，半圆形；中裂片椭圆形，先端靠基部增厚，中央凹陷，中部以下有一条短的纵脊，先端钝。蕊柱短，无蕊柱足；蕊喙长而窄，不裂，先端急尖；药帽角状，长约 2 mm；花粉团 8 个，每 4 个 1 组，共同连接于一个细长而上部稍扩大的花粉团柄上，通过一个细长花粉团柄附着于一个椭圆形的黏盘上。

花果期 花期 6 ~7 月。

生境 海拔 900 ~1 100 m 的常绿阔叶林树干上或湿润岩壁上。

长叶矮柱兰 *Thelasis longifolia* 花序（金效华）

490. 矮柱兰 *Thelasis pygmaea* (Griff.) Blume

国家重点保护级别 无

IUCN 红色名录 无危（LC）

形态特征 附生植物。假鳞茎聚生，扁球形，长 3~10 mm，直径 7~18 mm，顶生具 1 枚大叶和 1 枚小叶。大叶狭长圆状倒披针形，长 4~8 cm，宽 0.6~1.3 cm，先端不等侧 2 裂；小叶长圆形，长 0.7~1.5 cm。花葶生于假鳞茎基部，高 10~20 cm，具多数密集的小花；花黄绿色。花苞片卵状三角形，长 2 mm。中萼片卵状披针形，长 2.0~2.5 mm，宽 1 mm；侧萼片与中萼片相似，但背面具龙骨状突起；花瓣近长圆形，长 2 mm，宽 0.7 mm；唇瓣卵状三角形，长 1.8 mm，宽 1.2 mm，边缘内卷。蕊柱短。

花果期 花期 4~10 月。

生境 海拔 1 100 m 以下的林中树上或林下岩石上。

矮柱兰 *Thelasis pygmaea* 生境与植株（金效华）

矮柱兰 *Thelasis pygmaea* 花序（金效华）

（一〇〇）白点兰属 *Thrixspermum* Lour.

491. 西藏白点兰 *Thrixspermum pygmaeum* (King & Pantl.) Holttum

国家重点保护级别 无

IUCN 红色名录 数据缺乏（DD）

形态特征 附生植物。茎长约 1 cm。叶 4~5 枚，线形至长圆形，长 7~10 cm，宽 1 cm。花序长 3 cm，具 2 朵花或 3 朵花。苞片沿花序轴呈螺旋状排列，卵形三角形，比子房短得多，长 1~2 mm，宽 1~2 mm。花黄白色。中萼片椭圆形，长 7 mm，宽 3.5 mm；侧萼片椭圆形，长 7 mm，宽 4 mm。花瓣匙形，长 6 mm，宽 2 mm；唇椭圆形，凹陷成囊状，3 裂，长 5 mm，宽 7 mm；侧裂片半圆形，直立；中裂片先端凹陷。蕊柱长 0.5 mm。

花果期 花期 5 月。

生境 海拔约 900 m 的热带雨林中。

西藏白点兰 *Thrixspermum pygmaeum* 植株（金效华）

492. 长轴白点兰 *Thrixspermum saruwatarii* (Hayata) Schltr.

国家重点保护级别 无

IUCN 红色名录 近危（NT）

形态特征 附生植物。茎长不及 2 cm，叶 2 列，密集而斜立，长圆状镰刀形，长 4～12 cm，宽 0.6～1.5 cm，先端不等侧 2 裂。花序侧生，下垂，长达 8 cm；花序轴稍曲折，疏生 1～2 朵花；花白色。花苞片宽卵状三角形，长 3 mm。中萼片椭圆形，长 7～8 mm，宽 3.5～5.0 mm；侧萼片斜卵形，与中萼片近等大；花瓣椭圆形，比萼片小；唇瓣小，3 裂，基部浅囊状；侧裂片直立，长椭圆形，内面具许多橘红色条纹；中裂片红棕色，小，齿状三角形，唇盘基部密布红紫色毛。蕊柱长 3 mm。

花果期 花期 3～4 月。

生境 海拔达 2 800 m 的林中树上。

长轴白点兰 *Thrixspermum saruwatarii* 生境与植株（金效华）

（一〇一）笋兰属 *Thunia* Rchb. f.

493. 笋兰 *Thunia alba* (Lindl.) Rchb. f.

国家重点保护级别 无

IUCN 红色名录 无危（LC）

形态特征 附生植物。高 30~100 cm，茎直立，丛生，基部具多枚抱茎的鞘，叶多数。叶片狭椭圆形，长 10~20 cm，宽 2.5~5.0cm，基部具筒状鞘并抱茎，有关节。花序顶生，密生多花；花大，开展，白色或唇瓣黄色。花苞片宽椭圆形，舟状，长 3~5cm。萼片狭长圆形，长 4~5cm，宽 1.5cm；花瓣与萼片相似，但稍狭；唇瓣宽卵状长圆形，长 4~5 cm，宽 2.5~3.0 cm，不裂，上部边缘皱波状，有不规则流苏，唇盘上部有 5~6 条褶片，褶片不规则裂成短流苏。距圆筒状。

花果期 花期 6 月。

生境 海拔 1 200~2 300 m 的石灰岩山疏林中树上、岩石上或石地上。

笋兰 *Thunia alba* 生境与植株（金效华）

笋兰 *Thunia alba* 花序（金效华）

（一〇二）短头兰属 *Trachoma* Garay

494. 短头兰 *Trachoma rhopalorrhachis* (Rchb. f.) Garay

国家重点保护级别 无

IUCN 红色名录 无

形态特征 附生植物。茎短，悬垂，长 5~10 cm，直径约 0.35 cm。叶片数枚，悬垂，披针形，叶端不2 裂，长 5~22 cm，宽 1.2~1.8 cm。总状花序肉质，长 1.0~1.5 cm，具 1~3 朵花；花梗和子房长约 1 cm；花淡黄色，萼片、花瓣、唇瓣和合蕊柱均具有红色斑块，唇瓣白色。侧萼片稍偏斜，长 0.70 cm，宽 0.35 cm；花瓣倒披针形，末端尖，长 0.6 cm，宽 0.2 cm；唇瓣两侧压扁，3 裂；上缘平直，往外延伸出 1 个肉质加厚的钝角三角形的侧裂片；中裂片增厚，顶上在两侧裂片间长出 1 极小的锥状体，腹面向下延伸，距状肉突约 0.1 cm 长。

花果期 花期 5~6 月。

生境 海拔 760~1 500 m 的山地林中。

短头兰 *Trachoma rhopalorrhachis* 生境与植株（金效华）

短头兰 *Trachoma rhopalorrhachis* 花序（金效华）

（一〇三）毛鞘兰属 *Trichotosia* Blume

495. 高茎毛鞘兰 *Trichotosia pulvinata* (Lindl.) Kraenzl.

国家重点保护级别 无

IUCN 红色名录 无危（LC）

形态特征 附生植物。植株全体被红褐色绒毛，无假鳞茎及明显的根状茎，茎丛生，圆柱形，长达 1 m，具多节，节间长 2 cm。叶着生于茎的节上，披针形，长 6～10 cm，宽 1.0～1.8 cm，基部具长 1.5～2.0 cm 的鞘。花序生于茎的中上部，与叶对生，长约 2 cm，具 1～2 朵花；花白色。花苞片卵状披针形，长 6 mm。中萼片长圆形，长 10 mm，宽 3 mm；侧萼片卵状三角形，长 10 mm，宽 4 mm；基部与蕊柱足合生成萼囊；花瓣披针形，比中萼片稍短，宽 2 mm；唇瓣近匙形，长 13 mm，宽 4 mm，不裂，具 3 条褶片，褶片排列较密，在上部 1/3 处向外弯曲，并分出 2～3 条弯曲的小褶片。蕊柱长 4 mm。

花果期 花期 7 月，果期次年 3 月。

生境 海拔 800～2 000 m 的林中树上或林下岩石上。

高茎毛鞘兰 *Trichotosia pulvinata* 花序（金效华）

（一〇四）竹茎兰属 *Tropidia* Lindl.

496. 阔叶竹茎兰 *Tropidia angulosa* (Lindl.) Blume

国家重点保护级别 无

IUCN 红色名录 近危（NT）

形态特征 地生植物。高 15~45 cm，具粗短、坚硬的根状茎和纤维根，茎直立，单生或丛生，不分枝或具 1 个分枝，大部分裸露，叶 2 枚对生于茎顶端。叶片椭圆形，长 10~17 cm，宽 4.5~9.5 cm，基部收狭为抱茎的鞘。花序顶生，长 5~8 cm，密生多花。花苞片狭披针形，长 6~8 mm；花绿白色。中萼片线状披针形，长 8~9 mm，宽 1.5 mm；侧萼片合生，近长圆形，长 8~10 mm，宽 2.0~2.5 mm，先端 2 浅裂，围抱唇瓣并与唇瓣基部的距连成一体；花瓣线状披针形，长 8~9 mm，宽 1.5 mm；唇瓣近长圆形，长 6~7 mm，宽 2 mm，中部至基部有 2 条肥厚的纵脊。距圆筒状，长约 4 mm。

花果期 花期 9 月，果期 12 月至次年 1 月。

生境 海拔 100~1 800 m 的林下或林缘。

阔叶竹茎兰 *Tropidia angulosa* 生境与植株（金效华）

阔叶竹茎兰 *Tropidia angulosa* 花序（金效华）

497. 短穗竹茎兰 *Tropidia curculigoides* Lindl.

国家重点保护级别 无

IUCN 红色名录 无危（LC）

形态特征 地生植物。高 30～70 cm，具粗短、坚硬的根状茎和纤维根，茎直立，丛生，不分枝，叶散生于茎上。叶片狭披针形，长 15～25 cm，宽 2～4 cm，基部收狭为抱茎的鞘。花序顶生或生于上部叶腋，密生多花。花苞片披针形，长 4～7 mm；花绿白色。萼片披针形，长 7～10 mm，宽 1.5～1.7 mm；侧萼片仅基部合生；花瓣长圆状披针形，长 6～8 mm，宽 1.3 mm；唇瓣卵状披针形，长 6～8 mm，基部凹陷成舟状。

花果期 花期 6～8 月，果期 10 月。

生境 海拔 250～1 000 m 的林下或沟谷阴湿处。

短穗竹茎兰 *Tropidia curculigoides* 生境与植株（金效华）

短穗竹茎兰 *Tropidia curculigoides* 花序（金效华）

498. 竹茎兰 *Tropidia nipponica* Masamune

国家重点保护级别 无

IUCN 红色名录 近危（NT）

形态特征 地生植物。根上常有小块状物，茎纤细，长 20～50 cm，直径 3～4 mm，常有分枝，下部被鞘所包。叶数枚互生，叶片椭圆形，长 10～16 cm，宽 4～8 cm。花序生于小枝顶端，具 5～10 朵密生的花；花白色，不扭转。花苞片披针形，长 5～6 mm。中萼片卵状披针形，长 7 mm，宽 3 mm；侧萼片几乎完全合生成合萼片，合萼片倒披针形，长 7～8 mm，先端 2 浅裂。花瓣椭圆形，长 6 mm，宽 3 mm；唇瓣卵状披针形，长 6 mm，基部具囊，唇盘浅黄色，近顶端增厚。蕊柱长 3 mm。

花果期 花期 7～8 月。

生境 海拔 360～1 000 m 的竹林下空地上。

竹茎兰 *Tropidia nipponica* 植株（金效华）

竹茎兰 *Tropidia nipponica* 花序（金效华）

（一〇五）叉喙兰属 *Uncifera* Lindl.

499. 叉喙兰 *Uncifera acuminata* Lindl.

国家重点保护级别 无

IUCN 红色名录 无危（LC）

形态特征 附生植物。茎长5~27 cm，直径0.3~0.4 cm，弧形弯曲，具多节，节间长1~2 cm，不分枝。叶披针形，长4~10 cm，宽0.7~1.5 cm，先端2~3小裂，基部具抱茎而宿存的鞘。花序密生多数花；花黄绿色。花苞片卵形，长3~6 mm。中萼片宽卵形，舟状，长6 mm，宽5 mm；侧萼片卵形，舟状，长7 mm，宽5 mm；花瓣卵形，长6 mm，宽4 mm；唇瓣上部3裂，基部具长距；侧裂片大，直立，近圆形；中裂片厚肉质，短小，卵状三角形，上面中内具浅纵沟；距近漏斗状，长15 mm，向前弯曲成半环状，末端指向唇瓣中裂片的底部。蕊柱长3 mm，蕊喙大，向下倾斜至蕊柱基部，先端上举而2裂，裂片近三角形。

花果期 花期4~7月。

生境 海拔1 600~1 900 m的林中树上。

叉喙兰 *Uncifera acuminata* 生境与植株（金效华）

叉喙兰 *Uncifera acuminata* 花序（金效华）

500. 线叶叉喙兰 *Uncifera lancifolia* (King & Pantl.) Schltr.

国家重点保护级别 无

IUCN 红色名录 无

形态特征 附生植物。植株高20cm。茎悬垂。叶7~10枚，线状披针形，稍斜，长4.5~14cm，宽0.7~1cm，基部具鞘，先端渐尖。花序长3~5cm，密生多花。花乳黄色，先端有少量棕色条纹，直径5mm，不开展。花梗和子房约6mm。萼片相似，宽卵形，长约5mm，宽3mm；侧萼片稍倾斜。花瓣长圆形，长约4mm，宽约2.5mm，先端钝；唇瓣长约8mm，全缘，船形；距漏斗形，向前强烈弯曲成钩状。

花果期 花期6~7月。

生境 海拔约2 000 m的林中树上。

线叶叉喙兰 *Uncifera lancifolia* 生境与植株（金效华）

501. 钝叶叉喙兰 *Uncifera obtusifolia* Lindl.

国家重点保护级别 无

IUCN 红色名录 数据缺乏（DD）

形态特征 附生植物。茎长约10cm，具多数长的根。叶数枚2列着生，带状，长15~20cm，宽2.5~4.0cm，先端2裂。花序与叶对生或生于叶下，下垂，比叶长，长15~25cm，密生多数花；花绿色。花苞片长圆形，比花梗同子房短。萼片卵形，不甚开展，长约5mm，宽约3mm；花瓣比萼片短，但稍宽；唇瓣舟形，3裂，基部具距；侧裂片小而扁；中裂片再3裂，侧生裂片小，中间裂片宽三角形；距漏斗状，向前弯曲，指向中裂片的底部。

花果期 花期9~10月。

生境 海拔1300~1700m的林中树上。

钝叶叉喙兰 *Uncifera obtusifolia* 生境与植株（金效华）

钝叶叉喙兰 *Uncifera obtusifolia* 花序（金效华）

（一〇六）万代兰属 *Vanda* Jones ex R. Br.

502. 双色万代兰 *Vanda bicolor* Griff.

国家重点保护级别 无

IUCN 红色名录 无

形态特征 附生植物。茎被叶鞘覆盖，长 16~26cm。叶长圆形，顶端斜 2 裂，长 7~21cm，宽 1.1~2.3cm。花序从叶鞘伸出，具 3~6 朵花。花直径 4~5 cm。萼片和花瓣色泽网格状分布，内部黄棕色，唇瓣紫罗兰色和白色，距白色；花梗和子房细，长 4.8 cm。中萼片倒卵状匙形，长 2~2.1 cm，宽 1~1.1 cm；侧萼片相似，平展，长 2.3~2.4 cm，宽 1.3~1.4 cm。花瓣狭倒卵状匙形，边缘波状，长 1.7 cm，宽 0.7~0.9 cm；唇瓣 3 裂，有距，长 1.5 cm，宽 0.6 cm；侧裂片宽圆形到卵形。

花果期 花期 3~5 月。

生境 海拔 700~2 000 m 的开阔森林中。

双色万代兰 *Vanda bicolor* 花序（Tirtha）

503. 白柱万代兰 *Vanda brunnea* Rchb. f.

国家重点保护级别 无

IUCN 红色名录 易危（VU）

形态特征 附生植物。茎长 15 cm，直径 1.0 ~ 1.8 cm，具多数短的节间和多数 2 列而披散的叶。叶带状，长 22 ~ 25 cm，宽 2.5 cm，先端具 2 ~ 3 个不整齐的尖齿状缺刻，基部具 1 个关节和抱茎的鞘。花序从叶腋发出，1 ~ 3 个，不分枝，长 13 ~ 25 cm，疏生 3 ~ 5 朵花；花萼片和花瓣背面白色，内面黄褐色，边缘多少波状。花苞片宽卵形，长 3 ~ 4 mm。萼片近等大，倒卵形，长 23 mm，宽 17 mm，基部收狭呈爪状；花瓣相似于萼片但稍小；唇瓣 3 裂；侧裂片白色，直立，圆耳状，长宽近 9 mm；中裂片除基部白色和基部两侧具 2 条褐红色条纹外，其余黄绿色，提琴形，长 18 mm，先端 2 圆裂；距白色，短圆锥形，长 6 ~ 7 mm，距口具 1 对白色圆形胼胝体。蕊柱长 5 ~ 7 mm。

花果期 花期 3 月。

生境 海拔 800 ~ 1 800 m 的林中树上。

白柱万代兰 *Vanda brunnea* 生境与植株（金效华）

白柱万代兰 *Vanda brunnea* 花序（金效华）

504. 琴唇万代兰 *Vanda concolor* Blume

国家重点保护级别 无

IUCN 红色名录 易危（VU）

形态特征 附生植物。茎长 4～13 cm，具多数 2 列的叶。叶片带状，长 20～30 cm，宽 1～3 cm，中部以下常“V”形对折，先端具 2～3 个不等长的尖齿状缺刻，基部具宿存而抱茎的鞘。花序 1～3 个，长 13～17 cm，不分枝，疏生 4 朵以上的花；花萼片和花瓣背面白色，内面黄褐色带黄色条纹。花苞片卵形，长 3 mm。萼片长圆状倒卵形，长 16 mm，宽 10 mm，边缘稍皱波状；花瓣近匙形，长 15 mm，宽 8 mm，基部收狭为爪，边缘稍波状；唇瓣 3 裂；侧裂片白色，内面具多数紫色斑点，直立，近镰状，长 5 mm，宽 2 mm；中裂片中部以上黄褐色，中部以下黄色，提琴形，长 12 mm，宽 7 mm，近先端处缢缩，先端扩大且稍 2 圆裂，基部常被毛，上面具 5～6 条有小疣状突起的黄色脊突；距白色，细圆筒状，长 8 mm，内面近距口处被短毛。

花果期 花期 4～5 月。

生境 海拔 800～1 200 m 的林中树上或林下岩壁上。

琴唇万代兰 *Vanda concolor* 花序（金效华）

505. 叉唇万代兰 *Vanda cristata* Lindl.

国家重点保护级别 无

IUCN 红色名录 濒危（EN）

形态特征 附生植物。茎长 6 cm，直径 0.8 cm，具数枚紧靠的叶。叶 2 列，斜立而外弯，带状，中部以下多少"V"形对折，长 12 cm，宽 1.3 cm，先端具 3 枚细尖的齿。花序腋生，2~3 个，长 3 cm，具 1~2 朵花；花萼片和花瓣黄绿色。花苞片卵形，长 6 mm。中萼片长圆状匙形，长 25~30 mm，宽 9 mm；侧萼片披针形，与中萼片等大，多少围抱唇瓣的两侧，在背面中肋呈龙骨状突起；花瓣镰状长圆形，长 24~28 mm，宽 5 mm；唇瓣比萼片长，3 裂；侧裂片卵状三角形，背面黄绿色，内面具紫色斑纹；中裂片近琴形，长 20 mm，上面白色带紫色纵条纹，背面两侧紫色，其余黄绿色，先端叉状 2 深裂，裂片先端常又稍 2 裂；距宽圆锥形，长 5 mm。

花果期 花期 5 月。

生境 海拔 700~1 700 m 的林中树上。

叉唇万代兰 *Vanda cristata* 生境与植株（金效华）

叉唇万代兰 *Vanda cristata* 花序（金效华）

506. 弯叶万代兰 *Vanda curvifolia* Lindl.

国家重点保护级别 无

IUCN 红色名录 无

形态特征 附生植物。茎长约 30 cm，直径约 1.0 cm，下方被叠瓦状叶基覆盖，有发达的气生根。叶线状，互生，2 列，顶端斜截齿状或双齿状，淡绿色，沿边缘点缀紫色，长 10 ~ 30 cm，宽 1.0 ~ 1.5 cm。总状花序从叶腋发出，直立，花密生，长 15 ~ 25 cm，花除唇瓣的 2 个小裂片橙红色外，均为亮黄色。萼片卵形，先端圆形，长 1.0 ~ 1.4 cm，宽 0.5 ~ 0.7 cm。花瓣倒卵形，先端钝圆，长 1 ~ 1.2 cm，宽 0.5 ~ 0.6 cm；唇瓣 3 裂，长约 0.6 cm，宽约 0.2 cm。蕊柱长 1.0 ~ 2.0 mm，侧面有 2 个微小的三角形直立裂片，顶端钝圆。

花果期 花期春末初夏。

生境 海拔约 700 m 的常绿阔叶林中。

弯叶万代兰 *Vanda curvifolia* 生境与植株（金效华）

（一〇七）线柱兰属 *Zeuxine* Lindl.

507. 绿叶线柱兰 *Zeuxine agyokuana* Fukuy.

国家重点保护级别 无

IUCN 红色名录 无危（LC）

形态特征 地生植物。植株高 10～25 cm。根状茎伸长，匍匐，具节。茎直立，紫绿色，具 4～5 枚叶。叶片卵状椭圆形，长 3～4.5 cm，宽 1.5～2 cm，上面深绿色，背面淡绿色，先端急尖，基部收狭成长 8～12 mm 的柄，叶柄下部扩大成鞘抱茎。花茎高 8～12 cm，带红褐色，被毛，具 2 枚鞘状苞片；总状花序具几朵至 10 余朵较疏生的花。花苞片长卵形，长 6～8 mm，先端渐尖；子房圆柱形，扭转，略带红色，无毛，连花梗长 8～10 mm；花较小，萼片红褐色，背面无毛。中萼片卵形，长 4～5 mm，宽 2.8～3 mm，先端急尖；侧萼片张开，披针形，长 4～5 mm，宽 1.5～1.6 mm；花瓣白色，狭的倒卵形，长 4～5 mm，宽 2.5 mm，先端急尖，与中萼片黏合呈兜状；唇瓣卵形，呈包卷状，长 3～4 mm，宽 1.7～2 mm，基部凹陷呈囊状，囊内两侧各具 1 个钩状的胼胝体，近中部 3 裂；侧裂片圆头状，略带细疣，包卷；中裂片倒卵形，先端圆钝。

花果期 花期 9 月。

生境 海拔 900～1 000 m 的山坡林下阴湿处。

绿叶线柱兰 *Zeuxine agyokuana* 花序（金效华）

508. 黄花线柱兰 *Zeuxine flava* (Wall. ex Lindl.) Trimen

国家重点保护级别 无

IUCN 红色名录 无危（LC）

形态特征 地生植物。高 20~30 cm，茎直立，具 3~4 枚叶。叶片宽披针形，长 5~6 cm，宽 1.5~2.0 cm，基部具长约 1 cm 的柄，并抱茎。花茎长 13 cm，具数枚苞片状小叶，具花 8~15 朵；花黄色。花苞片披针形，长约 5 mm。中萼片近卵形，凹陷，长约 3.5 mm，宽 2 mm；侧萼片偏斜，长约 3 mm，宽 1.2 mm；花瓣长圆形，长约 2.5 mm，宽 1 mm；唇瓣 T 字形，长约 3 mm，下唇囊状，内面具 2 个胼胝体，中唇长约 1 mm，边缘稍内卷，上唇横长圆形，长约 1 mm，宽 4.5 mm，具 2 枚几成直角的小裂片。蕊柱长约 2 mm。

花果期 花期 5 月。

生境 海拔约 1 400 m 的石灰岩山林下。

黄花线柱兰 *Zeuxine flava* 生境与植株（金效华）

黄花线柱兰 *Zeuxine flava* 花序（金效华）

509. 白肋线柱兰 *Zeuxine goodyeroides* Lindl.

国家重点保护级别 无

IUCN 红色名录 无危（LC）

形态特征 地生植物。高 17~25 cm，根状茎伸长，具节，茎直立，具 4~6 枚叶。叶片卵形，长 3.0~5.5 cm，宽 1.8~2.5 cm，上面沿中肋具 1 条白色条纹。花序顶生，长 9~18 cm，近无毛，具较密集的多数花；花白色。花苞片粉红色，卵形，长 9~10 mm。中萼片卵形，长 5 mm，宽 2.5 mm，凹陷；侧萼片张开，长圆状披针形，长 4.5 mm，比中萼片狭；花瓣镰状，长 4.5 mm，宽 1.5 mm，与中萼片黏合呈兜状；唇瓣与萼片等长，舟状，基部扩大成囊状，中部收狭成短爪，前部扩大成圆形，全缘或 2 浅裂。

花果期 花期 9~10 月。

生境 海拔 1 200~2 500 m 的石灰岩山谷或山洼地密林下阴湿处或石缝中。

白肋线柱兰 *Zeuxine goodyeroides* 植株（金效华）

白肋线柱兰 *Zeuxine goodyeroides* 花序（金效华）

510. 芳线柱兰 *Zeuxine nervosa* (Lindl.) Trimen

国家重点保护级别 无

IUCN 红色名录 无危（LC）

形态特征 地生植物。高 20～40 cm，根状茎伸长，具节，茎直立，具 3～6 枚叶。叶片卵形，长 4～6 cm，宽 1.5～2.5 cm，上面绿色，有时沿中肋具 1 条白色条纹。花序顶生，长 18～28 cm，具多数疏生的花；花萼片红褐色；花瓣和唇瓣白色。花苞片卵状披针形，长 6～10 mm，宽 3.0～4.5 mm，舟状。中萼片卵形，长 5.0～5.5 mm，宽 4.5～5.0 mm，凹陷；侧萼片长圆状卵形，长 6.0～6.5 mm，宽约 3.5 mm；花瓣偏斜的卵形，长 5.5 mm，宽 3.2 mm，与中萼片黏合呈兜状；唇瓣长 7 mm，呈“Y”形，前部扩大，2 裂，裂片近圆形，裂片之间夹角呈“V”形，它的基部具绿色斑点，中部收狭成爪，边缘全缘，内卷，基部扩大且凹陷呈囊状，囊内两侧各具 1 个裂为 3～4 角状的胼胝体。

花果期 花期 2～3月。

生境 海拔 200～800 m 的林下阴湿处。

芳线柱兰 *Zeuxine nervosa* 生境与植株（金效华）

芳线柱兰 *Zeuxine nervosa* 花序（金效华）

511. 白花线柱兰 *Zeuxine parvifolia* (Ridl.) Seidenf.

国家重点保护级别 无

IUCN 红色名录 无危（LC）

形态特征 地生植物。植株高 15~22 cm。根状茎伸长，匍匐，肉质，具节。茎直立，圆柱形，淡紫褐色，具 3~5 枚叶。叶片卵形至椭圆形；花开放时常凋萎，向下垂，长 2~4 cm，宽 1.2~1.5 cm，淡绿色，正面绒毛状，先端钝或急尖，基部收狭成长约 1 cm 的柄。花茎长 10~15 cm，被毛，具 2 枚鞘状苞片；总状花序具 3~9 朵花。花苞片淡红色，卵状披针形，长 4.5 mm，先端长渐尖，背面和边缘具柔毛，较子房稍短；子房圆柱形，扭转，被柔毛，连花梗长约 6 mm；花较小，白色。萼片背面被柔毛；中萼片卵状披针形或卵形，长 4~4.5 mm，宽 2.5~2.8 mm，先端急尖，具 1 条脉；侧萼片长圆状卵形，长 4~4.5 mm，宽 1.5~2 mm，先端急尖或钝，具 1 条脉；花瓣白色，近倒披针状长圆形，长 4~4.5 mm，宽 1.2~1.3 mm，先端近钝，基部渐狭，偏斜，具 1 条脉，无毛，与中萼片黏合呈兜状；唇瓣呈 T 字形，除基部为黄色外其余部分均为白色，长 4.5~5 mm，前部扩大，宽约 4 mm，2 裂，裂片近长圆形，其前部边缘全缘或具不规则齿，它们呈近水平叉开，中部收狭成长约 1 mm、边缘全缘的爪，基部扩大呈囊状，其内面两侧各具 1 个钩状的胼胝体。

花果期 花期 2~4 月。

生境 海拔 200~1 640 m 的林下阴湿处地上或岩石上覆土中。

白花线柱兰 *Zeuxine parvifolia* 生境与植株（金效华）

白花线柱兰 *Zeuxine parvifolia* 花序（金效华）

参考文献

陈心启，1999 . 中国植物志：第 18 卷 . 北京：科学出版社 .

吉占和，1999 . 中国植物志：第 19 卷 . 北京：科学出版社 .

金效华，杨永，2015，中国生物物种名录：第一卷　植物卷 种子植物　第一册 . 北京：科学出版社 .

郎楷永，1999 . 中国植物志：第 17 卷 . 北京：科学出版社 .

中国科学院植物研究所，中国科学院长春地理研究所，1988 . 西藏植被，北京：科学出版社 .

CAI H et al., 2023 . *Neottia linzhiensis* (Orchidaceae, Epidendroideae, Neottieae), a new species from Xizang, China. Phytotaxa, 629 : 155 -162 .

CHEN W S, et al., 2022 . *Gastrochilus xizangensis* (Aeridinae, Vandeae, Orchidaceae), a new species from Xizang, China. Phytotaxa, 566 : 219 -226 .

CHEN X Q, et al., 2000 . Flora of China. Vol. 25 . Beijing: Science Press; St. Louis: Missouri Botanical Garden Press.

GUI L et al., 2016 . Newly Recorded Species of Orchidaceae from Xizang (Tibet). Acta Botanica Boreali-Occidentalia Sinica. 36 : 1266 -1268 .

HUANG J et al., 2023 . Supplement to Orchids List in Tibet. Acta Botanica Boreali-Occidentalia Sinica, 43 : 155 -166 .

HUANG M et al., 2024 . *Uncifera motuoensis* (Orchidaceae), a new species from Xizang, China. Taiwania, 69 : 2023 .

JIN W T et al., 2015 . Generic delimitation of Orchidaceae from China: current situation and perspective. Biodiversity Science, 23 : 237 -242 .

JIN X H 2011 . *Liparis cheniana* (Malaxideae: Orchidaceae), a new species from Xizang, China. Annales Botanici Fennici, 48 : 163165 .

JIN Y U E, et al., 2021 . *Anoectochilus medogensis* (Goodyerinae, Cranichideae, Orchidaceae), a new species from Tibet, China. Phytotaxa, 510 : 213 -227 .

LAI Y J, et al., 2021 . Diversification in Qinghai-Tibet Plateau: Orchidinae (Orchidaceae) clades exhibiting preadaptations play critical role. Molecular Phylogenetics and Evolution, 157 :

LEI J J, et al., 2023 . *Neottia milinensis* (Orchidaceae: Neottieae), a new species from Xizang, China. Phytotaxa 589 : 112 -118 .

LI J W, et al., 2019 . *Bulbophyllum yarlungzangboense* (Orchidaceae, Epidendroideae, Malaxideae), a new species from Tibet, China. Phytotaxa, 404 : 79 -84 .

LI M K, et al., 2023 . *Bulbophyllum basiflorum* (Orchidaceae), a new species from southeastern Xizang, China. Taiwania, 68 : 143 -147 .

LI M K, et al., 2023 . *Gastrochilus linzhiensis* (Aeridinae, Vandeae, Epidendroideae, Orchidaceae), a new species from Xizang, China. Taiwania 68 : 314 -317 .

LI M K, et al., 2024 . *Thrixspermum yei* (Aeridinae, Vandeae, Epidendroideae, Orchidaceae) a new species from Xizang, China. Taiwania, 69 : 138 -141 .

LI M et al., 2020. Long-term fertilization alters microbial community but fails to reclaim soil organic carbon stocks in a land-use changed soil of the Tibetan Plateau. Land Degradation & Development, 31: 531-542.

LI M et al., 2022. Newly recorded species data of Orchidaceae from Tibet,China. Guihaia, 42: 1780-1785.

LI M et al., 2022. New Data of *Coelogyne* (Orchidaceae) in Tibet, China. Chinese Journal of Tropical Crops, 43: 67-71.

LI M et al., 2024. New Records of *Bulbophyllum* (Orchidaceae) in Tibet. Chinese Journal of Tropical Crops, 45: 481-484.

LIN D et al., 2024. A new species of *Platanthera* (Orchidaceae, Orchideae) from southeast of Xizang, China. Phytotaxa, 646: 116124.

LIN D et al., 2024. Two new species of *Platanthera* (Orchidaceae, Orchidoideae) from Xizang, China. Phytotaxa, 646: 203-212.

LIN L et al., 2013. Floristic Characteristics and Species Diversity of the Orchidaceae on Shergyla Mountain, Southeast Xizang, China. Plant Diversity and Resources, 35: 335-342.

LONG C L et al., 2003. A new species of *Cymbidium* (Orchidaceae) from Tibet (Xizang), China. Novon, 13: 203-205.

LU D et al., 2021. Existent nature reserves not optimal for water service provision and conservation on the Qinghai-Tibet Plateau of China. Global Ecology and Conservation, 32:

LUO Y et al., 2020. *Bulbophyllum gedangense* (Orchidaceae, Epidendroideae, Malaxideae), a new species from Tibet, China. Phytotaxa, 453: 145-150.

MA C B et al., 2022. *Phalaenopsis medogensis* (Orchidaceae, Epidendroideae, Vandeae), a new species from Xizang, China. Phytokeys, 39-46.

MAO K S et al., 2021. Evolutionary origin of species diversity on the Qinghai-Tibet Plateau. Journal of Systematics and Evolution, 59: 1142-1158.

MIAO J L et al., 2023. *Bulbophyllum deergongense* (Dendrobiinae; Malaxideae; Epidendroideae; Orchidaceae), a new species from Tibet, China. Phytotaxa, 619: 197-202.

MIAO, J, et al., 2021. Evolutionary history of two rare endemic conifer species from the eastern Qinghai-Tibet Plateau. Annals of botany, 128: 903-918.

TONG, Y. H, et al., 2022. *Goodyera medogensis* (Orchidaceae), a new species from Tibet, China. Phytokeys, 141-154.

WEN H et al., 2024. *Neottia motuoensis* (Neottieae, Orchidaceae), a new species from Xizang, China. Phytotaxa, 645: 186-189.

WEN Y Y et al., 2023. *Chiloschista densiflora* (Orchidaceae), a distinctive species newly recorded from Xizang, China. Phytotaxa, 589: 68-72.

WU P P et al., 2022. Vegetation Classification and Distribution Patterns in the South Slope of Yarlung Zangbo Grand Canyon National Nature Reserve, Eastern Himalayas. Plants-Basel, 11: 1194.

YA J D et al., 2019. *Bulbophyllum reflexipetalum* (Orchidaceae, Epidendroideae, Malaxideae), a new species from Xizang, China. Phytokeys, 33-39.

YANG X et al., 2022. One Newly Recorded Genus and Two Newly Recorded Species of Orchidaceae in Tibet, China. Acta Botanica Boreali-Occidentalia Sinica, 42: 2158-2160.

YE C et al., 2023. *Kuhlhasseltia motuoensis* (Orchidaceae, Orchidoideae, Cranichideae), a new species from

Xizang, China. Phytotaxa, 626 : 141 - 144 .

YE C et al., 2024 . *Liparis bomiensis* (Orchidaceae, Epidendroideae, Malaxideae), a new species from Xizang, China. Phytotaxa, 634 : 91 - 97 .

YU H et al., 2019. Mapping the genetic patterns of plants in the region of the Qinghai-Tibet Plateau: Implications for conservation strategies. Diversity and Distributions, 25 : 310 - 324 .

ZHANG R Z., et al., 1982 . Physical Geography of Xizang (Tibet). Science Press.

ZHAO J et al., 2022 . Five newly recorded species of orchidaceae in Tibet. Chinese Journal of Tropical Crops, 43 : 710 - 713 .

中文名索引

N

P

Q

R

S

T

W

拉丁名索引

D